Handbuch der praktischen Kinematographie

Die verschiedenen Konstruktions-Formen des Kinematographen, die Darstellung der lebenden Lichtbilder sowie das

Franz Paul Liesegang

Alpha Editions

This edition published in 2022

ISBN : 9789356709539

Design and Setting By
Alpha Editions
www.alphaedis.com
Email - info@alphaedis.com

Contents

Vorwort zur ersten Auflage.

Ich will hier nicht die Frage erörtern, wie groß die Lücke ist, die dies Buch etwa auszufüllen berufen sein möchte. Ob ein Bedürfnis für eine solche Schrift vorhanden ist, das zu entscheiden, muß ich füglich der Nachfrage überlassen.

Veranlaßt wurde ich zur Niederschrift durch vielfache Beschäftigung mit Kinematographen, wozu ich als Mitarbeiter einer Firma, die auf diesem Gebiete tätig ist, reichliche Gelegenheit fand. Ferner durch die Beobachtung, daß so viele in der einen oder andern Sache nicht recht Bescheid wissen, namentlich wenn es sich um die Optik handelt. Und das ist ja schließlich kein Wunder. Wem von allen denen, die sich mit kinematographischen Vorführungen befassen, bietet sich die Möglichkeit, in allen Fällen Belehrung von Mund zu Mund und an Hand des Apparates zu erhalten! Wie mancher ist völlig auf schriftliche oder gedruckte Mitteilungen angewiesen! — Ihnen sei dies Buch in erster Linie gewidmet. Wenn auch andere hie und da Rat darin suchen, so ist sein Zweck völlig erfüllt.

Ich weiß, der eine oder andere wird vermeinen, daß ich pro domo schreibe. Wer die Werke meines seligen Vaters, meines Bruders und meine eigenen früheren Schriften kennt, weiß, daß solches nicht die Art unseres Hauses ist, und wird dies Bedenken nicht teilen.

Ein Vorwurf wird mir aber vielleicht nicht erspart bleiben: daß nämlich einige wichtige Abschnitte fehlen. Man wird mir vorwerfen, daß ich nichts über die Anwendungen dieser Kunst gesagt habe, nichts über die stereoskopische und Dreifarben-Kinematographie, nichts über die vielerlei bemerkenswerten Arbeiten, die sonst auf diesem Gebiete zu verzeichnen sind. Vermissen wird man insbesondere auch ein Kapitel über die Geschichte des Kinematographen. — All' das, denke ich, geht über den Rahmen dieses Buches hinaus, das ja lediglich eine praktische Anleitung bieten soll. Doch mag ich jene interessanten Abschnitte nicht vernachlässigt wissen: sie sollen mir Gegenstand einer besonderen Arbeit sein.[A]

Düsseldorf, August 1907.
Der Verfasser.

[A] Eine kleine Schrift, die das Gesamtgebiet der Kinematographie kurz behandelt, ist inzwischen erschienen (vgl. die Anzeige Seite 323).

Vorwort zur zweiten Auflage.

Die vorliegende zweite Auflage hat eine starke Bearbeitung durchgemacht. Es sind zwar seit der ersten Ausgabe nicht mehr als knapp 2 1/2 Jahre verflossen; doch wurden in dieser Zeit die praktischen Erfahrungen um ein gut Teil bereichert. Namentlich handelt es sich dabei um kleine Einzelheiten, die an sich wenig hervorstechen, aber für die Praxis von Wichtigkeit sind. Mancherlei Anregung zu Ergänzungen erhielt ich durch willkommene Anfragen von Lesern des Buches. Die allgemeine Anordnung und Art der Abfassung habe ich beibehalten, da sie den Beurteilungen nach den Zweck zu erfüllen scheinen.

Düsseldorf, Januar 1911.
Der Verfasser.

Wesen und Wirkungsweise des Kinematographen.

Wie kommen die lebenden Bilder zustande? — Es wird dazu eine große, ununterbrochene Reihe von Momentaufnahmen hintereinander gemacht; der photographische Apparat schießt sozusagen wie ein Schnellfeuergeschütz los, ohne eine Pause zu machen. Die dadurch gewonnenen Bilder werden dann ebenso schnell dem Auge vorgeführt und geben ihm die Anschauung des »lebenden« Bildes, das alle Bewegungen der Szene getreulich wiedergibt. Zur Vorführung eignet sich besonders die Projektion auf einen großen Schirm; denn hier können viele Personen auf einmal das stark vergrößerte Lichtbild betrachten.

Wenn man sich nun den Apparat ansieht, welcher die Aufnahmen macht, und den Vorgang des Photographierens verfolgt, so wird man wahrnehmen, daß doch zwischen den einzelnen Momentaufnahmen immer eine kleine Pause liegt. Die Aufnahmen werden nämlich wie beim Kodak hintereinander auf einen lichtempfindlichen Film gemacht, der hier sehr lang und schmal ist. Dieses Filmband befindet sich auf einer Rolle, bewegt sich hinter dem Objektiv her und wird dann auf eine zweite Rolle aufgewickelt. Zu jeder Aufnahme wird die Bewegung des Filmstreifens unterbrochen; er bleibt einen Augenblick (nur einen Bruchteil einer Sekunde) stehen, wird rasch belichtet und dann stets um ein solches Stückchen weitergezogen, daß sich ein Bild genau an das andere reiht. So bekommen wir auf dem Filmbande viele Hunderte, ja Tausende von kleinen Bildern.

Die Weiterbewegung des Film von einer Aufnahme zur andern, wenn sie auch noch so rasch geschieht, nimmt nun immer eine gewisse Zeit in Anspruch, und was jedesmal innerhalb dieser Zeit passiert, wird nicht photographiert. Die bewegte Szene, welche wir kinematographisch aufnehmen, wird daher nur sprungweise in einer Reihe von Einzel-Momenten festgehalten.

Bei der Wiedergabe der kinematographischen Aufnahme haben wir demgemäß auf dem Projektionsschirm in Wirklichkeit keine ununterbrochen fortgesetzte Szene, sondern nur eine große Reihe von Einzelbildern dieser Szene, die rasch nacheinander gezeigt werden. Der Film wird auch bei der Projektion sprungweise weiterbewegt; jedes Bild wird einzeln als Lichtbild auf den Schirm geworfen, steht einen geringen Bruchteil einer Sekunde still, um sofort dem nächsten Bilde Platz zu machen.

Und doch sehen wir nicht die Hunderte oder Tausende von Einzelbildern jedes für sich, sondern nur ein einziges Bild: Die Bewegung der Szene, die in

Wirklichkeit sprungweise vorrückt, erscheint uns ununterbrochen, in sich geschlossen, so wie wir sie in der Natur wahrnehmen.

Wie ist das zu erklären? — Die Erklärung dafür ist in einer Eigenschaft, man kann auch sagen einer Unvollkommenheit unseres Auges zu suchen. Wenn das Auge einen Eindruck aufnimmt, wenn z. B. plötzlich ein Gegenstand vor uns auftaucht, so dauert es eine gewisse Zeit, bis uns die Wahrnehmung des Gegenstandes zum Bewußtsein gelangt. Wissenschaftlichen Untersuchungen zufolge vergeht darüber $^1/_{10}$ bis $^1/_2$ Sekunde. Ebenso läßt das Auge einen Eindruck, welchen es empfangen hat, nicht sofort wieder fahren; er bleibt eine kurze Zeit, wenn auch nur einen Bruchteil einer Sekunde, haften. Bewegt man z. B. im Dunkeln ein glimmendes Streichholz durch die Luft, so sieht man bei langsamer Bewegung einen sich weiterbewegenden leuchtenden Punkt; bei rascher Bewegung des Streichholzes aber sehen wir einen feurigen Streifen: unser Auge kann dann die verschiedenen Eindrücke, die es so schnell nacheinander empfängt, nicht mehr auseinander halten. So erscheint uns auch der Blitz und der gewöhnliche elektrische Funke, der doch von einer Stelle zur andern überspringt, als ein einziges Band. Die Gesichtseindrücke brauchen nur hinreichend schnell aufeinander zu folgen, dann vermögen wir sie nicht mehr zu unterscheiden, und sie »verschwimmen« ineinander.

Noch ein Beispiel! Bewegt man die Finger der ausgespreizten Hand nahe vor dem Auge sehr rasch hin und her und blickt dabei auf die belebte Straße, so nimmt man alles wahr wie sonst; wir bemerken garnicht, daß unser Auge jetzt nur stoßweise von draußen Eindrücke empfängt, wir sehen keine Unterbrechungen in den Bewegungen der Menschen und Wagen, wie sie doch tatsächlich durch das regelmäßige »Abblenden« der Finger hervorgerufen werden. Nicht anders ist es bei der Vorführung des Kinematographen. Auch hier bekommen wir durch Vermittlung der Photographie stoßweise zu sehen, was draußen während der Aufnahme vorging; ist dabei die Aufeinanderfolge der Bilder hinreichend schnell, so kann unser Auge die einzelnen Bilder nicht mehr unterscheiden, sie verschwimmen ineinander und die Bewegung im Bilde wird »flüssig« wie in der Natur. Also auf einer Täuschung des Auges beruht dieser wunderbare Effekt der lebenden Lichtbilder. Wie schnell muß nun die Weiterbewegung des Filmbandes sein, damit das Auge einen einheitlichen, ununterbrochenen Eindruck erhält? — Da sagt die Erfahrung: man muß in der Sekunde 15 bis 20 Bilder zeigen. Es wird also von dem Apparat eine ziemliche Leistung verlangt. Ebenso schnell wie die Vorführung muß natürlich die photographische Aufnahme vor sich gehen, sonst wird die Bewegung unwahr. Wenn man beim Photographieren z. B. nur 10 Bilder in der Sekunde machte und nachher bei der Projektion 20 Bilder in der Sekunde zeigte, so würde jede Bewegung in doppelter Geschwindigkeit erscheinen, ein gehender Mann würde laufen. In Kinematographen-Theatern wird dieser Fehler zuweilen gemacht.

Sowohl bei der kinematographischen Aufnahme wie beim Projektionsverfahren ist das Bemerkenswerteste der Bewegungs-Mechanismus. Der Aufnahme-Apparat an sich entspricht der gewöhnlichen photographischen Kamera: es ist ein lichtdichter Kasten, vorne mit Objektiv versehen. An der Hinterseite, der Linse gegenüber, läuft das Filmband und wickelt sich von einer Rolle zur zweiten ab; eine drehbare Verschlußblende, die im Einklange mit dem in den Kasten eingebauten Bewegungs-Mechanismus arbeitet, öffnet und schließt abwechselnd das Objektiv. Die Projektions-Einrichtung andrerseits besteht wie jeder Lichtbilder-Apparat aus einem Gehäuse mit der Lichtquelle, die hier sehr hell sein muß, dem Beleuchtungslinsen-System (Kondensor) und dem Objektiv; der Bewegungs-Mechanismus ist vor dem Kondensor derart angebracht, daß das Filmbildchen gleichmäßig beleuchtet wird. Auch hier sorgt eine Verschlußblende dafür, daß während der Weiterbewegung des Filmbandes das Licht abgesperrt wird.

In beiden Fällen ist die Aufgabe des Bewegungs-Mechanismus dieselbe: er soll das Filmband ruckweise um ein immer gleiches kleines Stückchen durch den Apparat ziehen und dabei soll der Film an der Stelle, wo das Licht auftrifft, 15 bis 20 mal in der Sekunde einen Moment ruhig stehen bleiben. Es liegt daher nahe, denselben Mechanismus sowohl bei der photographischen Aufnahme wie beim Projizieren zu benutzen, und man hat auch Apparate gebaut, bei denen die beiderseitige Verwendung vorgesehen ist. Aber diese Kombination ist nicht empfehlenswert; denn ein guter, zweckmäßig konstruierter Aufnahme-Mechanismus liefert uns, in den Projektions-Apparat eingesetzt, keineswegs eine ideale Wiedergabe der Bilder. Die Anforderungen an den Bewegungs-Mechanismus sind nämlich in beiden Fällen verschieden, und sie sind namentlich sehr hoch bei der Projektion. Im photographischen Apparat, also bei der Aufnahme, hat der Mechanismus nur dafür zu sorgen, daß das Filmband ruckweise durchgeführt und gleichmäßig belichtet wird; bei der Projektion ist es damit nicht getan: die Wiedergabe der lebenden Bilder soll vor allem auch unserem Auge gefallen, und unser Auge ist kritisch.

Wer hat nicht schon bei der Vorführung mit dem Kinematograph ein gewisses »Flimmern« des Lichtbildes wahrgenommen! Woher rührt dieses Flimmern und wie ist es zu vermeiden?

Wir haben uns vorher klar gemacht, wie die lebenden Lichtbilder entstehen, und gefunden, daß unser Auge sich etwas vortäuschen läßt. Es wird da eine große Reihe von Bildern rasch nacheinander vorgeführt; jedes Bild bleibt einen Moment stehen und wird dann gegen das nächste gewechselt. Jedesmal nun, wenn der Filmstreifen um ein Bild weitergezogen wird, tritt die Verschlußblende in Tätigkeit und macht den Projektionsschirm dunkel; denn das Weiterrutschen des Filmbandes muß ja unserm Auge verborgen bleiben. Nach jedem Bilde gibt es also eine kurze, dunkle Pause. Aber unser Auge, wenn es sich auch täuschen läßt und statt der sprungweise sich folgenden Einzelbilder ein einziges Bild mit ununterbrochener Bewegung zu sehen glaubt, merkt doch, daß etwas nicht in Ordnung ist, daß etwas dabei anders ist als beim Schauen in der Natur: es nimmt den Wechsel zwischen Hell und Dunkel wahr, es sagt uns: »das Bild flimmert«.

Wer vorher, als wir darüber sprachen, das Experiment mit den Fingern gemacht hat, wird ein gleiches Flimmern beobachtet haben. Machen wir es nun nochmals, bewegen wir die Finger der ausgespreizten Hand nahe vor dem Auge hin und her, zuerst langsam und dann schneller! Da sehen wir: bei langsamer Bewegung ist das Flimmern sehr unangenehm, je schneller aber die Bewegung wird, desto weniger stört es. Da haben wir's: wir müssen den Apparat einfach rascher drehen! Und gewiß, wenn Sie es jetzt probieren könnten, würden Sie sehen, daß das Flimmern dadurch schwächer wird. Das ist tatsächlich ein einfaches Aushilfsmittel, um einen stark flimmernden Kinematograph ruhiger zu machen. Aber dies Mittel hat einen bösen Nachteil: die Bewegungen im Bilde werden unnatürlich rasch, wirken überstürzt und außerdem ist die Vorführung viel schneller zu Ende. Wenn man da abhelfen wollte, müßte auch die kinematographische Aufnahme entsprechend schneller gemacht werden; statt 15 bis 20 Bilder müßten wir 40 oder mehr Bilder in der Sekunde aufnehmen. Das geht wohl, doch dann wird das Filmband zwei- oder noch mehrmal so lang, und wohin sollen wir da kommen, wenn die ohnehin so langen Films noch um ein solches Maß verlängert werden müßten.

Es ist also auf andere Weise eine Beseitigung oder wenigstens Verminderung des Flimmerns anzustreben. Und die läßt sich erreichen durch entsprechende Konstruktion des Bewegungs-Mechanismus. Darauf bringt eine einfache Ueberlegung. Nehmen wir an, es würden 15 Bilder in der Sekunde gezeigt; wir wissen, daß jedes der Bilder eine kurze Zeit stehen bleibt und dann weiterbewegt wird. Für Ruhestellung und Weiterbewegung zusammen steht mithin auf jedes einzelne Bild die Zeit von $^{1}/_{15}$ Sekunde zur Verfügung. Wenn wir nun ferner annehmen, daß der Apparat zur Weiterbewegung des Bildes ebensoviel Zeit braucht, wie er dem Bilde zur Ruhe gönnt, so bekommen wir auf dem Projektionsschirm einen gleichmäßigen Wechsel von Hell und Dunkel: jedes Lichtbild steht $^{1}/_{30}$ Sekunde und dann folgt ihm eine ebenso lange dunkle Pause.

Bei einem Apparat, der in diesem »Tempo« arbeitet, wird man ein starkes Flimmern wahrnehmen. — »Warum«, höre ich Sie sagen, »macht man denn die dunklen Pausen nicht kürzer?« — Gewiß, in dieser Frage liegt auch erfahrungsgemäß die Lösung der Aufgabe, das Flimmern zu verringern; der Apparat muß die Bilder möglichst rasch wechseln, dann werden die dunklen Pausen recht kurz und jedes Bild kann entsprechend länger stehen bleiben. Wir nahmen an, daß für Ruhestellung und Bildwechsel zusammen $^1/_{15}$ Sekunde zur Verfügung stände. Wenn nun z. B. der Apparat statt der Hälfte dieser Zeit nur $^1/_5$ derselben zum Wechseln des Bildes braucht, so bleiben $^4/_5$ davon für die Ruhestellung des Bildes übrig; der Wechselvorgang nimmt dann immer nur $^1/_{75}$ Sekunde in Anspruch, während jedes Bild etwa $^1/_{19}$ Sekunde stehen bleibt. Bei solchem Tempo wird das Flimmern schon bedeutend geringer; es ist augenscheinlich, daß man das Flimmern noch weiter verringern kann, indem man den Apparat noch schneller wechseln läßt.

Noch eins ist zu bedenken. Der Vorgang des Wechselns wird durch eine Blende verdeckt. Im Moment, wo der Wechselvorgang beginnt, muß die Blende aber schon das Bild verschlossen haben und sie darf erst wieder öffnen, nachdem die Wechslung beendet ist. Es liegt auf der Hand, daß die Blende sowohl zum Schließen wie auch zum Öffnen eine gewisse Zeit braucht, und diese beiden Zeiten bedeuten für uns einen Verlust, sie verlängern die dunkle Pause. Man muß daher bestrebt sein, die Abblendevorrichtung so zu gestalten, daß sie zum Schließen und Öffnen möglichst wenig Zeit braucht.

Wenn also der Konstrukteur einen »flimmerfreien« Apparat bauen will, so muß er ihn nach diesen Gesichtspunkten ausarbeiten. Er wird naturgemäß versuchen, den Wechsel der Bilder möglichst schnell zu machen und damit die dunkle Pause, welche den eigentlichen Anlaß zum Flimmern gibt, soweit es geht, zu verkürzen. Aber andere Fehler setzen ihm darin bald eine Grenze: je stärker er das »Tempo« macht, desto größer werden die Schwierigkeiten, diese neuen Fehler zu überwinden.

Da ist zunächst das »Vibrieren« des Bildes. Jeder, der öfters bei kinematographischen Vorführungen Zuschauer war, wird wohl schon ein mehr oder minder starkes Vibrieren bemerkt haben: das Lichtbild, anstatt ruhig zu stehen, tanzt auf und ab. Dieser Übelstand würde nicht auftreten, wenn der Apparat absolut exakt wechselte, wenn also jedes Bild genau an die Stelle des vorhergehenden Bildes gebracht würde. Nun muß man bedenken, der Bildwechsel wird dadurch bewirkt, daß das Filmband einen plötzlichen Ruck erhält; bei dieser stoßweisen Vorwärtsbewegung wird aber der Film das Bestreben haben, ein Stückchen weiter zu fliegen als er soll, und wenn man keine Vorkehrungen dagegen treffen würde, so wäre ein wildes Auf- und Abspringen des Bildes die Folge. Um da Abhilfe zu schaffen, muß man den Film bei der raschen Vorwärtsbewegung bremsen, und dies geschieht durch Federn, welche auf das Filmband drücken und es an der Stelle, wo das Licht den Film kreuzt, festklemmen. Es ist aber leicht ersichtlich, daß es um so schwerer sein wird, völlige Abhilfe für das Vibrieren zu schaffen, je stärker der Ruck ist, je rascher also der Apparat wechselt.

Das Vibrieren kann auch die Folge einer mangelhaften Ausführung des Apparates sein, indem Teile des Bewegungs-Mechanismus »Spiel« haben. Man muß natürlich einen Apparat exakter Ausführung verlangen; aber das ist nicht genug: das Werk muß auch dauerhaft gebaut sein, damit es selbst bei langem Gebrauch nicht ausleiert. Und dabei ist wieder zu bedenken, daß die Beanspruchung des Bewegungs-Mechanismus stärker wird, wenn man ihn, um das Flimmern zu vermeiden, in rascherem »Tempo« arbeiten läßt.

Von größter Wichtigkeit für den Besitzer des Kinematographen ist aber die Schonung des Filmbandes. Es gilt davon dasselbe wie vom Mechanismus: die Beanspruchung wächst mit dem Tempo. Der Film wird nicht nur mit ungeheurer Geschwindigkeit vorwärtsgerissen, sondern auch noch, um das Vibrieren zu vermeiden, gehemmt, wodurch der Ruck bei der Weiterbewegung umso kräftiger wird. Der Konstrukteur, welcher das Flimmern auf das Mindestmaß bringen will, hat also auch noch die Aufgabe zu lösen, das Filmband so zu führen, daß es im Bewegungs-Mechanismus keinerlei Beschädigungen erleidet.

Auf Grund der Erfahrungen, die im Laufe der Jahre im Bau von Kinematographen gesammelt wurden, ist man heute in der Lage, Apparate herzustellen, die allen diesen Anforderungen in hohem Maße gerecht werden. Eine durchaus befriedigende Vorführung läßt sich aber nur mit tadellosen Films erzielen. Zuweilen sieht man auf der Projektionswand ein heftiges »Flickern« und »Regnen«, namentlich in den hellen Teilen des Bildes, wie im Himmel. Diese üble Erscheinung, die oft mit dem vorher besprochenen Flimmern verwechselt wird, rührt von Kratzen und Schrammen im Film sowie von Löchern in der Bildschicht her. Auch das Tanzen des Lichtbildes kann durch den Film verursacht werden, sei es, daß die Perforation ausgeleiert ist oder daß die Bilder beim Aufnehmen oder Kopieren nicht in genau gleichmäßiger Folge, mit genau gleichen Abständen, aufgetragen sind. Gegen solche Fehler vermag der beste Apparat nicht zu helfen.

Bevor ich Sie nun in die Werkstätte führe, um Ihnen die Konstruktion des Kinematographen in ihren Einzelheiten zu zeigen, wollen wir uns das Filmband näher ansehen.

Der Kinematographen-Film.

Der Kinematographen-Film, wie er zur Projektionsvorführung dient, ist ein langer, schmaler Zelluloidstreifen, welcher mit der photographischen Bildschicht versehen ist. Darauf befinden sich die Bilder, und zwar steht immer eines unmittelbar über dem andern. Für die Breite des Filmbandes und die Größe der Bilder darauf sind jetzt allgemein die Maße eingeführt, die Edison bei seinem Kinetoskop benutzte: der Film ist 35 mm breit, die Bilder darauf 25 mm breit und 19 mm hoch.

Fig. 1. Kinematographen-Film.

Auf ein Meter Film kommen also über 50 Bilder, auf ein 20 Meter langes Band über 1000 Bilder, und da in der Sekunde 15 bis 20 Bilder gezeigt werden, so dauert die Vorführung eines solchen Bandes im Durchschnitt etwa eine Minute. Films von mehreren hundert Meter Länge sind heutzutage nichts Besonderes mehr.

Der ungefähr $1/2$ cm breite Rand, welcher rechts und links von den Bildern bleibt, ist in regelmäßiger Folge mit Löchern versehen, man sagt: »perforiert«, und zwar so, daß auf jedes Bild beiderseits 4 Löcher kommen. Diese »Perforation« ist für die Weiterbewegung des Bandes von großer Bedeutung. Die Trommeln, über welche der Film läuft, werden nämlich am Rande mit Zähnen ausgerüstet, die in die Löcher eingreifen, und das Filmband erhält dadurch eine gleichmäßige, sichere Führung. Wie wir schon vorher überlegt haben, muß die ruckweise Weiterbewegung des Filmbandes mit größter Genauigkeit vor sich gehen; denn sonst hat sie ein Auf- und Abspringen oder Tanzen des Bildes zur Folge. Hier ein Beispiel. Nehmen wir an, das Bild würde in Größe von $2 \times 2\,1/2$ Metern projiziert — wir haben dann eine 100fache Vergrößerung. Wenn nun beim Wechseln der Film nur um $1/5$ Millimeter zu wenig oder zu viel weiterbewegt wird, so kommt dieser Fehler auf dem Schirm ebenfalls in 100 facher Vergrößerung zum Vorschein; das Bild, welches nach erfolgter Wechslung projiziert wird, verschiebt sich also gegen das vorhergehende um 2 Zentimeter. Wenn wir ein 4×5 Meter großes Lichtbild herstellen und der Fehler bei der Weiterbewegung gar $1/2$ Millimeter beträgt, so würde das Bild auf dem Projektionsschirm um 10 Zentimeter springen.

Die Genauigkeit der Bildwechslung, deren Notwendigkeit sich an diesen Beispielen ermessen läßt, wird durch die Perforation wesentlich erleichtert; ja ohne die Perforation würde es kaum möglich sein, ein hinreichend exaktes Arbeiten zu erreichen. Man muß nämlich in Rechnung ziehen, daß das Filmband Witterungseinflüssen unterworfen ist und mit Veränderungen im Feuchtigkeitsgehalt der Luft länger bezw. kürzer wird, daß ferner auch das Metall des Bewegungs-Mechanismus bei Temperaturveränderungen sich ausdehnt oder zusammenzieht. Diese Abweichungen, so gering sie auch sein mögen, müßten unbedingt Fehler hervorrufen, wenn sie nicht durch die bei jedem Bilde regelmäßig wiederkehrende Lochung ausgeglichen würden. Es kommt noch dazu, daß die Bildhöhe bei Films verschiedener Fabrikate nicht absolut gleich ist; der Unterschied ist zwar oft bei oberflächlicher Betrachtung kaum zu sehen, er zeigt sich aber, wenn man ein längeres Stück von zwei verschiedenen Films gegeneinander hält, indem sich die Löcher dann nach und nach gegeneinander verschieben. Auch hier schafft die Perforation einen Ausgleich; sie macht es möglich, solch verschiedene Films mit einem und demselben Apparat tadellos vorzuführen.

Die Form der Löcher, welche früher bei verschiedenen Fabrikaten abweichend war, ist jetzt durchweg eine einheitliche geworden, und zwar stellt sie ein längliches Viereck mit abgerundeten Ecken dar.

Wenn man einen Kinematographen-Film in die Hand nimmt, wird man leicht die Schichtseite, welche die photographischen Bilder enthält, erkennen. Diese Seite muß besonders geschont und gegen Verkratzen geschützt werden. Das Zelluloid, woraus der Film besteht, ist ferner sehr leicht entzündlich und verbrennt mit großer Heftigkeit; man muß deshalb entsprechende Vorsicht walten lassen. Es wird jetzt indessen auch schwer brennbares Filmmaterial hergestellt, bei dem die Brandgefahr fortfällt.

Kinematographen-Films werden heute in großem Maßstabe fabrikmäßig hergestellt und es ist staunenswert, welche Auswahl an Sujets da geboten wird. Wer die Vorführung von lebenden Lichtbildern unternimmt, braucht sich daher nicht notwendigerweise mit der Herstellung kinematographischer Aufnahmen zu befassen, es sei denn, daß er Wert darauf legt, eigene zu bringen. Wie die Films angefertigt werden, wird weiter unten beschrieben — zunächst wollen wir uns den Vorführungsapparat ansehen.

Der Lichtbilder-Apparat.

Zur Vorführung der lebenden Lichtbilder gehören ein Lichtbilder-Apparat und der Bewegungs-Mechanismus; man nennt letzteren, oft auch die ganze Einrichtung, kurzweg Kinematograph. Der Projektions- oder Lichtbilder-Apparat ist an sich nichts anderes als eine Laterna Magika; die Wissenschaft hat aber aus diesem alten Kinderspielzeug ein vollkommenes und äußerst wertvolles Instrument gemacht, das heute in Hunderten von Lehranstalten und bei Tausenden von Vorträgen dazu benutzt wird, photographische Glasbilder in starker Vergrößerung als Lichtbilder auf eine weiße Wand zu werfen. Von dem Werte dieser Vorführungen kann man sich erst einen richtigen Begriff machen, wenn man einmal gesehen hat, wie ein großer Saal voll Menschen die riesigen, hell leuchtenden Bilder betrachtet und gleichzeitig den Erklärungen des Vortragenden lauscht.

Fig. 2. Lichtbilder-Apparat.

Wie sieht nun ein solcher Lichtbilder-Apparat aus? Was man von außen daran sieht, ist recht einfach: es ist ein Lampenkasten oder »Gehäuse«, an der Seite mit einer Türe, hinten mit einer Klappe versehen und oben mit einem Kaminaufsatz; vorne ist ein Metallrohr, woran ein zweites kleineres Rohr steckt und zwischen Gehäuse und dem ersten Rohr ein breiter Schlitz, das ist »Bühne«, worein die Bilder geschoben werden. Die Hauptsache aber steckt im Innern, und wenn wir den Apparat öffnen, so sehen wir im Gehäuse zunächst eine hellbrennende Lampe. Das kann eine elektrische Lampe sein, oder eine Kalklichtlampe, eine Azetylenlampe, eine Gas- oder Spiritus-Glühlichtlampe oder auch eine Petroleumlampe. Alle diese

Lichtarten werden im Projektionsapparat verwendet, aber sie sind nicht alle gleich gut. Am besten ist ein recht helles Licht, und da steht obenan das elektrische Bogenlicht, dann kommt das Kalklicht, in dritter Linie das Azetylenlicht. Gas- und Spiritus-Glühlicht sowie Petroleumlicht kommen zuletzt und sind zu Vorführungen in größeren Räumen nicht mehr hell genug.

Diese Lampen werden wir später noch genauer betrachten; aber was gibt es im Apparat weiter zu sehen? Fangen wir an bei dem vorderen, kleinen Rohrstück. Es enthält zwei Paar Linsen, von denen eines verkittet ist, während das andere Paar durch einen schmalen Ring getrennt ist. Diese Linsenzusammenstellung bildet einen wichtigen Bestandteil des Apparates: sie dirigiert die Lichtstrahlen derart, daß auf der Wand das Lichtbild entsteht. Ein Zahntrieb am Rohrstück dient dazu, das Bild scharf einzustellen. Während von der Lichtquelle die Helligkeit des Lichtbildes abhängt, wird durch die Beschaffenheit dieses Linsensystems, das man »Objektiv« nennt, die Schärfe des Bildes bedingt.

Ein weiteres Linsenpaar, Kondensor genannt, befindet sich vorne im Gehäuse; es sind zwei große, gewölbte Linsen, die in eine Messingfassung verschraubt sind. Diese dienen dazu, möglichst viele Strahlen der Lichtquelle aufzufangen und durch das Glasbild, welches projiziert werden soll, zur »Verarbeitung« ins Objektiv zu schicken.

Die Abbildung (Fig. 3) zeigt schematisch die Anordnung des Lichtbilderapparates. L ist die Lichtquelle, C der Kondensor, B das Glasbild und O das Objektiv. R und S sind zwei Rohrstücke, welche sich übereinander schieben. Diese Rohrstücke können aber auch fortfallen, wenn man das Objektiv durch einen Träger T befestigt, wie er in der Figur durch punktierte Linien angedeutet ist; in diesem Falle bleibt zwischen Gehäuse und Objektiv ein freier Raum.

Photographische Glasbilder gibt's im Handel in großer Auswahl; ja man bekommt käuflich und leihweise zusammengestellte Serien von solchen Bildern mit ausgearbeiteten Vortragstexten aus allen Wissenschaftsgebieten. Leider ist es zu keinem Einheitsmaß für diese Glasbilder gekommen; es gibt solche in der Größe 8 1/4 × 8 1/4 cm und 8 1/2 × 10 cm. Diese Formate geben aber nur die Außenmaße an; das Innenmaß, d. h. das eigentliche Bild selbst, ist in beiden Fällen dasselbe, und zwar etwa 7 × 7 cm. Es gibt Bildhalter, in welche man beide Größen durcheinander einsetzen und rasch auswechseln kann.

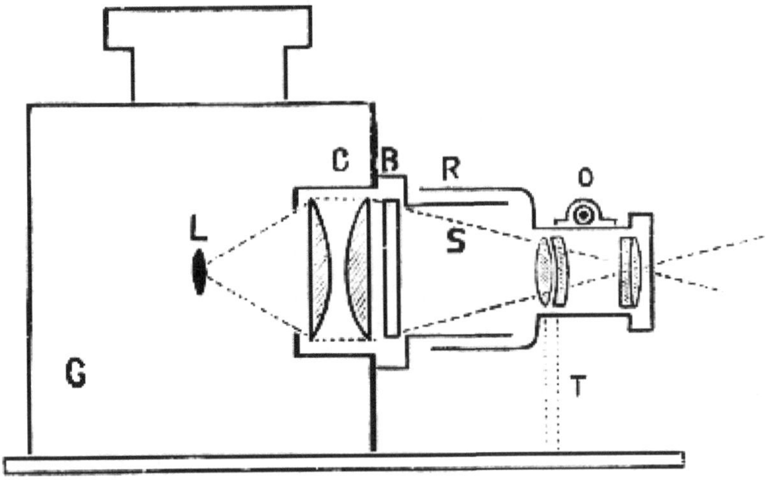

Fig. 3. Schema des Lichtbilder-Apparates.

Die Linsen des Kondensors müssen, um das Glasbild bis in die Ecken gleichmäßig zu beleuchten, einen Durchmesser von mindestens 10 cm haben; vielfach nimmt man die Linsen etwas größer. Wer sich nicht an das im Handel eingeführte Innenmaß 7 × 7 cm hält, sondern größere Bilder verwendet, ist natürlich auf einen entsprechend größeren Kondensor angewiesen. Darüber später mehr.

Wir kommen nun zur kinematographischen Projektion. Da hat der Lichtbilderapparat dieselbe Aufgabe zu erfüllen, nur tritt an Stelle des Glasbildes das viel kleinere Filmbild. Von der Konstruktion des Bewegungsmechanismus, der die Filmbilder transportiert, wollen wir zunächst absehen, und nur überlegen, an welcher Stelle wir den Film am besten durch den Apparat führen müssen. Da zeigt es sich, daß es unvorteilhaft ist, wenn man den Film direkt vor dem Kondensor laufen läßt, also an der Stelle, wo sich sonst das Glasbild befindet. Die Abbildung Fig. 4 gibt darüber Aufklärung. F ist der Film und f f eines der Bildchen, das gerade projiziert werden soll. Da dies Bildchen nur 2 × 2 $^{1}/_{2}$ cm groß ist, so wird nur ein geringer Teil des Lichtes, welches der Kondensor zum Objektiv schickt, das Filmbild treffen; die größte Menge der Strahlen geht unbenutzt drüber und drunter und an den Seiten des Bildchens hinweg. Bei solch schlechter Lichtausnutzung muß die Projektion dementsprechend lichtschwach ausfallen.

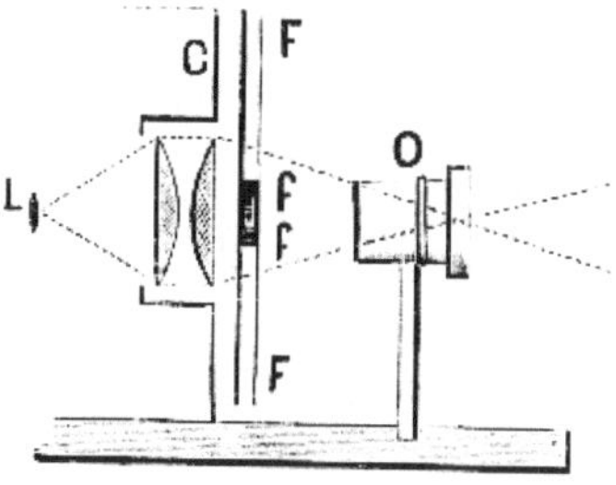

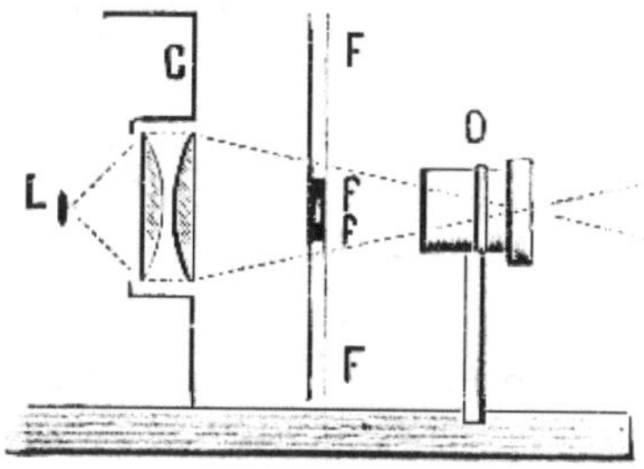

Fig. 4. Anordnung des Filmbandes im Lichtbilder-Apparat. Fig. 5.

Dem ist aber leicht abzuhelfen. Wie aus der Abbildung ersichtlich, werden die Lichtstrahlen vom Kondensor in einem Kegel zum Objektiv geworfen; wir brauchen daher den Film nur ein Stück nach dem Objektiv hin zu bewegen, um alles Licht auf das Filmbildchen zu konzentrieren und voll auszunutzen. Wenn wir also den Bewegungsmechanismus so vor den Lichtbilderapparat bringen, daß der Film den Strahlenkegel kreuzt, wie es in Figur 5 angedeutet ist, so werden wir ein möglichst helles Lichtbild bekommen.

Noch eines ist zu überlegen. Die kinematographische Projektion erfordert eine stärkere Vergrößerung als die Projektion von Lichtbildern, da ja das Filmbildchen viel kleiner ist als das Glasbild. Die stärkere Vergrößerung wird erreicht durch Anwendung eines Objektivs von kürzerer »Brennweite«; man nennt die hierzu benutzten Instrumente »Kinematograph-Objektive«.

Nachdem wir nun die Anordnung des Lichtbilderapparates kennen gelernt haben, wollen wir zur Behandlung des Kinematograph-Mechanismus übergehen.

Der Bewegungsmechanismus.

Allgemeine Anordnung.

Über die Anforderungen, die an den Bewegungsmechanismus zur Projektion der kinematographischen Bilder gestellt werden, wurde schon gesprochen, desgleichen über die Mittel zur Lösung der verschiedenen Aufgaben. Wir fanden: der Film muß ruckweise weiterbewegt werden, und zwar derart, daß die Zeit der Weiterbewegung möglichst kurz ist, indem durch ein starkes »Tempo« der Übelstand des Flimmerns verringert wird. Ferner muß man den Film, um das Vibrieren oder Tanzen des Lichtbildes zu vermeiden, an der Stelle, wo er vom Lichte gekreuzt wird, bremsen, und dies geschieht durch Federn, die auf den Rand des Filmbandes drücken und es festklemmen. Schließlich hörten wir, daß die Weiterbewegung des Filmbandes durch eine Blende verdeckt wird, und diese Abblendevorrichtung sollte so konstruiert sein, daß sie zum Schließen und Öffnen möglichst wenig Zeit braucht.

Hiernach sind es also insbesondere drei Teile, denen wir unsere Aufmerksamkeit zuwenden müssen: erstens der Mechanismus, welcher die ruckweise Weiterbewegung bewirkt, zweitens die Bremsvorrichtung und drittens die Blende. Wenn wir über die Konstruktion dieser Teile im klaren sind, wird es uns leicht sein, den Apparat zu vervollständigen; denn es fehlt dann im wesentlichen nur das Antriebswerk, welches die Teile verbindet, sowie die Ab- und Aufrollvorrichtung für das Filmband. Eine wichtige Anforderung an den Apparat dürfen wir aber dabei nicht außer acht lassen: die Schonung des Filmbandes; bei allen Teilen, die mit dem Film in Berührung kommen, muß hierauf Rücksicht genommen werden.

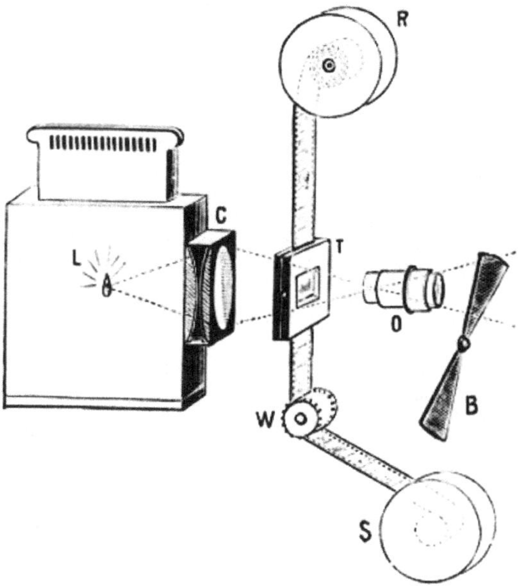

Fig. 6.

Es wird das Verständnis wohl erleichtern, wenn ich zunächst eine Übersicht der Anordnung gebe. Ich nehme dazu eine perspektivische Abbildung (Fig. 6) zu Hilfe. Das Filmband ist aufgerollt auf eine Spule R und läuft von dort zur »Projektionsstellung«, wo gleichzeitig die Bremsung durch Federn angebracht ist. Man bezeichnet diesen Teil des Apparates gewöhnlich als »Türe« (in der Abbildung mit T bezeichnet); er kann aber gerade so gut »Fenster« genannt werden, da er eine Öffnung für die Lichtstrahlen besitzt, welche das Filmband kreuzen. Darnach läuft der Film durch den Bewegungsmechanismus, der ihm die ruckweise Weiterbewegung gibt und der in der Figur durch die Zahntrommel W angedeutet ist, und gelangt schließlich zur Spule S, wo das Filmband wieder aufgerollt wird. Vor dem Objektiv O dreht sich die Blende B, welche dazu dient, den jeweiligen Bildwechsel zu verdecken. Der Vollständigkeit halber ist die Laterne mit Kondensor C und Lichtquelle L mit eingezeichnet; der Strahlengang ist durch punktierte Linien angedeutet. In die Skizze habe ich absichtlich nur die wesentlichen Bestandteile des Apparates aufgenommen, um die Übersichtlichkeit nicht zu stören. Was alles noch zur Vervollständigung eines durchgearbeiteten Kinematographen gehört, werden wir später finden.

Die ruckweise Weiterbewegung des Filmbandes kann auf verschiedene Weise erreicht werden. Es gibt sogar eine große Zahl von Möglichkeiten, diese Aufgabe zu lösen, doch findet man in der Praxis verhältnismäßig nur wenige Konstruktionen angewandt. Ich will mich auf die Beschreibung dieser beschränken und kann das um so mehr tun, als die Haupttypen darunter vertreten sind. Alle Lösungen zu bringen, würde auch nur verwirren. Unter den Konstruktionen, welche besprochen werden sollen, kann man vier Arten unterscheiden: bei der ersten erfolgt die Weiterbewegung des Filmbandes durch eine ruckweise bewegte Trommel, bei der zweiten wird der Film mit Hilfe eines Exzenters vorwärts geschlagen oder gestoßen, bei der dritten wird der Film durch Greifer weiter gezogen, während bei der vierten die Weiterbewegung durch einen Klemmzug erfolgt. Nach dieser Einteilung wollen wir die Wechselmechanismen betrachten.

Ruckweise bewegte Zahntrommel (Malteserkreuz).

Wie wir bereits erfuhren, ist das Filmband, um die genaue Weiterbewegung zu ermöglichen, an den Rändern mit einer regelmäßigen Lochung oder Perforation versehen, und die Trommeln, die zum Transport des Bandes dienen, haben beiderseits einen Kranz von Zähnen, die in die Löcher eingreifen. Wenn man nun den Film gegen eine solche »gezahnte« Trommel legt und ihn durch eine federnd aufliegende Rolle dagegen drückt, so ist er gezwungen, alle Bewegungen der Trommel mitzumachen.

Fig. 7. Malteserkreuz.

Eine der einfachsten Vorrichtungen, mittels welcher man der Trommel und damit auch dem Filmbande eine ruckweise oder, wie man auch sagt, intermittierende Bewegung geben kann, ist das sogenannte Malteserkreuz, dessen Anordnung aus der Abbildung Fig. 7 ersichtlich ist. Auf der Achse der Trommel W, fest mit letzterer verbunden, sitzt eine sternförmige Scheibe S, welche mit einer kreisförmigen Scheibe A in Berührung steht. Diese Scheibe A, die in der Figur schraffiert dargestellt ist, ist auf gleicher Achse fest verbunden mit einer etwas größeren, ebenfalls kreisförmigen Scheibe B. Auf letzterer befindet sich ein Stift E an der Stelle, wo die Scheibe A mit einem kleinen runden Ausschnitt versehen ist. Wenn man nun das Scheibenpaar A B dreht, so schleift zunächst die Sternscheibe, ohne sich zu bewegen, auf der Scheibe A, bis der Stift E in den Stern eingreift; die Scheibe A gibt gleichzeitig infolge ihres Ausschnittes an dieser Stelle die Sternscheibe frei, letztere kann dem Drucke des Stiftes folgen und wird nun herumgedreht. Beim jedesmaligen Eingriff des Stiftes erhält die Sternscheibe und damit auch die Zahntrommel $^{1}/_{4}$ Umdrehung. Wenn nun die Trommel so bemessen ist, daß genau vier Filmbildchen auf ihren Umfang gehen, so wird sie bei $^{1}/_{4}$ Umdrehung das Filmband gerade um ein Bild vorwärts bewegen.

Durch diesen Mechanismus wird also eine ruckweise Bewegung der Trommel und des Filmbandes bewirkt; es folgen sich in regelmäßigen Intervallen Ruhe und Weiterbewegung um jeweils ein Bild. Bemerkenswert ist dabei, daß die Trommel in der Ruhestellung absolut fest steht und dem Film während dieser Zeit eine unbewegliche Lage sichert. Sobald nämlich der Eingriff E die Sternscheibe verlassen hat, schleift letztere in innigem Kontakt auf der Scheibe A, wodurch dem Stern wie auch der Trommel jede Möglichkeit, sich zu bewegen, genommen ist.

Das Scheibenpaar A B muß vermittelst einer Übersetzung einen gleichmäßigen Antrieb erhalten, derart, daß es 15 bis 20 Umdrehungen in der Sekunde macht; es werden dann ebenso viele Bildwechslungen stattfinden, indem jede Umdrehung der Scheiben eine einmalige Weiterbewegung des Filmbandes bewirkt.

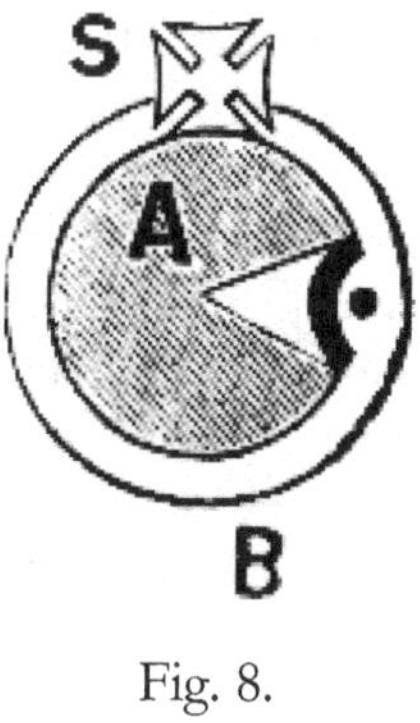

Fig. 8.

Wie ist nun bei dieser Konstruktion das Verhältnis zwischen Zeit der Weiterbewegung und Zeit der Ruhe? — Dieses Verhältnis hängt ab vom Größenverhältnis der Sternscheibe zur Eingriffscheibe. Um eine lange Ruhestellung und eine recht kurze Weiterbewegung zu bekommen, wie es zur Erzielung »flimmerfreier« Bilder erforderlich ist, brauchen wir nur das Scheibenpaar A B sehr groß zu nehmen. Die Abbildung Fig. 8 wird das veranschaulichen. Solange die Sternscheibe S mit dem schraffierten Teil der Scheibe A in Berührung ist, steht erstere still; die Wechslung wickelt sich während der kurzen Zeit ab, wo der Eingriff bei dem nicht schraffierten Teil in Tätigkeit tritt. Man könnte durch weitere Vergrößerung des Scheibenpaares A B ein beliebig starkes »Tempo« erzielen, doch gibt's da praktisch bald eine Grenze; denn der unvermeidliche Schlag, mit welchem der Stift in den Stern einsetzt, wird in gleichem Maße stärker und stellt schließlich unerreichbare Ansprüche an Material und Konstruktion.

Das Malteserkreuz wird bei Kinematographien vielfach angewandt. Die Ausführung muß sehr exakt und gediegen sein, wenn die Transportierung des Filmbandes genau ausfallen und der Mechanismus auch bei längerem Gebrauch nicht durch Abschleißen untauglich werden soll.

Die ruckweise Weiterbewegung der gezahnten Trommel läßt sich noch auf andere Weise bewirken, und es sind verschiedene Konstruktionen dazu ausgearbeitet worden, die aber meist nur vorübergehend angewandt wurden. Ich will mich auf die Vorführung einer derselben beschränken; sie beruht auf einer Modifikation des Schneckentriebes. Auf der gezahnten Trommel W sitzt, auf gleicher Achse und fest damit verbunden, eine Scheibe S, welche am Rande in regelmäßigen Abständen eine Anzahl Einschnitte hat, beispielsweise acht, wie es die Abbildung Fig. 9 zeigt. In diese Einschnitte greift eine Art Schneckenrad R, dessen vorspringendes Gewinde sich aber nicht in gleichmäßiger Drehung um das Rad zieht, sondern eine Strecke lang auf der einen Kante A geradeaus läuft und dann rasch querüber zur ändern Seite B geht, um dort wieder geradeaus zu laufen. Wenn sich nun das Rad R dreht, so wird die Scheibe S mit der Trommel eine Zeit lang in Ruhestellung bleiben, bis die Stelle kommt, wo das Gewinde herüber springt. Der Einschnitt der Scheibe wird alsdann durch diese »Weiche« vom »Geleise« A auf das »Geleise« B herübergerückt und Scheibe nebst Trommel werden dadurch um ein Stück weiterbewegt. So erhält man bei jeder Umdrehung dieses eigenartigen Schneckenrades eine ruckweise Weiterbewegung der Trommel und es bietet keine Schwierigkeiten, dieselbe so zu bemessen, daß das Filmband dabei jeweils um ein Bild vorwärts gezogen wird.

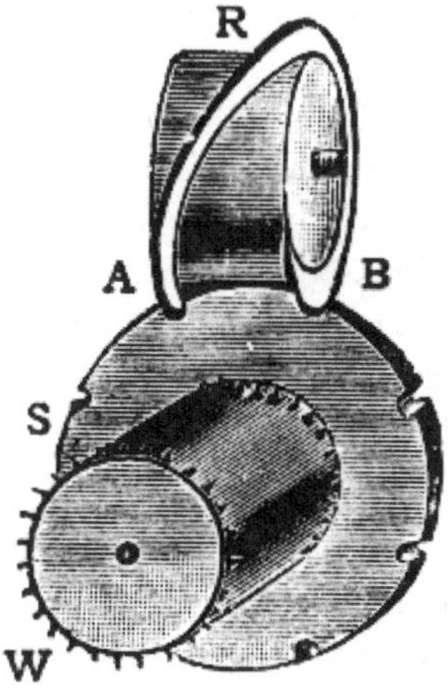

Fig. 9. Schnecke.

Der Schläger.

Wir kommen nun nach der Einteilung, die ich oben gegeben habe, zu den Bewegungs-Mechanismen, bei welchen das Filmband mit Hilfe eines Exzenters vorwärts geschlagen oder gestoßen wird. Da ist am meisten verbreitet das sogenannte »Schlägersystem«, eine Anordnung, bei welcher der Exzenter direkt auf den Film wirkt. Ich will versuchen, die Wirkungsweise an Hand einer perspektivischen Abbildung (Fig. 10) zu erklären. W ist eine gezahnte Trommel, S eine Scheibe mit einem darauf befestigten langen Stift T. Der Film läuft um den Stift und dann um die Trommel, gegen welche er durch federnde Rollen, die in der Abbildung nicht wiedergegeben sind, angedrückt wird. Die Trommel bewegt sich mit gleichmäßiger Geschwindigkeit vorwärts und zieht also auch den Film ununterbrochen weiter; desgleichen ist die Scheibe S mit dem Schläger T in fortwährender Bewegung.

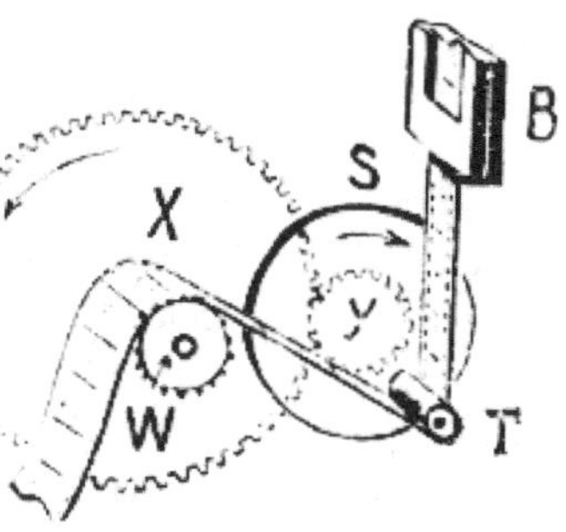

Fig. 10. Schläger.

Die Wirkungsweise ist folgende. Der Schläger T schlägt den Film (welcher oberhalb dieses Mechanismus in einer Bremsvorrichtung B eingeklemmt ist) nach unten und bildet einen Bausch. Während der Schläger sich nun nach oben bewegt und den Film wieder frei gibt, um zu einem neuen Schlage auszuholen, zieht die Trommel den jetzt schlapp hängenden Film vorwärts und macht den Bausch kleiner. Nun schlägt der Schläger von neuem auf den Film, zieht ihn aus der Bremsvorrichtung vorwärts und bildet wiederum einen Bausch, der genau so groß ist wie vorher. Und so geht es weiter: der Schläger reißt den Film regelmäßig um ein Stück vorwärts und die gleichmäßig fortlaufende Trommel »verzehrt« den Bausch wieder.

Wenn man nun annimmt, daß die Trommel den Film immer gerade um ein Bild vorwärts bewegt in der Zeit, während welcher der Schläger eine Umdrehung macht, so wird sie von dem Bausch jedesmal ein Bild fortziehen und der Schläger, welcher ja den Bausch immer wieder auf die alte Größe bringt, muß den Film aus der Bremsvorrichtung ebenfalls stets um ein Bild vorwärts schlagen. Auf diese Weise bekommen wir die gewünschte ruckweise Fortbewegung des Filmbandes: der Exzenter schlägt den Film vorwärts, so daß er um ein Bild aus der Bremsvorrichtung herausgezogen wird, läßt ihn dann ruhig stehen, um ihn von neuem um ein Bild weiter zu bewegen, und so wechselt in steter Folge Weiterbewegung und Ruhepause.

Das Geschwindigkeits-Verhältnis zwischen Trommel und Schlägerscheibe wird durch eine einfache Zahnrad-Übersetzung erreicht. Nehmen wir beispielsweise an, daß auf den Umfang der Trommel 6 Filmbilder gehen, daß sie also bei einer Umdrehung den Film um 6 Bilder vorwärts bewegt. Es muß dann die Schlägerscheibe sechsmal so schnell laufen, da sie ja stets einmal einschlagen soll, wenn die Trommel ein Bild fortschafft. Um dies zu erreichen, brauchen wir nur das Zahnrad X, worauf die Trommel sitzt, sechsmal größer zu machen wie das Zahnrad Y auf der Schlägerscheibe (vgl. Fig. 10).

Die Geschwindigkeit, mit der die Weiterbewegung des Filmbandes erfolgt, hängt von der Größe der Schlägerscheibe ab. Wenn wir die Scheibe S vergrößern und den Schlägerstift wieder auf den Rand, also jetzt weiter von der Mitte weg, setzen, so wird er heftiger auf den Film schlagen und den Bausch in kürzerer Zeit bilden. Auf diese Weise ist es also möglich, ein stärkeres »Tempo« zu erzielen und das Flimmern zu vermindern. Es ist leicht zu verstehen, daß die Bremsvorrichtung, welche in der Abbildung angedeutet ist und über die wir nachher noch sprechen werden, bei diesem Bewegungs-Mechanismus eine große Rolle spielt. Denn durch den Schläger wird der Film mit großer Gewalt vorwärts gerissen und die Bremsvorrichtung hat Not, dafür Sorge zu tragen, daß er auch nicht um den Bruchteil eines Millimeters zu weit fliegt, denn sonst tanzt das Lichtbild auf und ab. Diese Aufgabe der

Bremsung wird natürlich umso schwieriger, je größer man die Schlägerscheibe, je stärker man also das »Tempo« macht.

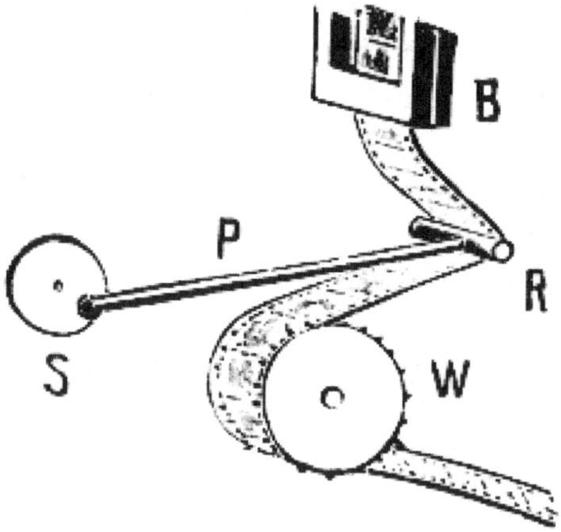

Fig. 11. Stosser.

Das eben beschriebene »Schlägersystem« wird in der Praxis vielfach angewandt. Als eine Modifikation desselben ist der »Stoßer« anzusehen, dessen Anordnung und Wirkungsweise die Abbildung Fig. 11 veranschaulichen soll. Wir haben hier wiederum eine Zahntrommel W, welche den Film ununterbrochen fortschafft, und eine Scheibe S, die gleichfalls in steter Bewegung ist. Die Geschwindigkeiten beider Teile sind wie vorher durch eine Zahnradübertragung so geregelt, daß die Scheibe jedesmal eine Umdrehung macht in der Zeit, während welcher die Trommel den Film um ein Bild vorwärts bewegt.

Statt daß nun die Scheibe S direkt auf den Film wirkt, überträgt sie ihre Bewegung auf eine Stange P, an deren Ende sich ein Querstück R befindet, und schiebt diese hin und her. Wenn wir den Film, nachdem er aus der Bremsvorrichtung B kommt, um den Querstab R ziehen und dann über die Trommel W laufen lassen, so wird ihm die Stange, genau wie vorher der Schläger, in regelmäßigen Zwischenräumen Stöße erteilen. Er zieht dadurch das Filmband aus der Bremsvorrichtung B heraus, und zwar immer um ein Bild, da ja die Trommel W bei jeder Umdrehung der Scheibe S den Film um ein Bild vorwärts bewegt. Nach jedem Stoß gibt's eine Ruhepause. Der Stoß wird um so rascher, die Ruhepause um so länger sein, je größer man die Scheibe S macht.

Der Greifer.

Der dritte Typus der Bewegungsmechanismen wird charakterisiert durch eine »Gabel«, welche in die Löcher des Filmbandes eingreift, den Film um ein Bild vorwärts zieht, dann aus den Löchern zurückspringt und wieder hochgeht, um dies Spiel in regelmäßigem Gange zu wiederholen. Die Gabel hat also eine Bewegung in zweierlei Richtung zu machen: sie muß sich auf und ab ùnd zweitens vor und zurück bewegen. Oben angekommen soll die Gabel vorspringen, um in die Löcher des Filmbandes einzugreifen; unten angekommen soll sie zurückspringen, damit sie die Rückwärtsbewegung nach oben frei und ohne den Film zu berühren ausführen kann.

Es gibt eine Reihe von Ausführungsformen für diese Art des Bewegungsmechanismus, doch findet man dabei kaum prinzipielle Unterschiede. Die Auf- und Abwärtsbewegung wird durch einen Exzenter bewirkt. In der Abbildung Fig. 12 sehen wir oben die Gabel G mit den Zacken H H, welche von einem Metallstück K getragen wird; unten die Scheibe S, die durch eine exzentrisch darauf angebrachte Stange P mit dem Teile K verbunden ist. Letztern wollen wir Schlitten nennen; er läuft nämlich in einer senkrechten Schlittenführung, welche nicht abgebildet ist. Bei jeder Umdrehung der Scheibe S wird der Schlitten mit der Gabel einmal nach unten und wieder nach oben bewegt. Die Abbildung zeigt die Gabel in der Mitte der Auf- und Abbewegung: bei a ist ihre höchste und bei b ihre tiefste Stellung. Die Entfernung von a bis b entspricht einer Bildhöhe.

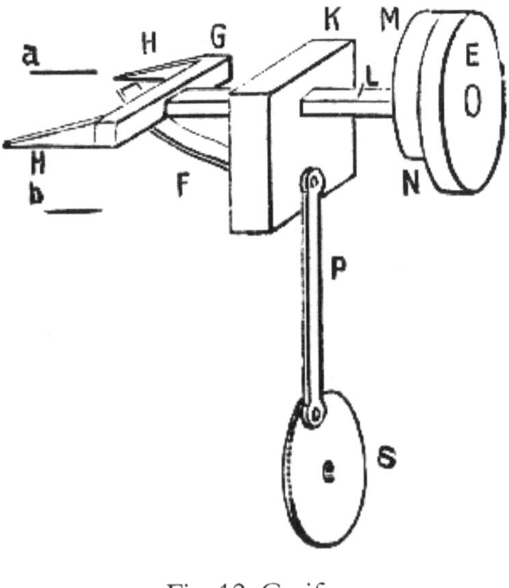

Fig. 12. Greifer.

Nun ist die Gabel nicht fest mit dem Schlitten K verbunden, vielmehr kann sie sich mittels des Stabes L darin vor- und zurückschieben. Eine Feder F drückt die Gabel nach rückwärts, sodaß der Stab L die Scheibe E berührt. Auf dieser Scheibe sitzt aber eine Platte M, welche sie zur Hälfte bedeckt.

Wenn wir uns nun die Scheibe E in Drehung denken, so wird sie die Gabel solange nach vorn (in der Abbildung nach links) halten, als die Stange L auf dem Stücke M schleift; erst wenn der unbelegte Teil N der Scheibe gegen die Stange kommt, wird die Feder in Wirkung treten und die Gabel zurückdrücken. Die Gabel wird also bei Drehung der Scheibe E abwechselnd vor- und zurückgeschoben.

Fig. 13. Greifer.

Das Werk arbeitet folgendermaßen: Im Augenblick, wo der Schlitten die höchste Stelle erreicht hat und einen Moment in Ruhe ist, da jetzt der Exzenter zur Rückwärtsbewegung umsetzt, schiebt die Scheibe E mittels der Platte M die Gabel vor, sodaß diese in die Perforation des Filmbandes eingreift. Während der ganzen Abwärtsbewegung wird die Gabel nach vorn gehalten; sie zieht also den Film mit nach unten. Sobald aber die tiefste Stelle erreicht ist, kommt die Stange L gegen den unbelegten Teil N der Scheibe, die Gabel wird durch die Feder zurückgedrückt und lässt den Film frei. In dieser Stellung bewegt sich die Gabel hoch, um oben wieder vorzurücken und den Film zu fassen. Die Gabel wird also den Film ruckweise immer um ein Bild weiterziehen. Bei einer vereinfachten Konstruktion (welche jedoch keineswegs eine Verbesserung bedeutet) hat die Gabel Hakenform, wie die Abbildung (Fig. 13) es zeigt. Sie ist dabei ferner federnd gelagert, sodaß sie, unten angekommen, im Moment, wo sie sich zum Rückgange nach oben anschickt, sich selbst aus der Perforation herausdrückt und dann am Film entlang nach oben schleift, um beim Umsetzen zur Niederbewegung wieder in die Perforation einzugreifen. Es ist leicht ersichtlich, daß diese Ausführung weniger Aussicht auf exaktes Arbeiten und auf Schonung des Filmbandes bietet.

Bei dem Bewegungsmechanismus mit Greifer, wie ich ihn hier beschrieben habe, ist die Zeit der Weiterbewegung, also des Bildwechsels, gerade so lange wie die Ruhestellung des Film, denn die Gabel bewegt sich in gleichen Zeiten und ohne Zwischenpause auf und ab. Um das »Flimmern« des Bildes zu vermindern, erscheint es aber nach unsern früheren Ueberlegungen erforderlich, die Vorwärtsbewegung rascher und die Ruhepause länger zu machen. Dies kann in der Weise geschehen, daß man die Exzenterscheibe S vergrößert. Die Gabel wird nun einen größeren, beispielsweise doppelt so großen Weg auf und ab machen. Damit sie aber den Film jeweils nur um ein Bild vorwärts zieht, sorgt man durch eine geeignete Vorrichtung dafür, daß sie erst mittwegs während der Abwärtsbewegung in die Perforation eingreift. Der Film wird dann während der ganzen Aufwärtsbewegung und der Hälfte der Abwärtsbewegung der Gabel in Ruhe gelassen; die Ruhepause dauert also dreimal so lange als der Bildwechsel. Durch weitere Vergrößerung der Exzenterscheibe läßt sich ein noch stärkeres »Tempo« erzielen.

Man darf jedoch nicht übersehen, daß die Gabel bei dieser Anordnung nicht mehr »mit Ruhe« in die Perforation eingreift; sie ist vielmehr in dem Augenblick, wo sie in die Löcher einfassen soll, in rapider Abwärtsbewegung begriffen. Das Eingreifen wird daher ein »Hacken«, was nur als unvorteilhaft angesehen werden kann, wenn man an die Schonung des Filmbandes denkt.

Zweckmäßiger erscheint daher eine Anordnung, welche in der Abbildung Fig. 14 veranschaulicht ist. Die Gabel (nicht mit dargestellt) wird hier durch einen Rahmen getragen. Innerhalb dieses Rahmens bewegt sich eine Scheibe S, welche die Form eines Kreisausschnittes mit abgerundeten Ecken hat und die Innenseite des Rahmens oben und unten berührt. Diese Scheibe dreht sich um eine exzentrisch gelagerte Achse, sodaß der Rahmen, der in einer senkrechten Schlittenführung läuft, bei Drehung der Scheibe abwechselnd gehoben und gesenkt wird. Sobald nun das kreisförmige Stück a b zum Oberteil des Rahmens kommt, befindet sich dasselbe in seiner höchsten Stellung und es bleibt dort so lange stehen, bis dieses Kreisstück vorbeigedreht ist. In gleicher Weise bleibt der Rahmen in seiner tiefsten Stellung eine Zeitlang in Ruhe, da sich auch hier das kreisförmige Stück a b erst vorbeidrehen muß, bis wieder die Hochbewegung einsetzen kann.

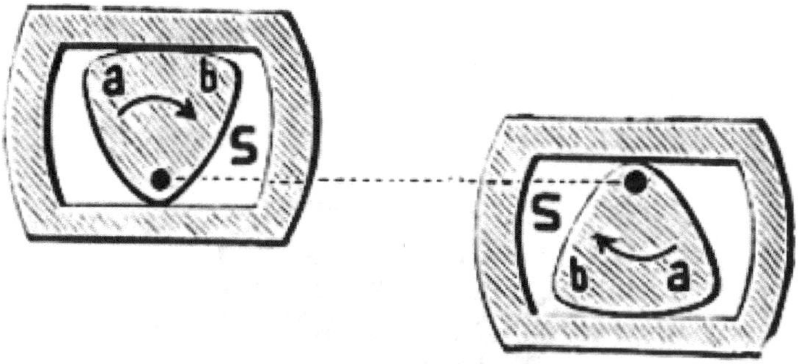

Fig. 14.

Wenn wir die Bewegung des Rahmens genau verfolgen, so werden wir finden, daß er erstens eine Zeitlang oben in Ruhe ist, zweitens nach unten bewegt wird, drittens unten eine Zeitlang stehen bleibt und viertens wieder steigt. Dabei nimmt die Abwärtsbewegung ein Drittel der gesamten Zeit in Anspruch, während auf die Ruhestellungen und die Aufwärtsbewegung des Rahmens zusammen zwei Drittel der Zeit kommen. Da nun der Film bei der Abwärtsbewegung des Rahmens um ein Bild vorwärts gezogen, in der übrigen Zeit aber in Ruhe gelassen wird, so haben wir hier einen beschleunigten Bildwechsel: die Ruhestellung des Film dauert doppelt so lange als der Wechselvorgang.

Bei dem in Abbildung Fig. 15 dargestellten Bewegungsmechanismus ist das Verhältnis ein noch stärkeres, indem die Exzenterscheibe E als kleineres Segment ausgebildet ist, und zwar ist das Verhältnis derart, daß auf die Ruhestellung eine dreimal so lange Zeit kommt als auf den Wechselvorgang. Die Wirkungsweise ist aus der Abbildung leicht ersichtlich. Die Gabel A, welche den Film transportiert, sitzt an einem Rahmen B B; derselbe wird durch die segmentartige Exzenterscheibe E, die auf der Achse F angebracht ist und sich zwischen den Schienen C und D des Rahmens bewegt, abwechselnd gehoben und gesenkt. In der höchsten und tiefsten Stellung bleibt der Rahmen eine gewisse Zeitlang stehen; währenddessen wird er aber vermittelst der auf den Achsen G und F exzentrisch sitzenden Scheiben H und I nach auswärts bezw. rückwärts bewegt, derart, daß die Gabel oben sich vorschiebt und in den Film eingreift, während sie unten zurückgeht und den Film wieder freigibt.

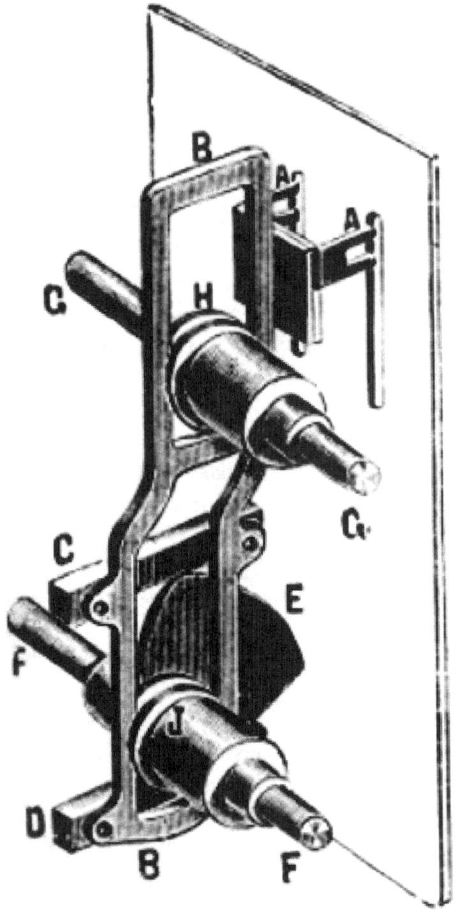

Fig. 15. Greifer mit stärkerem Tempo.

Da der Greifer mit zweispitziger Gabel den Nachteil bietet, daß er einen beschädigten und an der Perforation ausgerissenen Film schlecht oder garnicht transportiert, so hat man ihn auch, wie die Abbildung Fig. 15 es zeigt, mit einer mehrteiligen Gabel ausgerüstet, die auf jeder Seite in zwei, drei oder vier Löcher auf einmal eingreift.

Der Klemmzug (Nockenapparat).

Wir kommen nun zur vierten Vorrichtung, bei welcher der Film durch Klemmzug weiterbewegt wird und die vielfach Nockenapparat, auch Reibungsscheiben, genannt wird. Der Film wird hier ebenfalls unterhalb der Belichtungsstelle B periodisch immer um ein Bild vorwärts gezogen, und zwar geschieht dies durch Reibung mittels zweier Trommeln w und W, deren größere auf ihrem Umfange ein aufgesetztes Segment E besitzt.

Normalerweise lassen die beiden Trommeln dem dazwischen befindlichen Film soviel Spiel, daß er bei ihrer Rotation nicht mitgenommen wird. Sobald aber das Segment E an die Berührungsstelle kommt, wird der Film eingeklemmt und mit fortgerissen. Das Segment ist nun so bemessen, daß es einem Bilde entspricht; auf diese Weise wird bei jeder Umdrehung der Trommeln ein Bild transportiert.

Aber ein genauer Transport des Filmbandes um jeweils ein Bild kann durch diese Anordnung allein nicht gewährleistet werden; um ein exaktes Arbeiten zu erzielen, muß man, wie oben schon ausgeführt wurde, die Perforation zu Hilfe nehmen, und man bedient sich hier folgender Einrichtung. Oberhalb der Belichtungsstelle B, wo der Film wie beim Schlägersystem gebremst wird, ist eine Zahntrommel R angebracht, über welche der Film läuft, und diese wird vom Werk derart angetrieben, daß sie den Film jedesmal genau um ein Bild vorwärts bewegt, in der Zeit, wo die beiden Trommeln w und W eine Umdrehung machen. Das System arbeitet nun ähnlich wie der »Schläger«, aber gewissermaßen umgekehrt. Während der Film an der Belichtungsstelle in Ruhe ist, schafft die Trommel E oben den Film um ein Stück vorwärts und bildet einen Bausch; kommt nun das Segment E in Wirksamkeit, so ziehen die Trommeln den Film stramm herunter und der Bausch verschwindet, wie es in der Abbildung (Fig. 16) angedeutet ist. Auf diese Weise wechseln Bauschbildung und Fortbewegung des Bandes. Da nun die Zahntrommel E während jeder Umdrehung der Fortschalttrommeln w und W den Film immer nur um ein Bild vorwärts bewegt, kann auch von letzteren nicht mehr Film forttransportiert werden als jedesmal ein Bild, und dadurch ist ein sicheres Arbeiten ermöglicht. Um zu vermeiden, daß die Trommeln weniger als ein Bild herunterziehen, kann man das Segment E etwas größer machen, derart, daß es zuletzt ein kleines Stück auf dem Film schleift; damit die Reibung hierbei nicht zu stark wird, ordnet man das Segment federnd an.

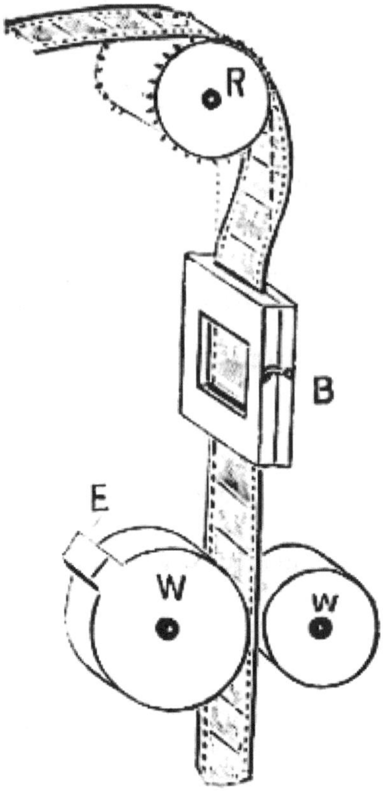

Fig. 16.

Das Verhältnis zwischen den Zeiten, welche einerseits auf den Wechselvorgang und andererseits auf die Ruhestellung des Filmbandes fallen, hängt hier direkt von der Größe der Trommel W ab: je größer diese ist, desto rascher geschieht die Vorwärtsbewegung und desto mehr Zeit bleibt für die Ruhepause übrig. Zu weit darf man auch hier nicht gehen, da sonst der Film in die Gefahr gerät, bei der plötzlichen Zerrung beschädigt zu werden.

Auswahl der Systeme.

Nachdem wir nun die verschiedenen Konstruktionstypen kennen gelernt haben, liegt die Frage nahe: welches System ist das beste? — Das ist eine Frage, die naturgemäß immer wieder aufgeworfen wird, über die sich aber die Fachkundigen keineswegs einig sind. Denn der eine bevorzugt je nach Erfahrung oder vielleicht auch Geschmack dieses System, der andere jenes — und keiner von ihnen würde doch zugeben wollen, daß seine Wahl eine schlechte sei. Jeder Konstrukteur vielmehr, der es ernst meint, sucht sich dasjenige System heraus, welches er zur Ausarbeitung für besonders geeignet hält und das er glaubt auf eine möglichst hohe Stufe der Vollendung bringen zu können. Man möchte wohl sagen, über die verschiedenen Systeme und ihren Vorrang zu disputieren, sei ein Streit um des Kaisers Bart, und das ist es auch wohl mehr oder minder. Vor allem muß man berücksichtigen, daß jedes System einen weiten Spielraum in bezug auf die Art der Ausarbeitung bietet und daß gerade die zweckmäßige Ausarbeitung, in Verbindung natürlich mit guter Ausführung, für die Leistung ausschlaggebend ist.

Wenn man sich die Aufgaben vor Augen hält, die an den Kinematograph-Mechanismus gestellt werden: ruhiges Stehen des Bildes, hinreichend starkes »Tempo«, sodaß das Flimmern auf ein Minimum reduziert ist, dabei Schonung der Films und möglichst geringe Abnutzung des Werkes; wenn man ferner die Arbeitsweise der verschiedenen Systeme verfolgt, so wird man finden, daß jedes System in bezug auf die Lösung jener Aufgaben seine Eigenheiten hat, indem es hier Vorzüge und dort Schwierigkeiten bietet. Gewiß mag nun bei dem einen das Maß der Schwierigkeiten ein größeres sein als beim andern: aber deshalb ein solches System an sich zu verwerfen oder ihm die Möglichkeit der Konkurrenz abzusprechen, wäre verfehlt. Es ist eben Sache der Ausarbeitung, diese Schwierigkeiten zu überwinden und gleichzeitig die Vorzüge auszunützen.

Eine zweite, andere Frage ist die: wie steht es in der Praxis mit Ausarbeitung der verschiedenen Systeme? — Wenn man da umblickt, ist es interessant zu beobachten, daß eines der Systeme mit der Steigerung der Anforderungen immer mehr vernachlässigt wurde, nämlich der Greifer. Während er allerdings für Aufnahme-Apparate, wo die Anforderungen wesentlich andere sind, besonders beliebt ist und wegen seiner sicheren, gleichmäßigen Arbeitsweise als sehr zweckmäßig befunden wird, gelangt er bei Projektions-Mechanismen in der Tat verhältnismäßig nur wenig zur Anwendung, trotzdem gerade der erste erfolgreiche Kinematograph mit einem Greifer versehen war. Und nicht ohne Grund sind ihm die Konstrukteure weniger hold: denn beim Greifer ein hinreichend starkes »Tempo« zu erzielen, unter zufriedenstellender Lösung der andern Aufgaben, erschien ihnen weniger leicht. Erklärlicherweise wandten sie sich lieber denjenigen Systemen zu, deren Durcharbeitung eher zum Ziele zu führen versprach, und das waren insbesondere das Malteserkreuz und der Schläger. Diese beiden Typen findet man daher weitaus am meisten vertreten. Der Nockenapparat, der eine Zeitlang das Feld erobern wollte, ist wieder in den Hintergrund getreten.

Vielfach begegnet man Vorurteilen gegen eines dieser Systeme und es wird auch wohl zuweilen Propaganda für und wider gemacht. In manchen Fällen mag ein mangelhaft ausgearbeitetes Werk den Besitzer zu der Ansicht geführt haben, das betreffende System sei minderwertig. Demgegenüber betone ich nochmals, daß durchaus nicht die Frage: ist es dies oder jenes System, ist es ein Schläger oder ein Malteser, für die Leistung des Apparates maßgebend ist, sondern die Art der Ausarbeitung und der Ausführung. Insbesondere ist das Mißtrauen gegen den Schläger, das von interessierter Seite groß gezogen wird, durchaus unbegründet; es ist im Gegenteil erwiesen, daß bei einem zweckmäßig gebauten und gut gepflegten Schläger die Filmschonung eine vorzügliche ist, ja, daß er auch verhältnismäßig stark beschädigte Filmbänder noch sicher transportiert.

Die Türe.

Wir können nun zur Betrachtung des zweiten Apparatteiles, der Türe mit der Bremsvorrichtung, übergehen. Ihre Aufgabe besteht darin, die Filmbilder in »Projektionsstellung« zu halten und zu verhindern, daß das Band bei dem Ruck, den es bei jeder Wechslung erhält, zu weit vorwärts fliegt.

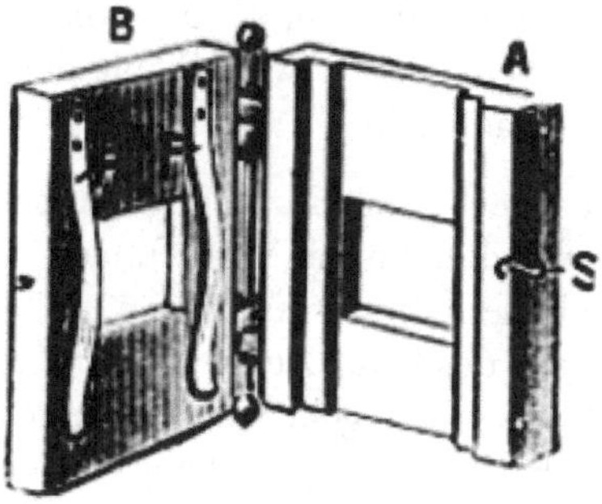

Fig. 17.

Die Türe ist zweiteilig; sie besteht aus einer am Apparat fest angebrachten Platte A und einer daran aufklappbaren Platte B. Beide haben eine Öffnung für die Lichtstrahlen, welche an dieser Stelle das Filmbild kreuzen. Die Platte A ist ferner in der Richtung von oben nach unten mit einer vertieften »Bahn« versehen, worin das Filmband läuft, während die Platte B zwei Längsfedern F F besitzt. Legt man nun den Film in die Bahn der »Türe« ein und klappt die Platte B zu, wobei sie in das Schloß S einschnappt, so drücken die Federn rechts und links auf den Rand des Filmbandes und klemmen dieses fest.

Bei genauer Betrachtung wird man in der Türe noch eine Vorrichtung zur Schonung des Film finden. Der mittlere Teil der Bahn, in welcher das Filmband läuft, ist nämlich vertieft, derart, daß der Film nur an den beiden Seiten aufliegt; er läuft sozusagen auf Schienen und wird durch die Federn dagegen gedrückt. Das mittlere Stück des Film, welches das photographische Bild enthält und welches besonders gegen Verkratzen geschützt werden muß, bewegt sich daher in der Türe ganz frei und kommt mit keinem Teile desselben in Berührung.

Die Abbildung (Fig. 17) zeigte die wesentlichen Bestandteile der Türe; die Ausführung kann aber auch anders sein. So wird zuweilen die Platte B an die Platte A oben angehängt oder zum Aufklappen nach unten eingerichtet. Oder es werden an der Platte B auf beiden Seiten statt einer langen Feder deren mehrere kleine, z. B. drei, übereinander angebracht, wobei allerdings eher ein Verbiegen der Federn und dadurch eine Beschädigung des Film zu befürchten ist. Die früher übliche Verwendung von Sammet zur Auflage des Filmbandes ist zu verwerfen, da derselbe abschleift und sich außerdem Teilchen darin festsetzen, die den Film verkratzen.

Eine andere Form der Türe zeigt eine doppelte Federung; die Längsfedern sitzen dort auf einer Platte, die wieder federnd an der Platte B befestigt ist. Oder es gelangt eine Schienenplatte zur Anwendung; hierbei drücken die Längsfedern nicht direkt auf den Film, sondern diese wirken auf eine mit seitlichen Schienen versehene Platte, welche mit den Schienen den Film rechts und links am Rande anpreßt.

Um den Film in der Türe recht fest einzuklemmen, hat man wohl auch die Schienen der Bahn oben und unten mit Vertiefungen (natürlich abgerundet) versehen, in welche die Federn ihn hineinpressen und die ihn zwingen, dort einen kleinen Knick zu machen. Zu weit darf man aber mit dem Festklemmen des Filmbandes nicht gehen; denn je fester der Film in der Türe sitzt, desto stärker muß der Bewegungsmechanismus an ihm reißen, um ihn vorwärts zu bekommen, desto leichter kann also durch den Ruck eine Beschädigung erfolgen. Die Stärke der Bremsung muß dem Bewegungsmechanismus so angepaßt sein, daß das »Vibrieren« des Bildes nach Möglichkeit verhindert und daß gleichzeitig der Film möglichst wenig »strapeziert« wird.

Zu erwähnen ist noch eine zuweilen benutzte Anordnung, die darin besteht, daß der Film bei seiner Ruhestellung in der Türe fest eingeklemmt und während des Wechselvorganges freigegeben wird. Es geschieht dies mittels eines vom Werke angetriebenen Exzenters. Diese Vorrichtung gelangte z. B. gelegentlich zur Verwendung beim Nockensystem, wobei es dazu diente, zu verhindern, daß einerseits der Film zur falschen Zeit von den Trommeln mitgenommen wird und andrerseits, daß sich der Bausch von oben in die Türe einschiebt.

Vielfach bringt man in gewissem Abstande hinter der Türe, und zwar nach der Laterne zu, ein Hitze-Schutzschild an; diese Platte ist mit Asbest beschlagen und hat einen Ausschnitt, der gerade so groß ist, daß das zur Beleuchtung des Filmbildes erforderliche Strahlenbündel hindurchgeht. Dieses Schild soll die überflüssigen Lichtstrahlen auffangen, welche sonst auf die Metallteile der Türe treffen und diese erwärmen.

Bei der Konstruktion der Türe und deren Einbau in den Apparat ist darauf zu achten, daß der durchlaufende Film nicht oben und unten, wo er ein- bezw. austritt, gegen die Kante schlägt und sich scheuert; die Platte wird dort entsprechend abgerundet oder es wird, wenn nötig, eine kleine Rolle angefügt.

Die Blende.

Den Bildwechsel beim Kinematograph, also die Zeit, während welcher der Film um ein Bild weiterbewegt wird, deckt man durch eine Verschlußscheibe ab, für die sich die allerdings auch sonst gebrauchte Bezeichnung »Blende« eingebürgert hat. Da die Blende sich sehr rasch bewegen muß — es werden ja 15 bis 20 Bilder in der Sekunde gezeigt — so verwendet man (jetzt wohl ausschließlich) solche Blenden, die sich mit gleichmäßiger Geschwindigkeit um eine Achse drehen. Hauptsächlich wird die Scheiben- oder Flügelform benutzt, wie Figur 18 sie darstellt; weniger kommt die Blende in Form eines aufgeschnittenen Zylinders (Fig. 19) zur Anwendung. Die Auf- und Abbewegung ist auch versucht worden, sie scheint sich aber nirgends eingebürgert zu haben — kein Wunder, bietet doch die drehende Bewegung den Vorzug der Einfachheit und ruhigeren Betriebes.

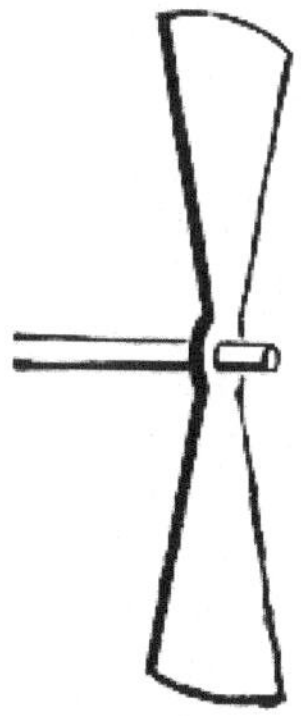

Fig. 18.

Fig. 19.

Die Blende ist ein wichtiger, aber auch unangenehmer Teil des Apparates: sie verursacht auf dem Projektionsschirm den Wechsel zwischen Hell und Dunkel und damit das »Flimmern«.

Dies Flimmern macht sich — vorausgesetzt, daß die Blende kleiner bleibt als ein Halbkreis, und man wird sie nach Möglichkeit kleiner halten, um zu großen Lichtverlust zu vermeiden — um so stärker bemerkbar, je größer (relativ) die Blende ist. Die Größe der Blende hängt naturgemäß ab von der Schnelligkeit, mit welcher der Film vorwärts bewegt wird, und eben deshalb sucht man den Bildwechsel möglichst rasch zu machen. Aber da gibt's, wie wir oben sahen, bald eine Grenze: wir können nicht das »Tempo« beliebig stark und damit die Blende beliebig klein machen. Die Blende erfährt außerdem dadurch eine Vergrößerung, daß sie schon schließen muß, ehe der Wechselvorgang einsetzt, und erst wieder öffnen darf, wenn der Bildwechsel bereits beendet ist. Denn in dem Moment, wo der Film sich zu bewegen beginnt, muß die Blende das Bildfeld schon ganz verdeckt haben und sie muß es ganz verdeckt halten bis zu dem Augenblick, wo der Film wieder in Ruhe kommt.

Wie wir schon oben, als wir über das Flimmern sprachen, überlegten, muß man daher bestrebt sein, die Abblendevorrichtung so zu gestalten, daß sie zum Schließen und Öffnen möglichst wenig Zeit braucht. Die Blende wird aber um so schneller schließen und öffnen, je rascher sie sich dreht. Und dabei spielt die Form der Blende eine Rolle. Eine Blende mit zwei Flügeln (wie in Fig. 18), die bei jeder Umdrehung zwei Bildwechsel verdecken soll, läuft halb so schnell wie eine einflüglige Blende, bei der auf jede Umdrehung nur ein Bildwechsel kommt. Aber auch die Stellung der Blendenachse kann hier von Bedeutung sein. Das Filmbild ist etwa 2 $^1/_2$ cm breit und 2 cm hoch, es ist also mehr breit wie hoch. Wenn die Blendenachse seitlich angeordnet ist, wie bei A in Figur 20, so wird die Blende das Bild a b c d schneller verdecken, als wenn die Achse darüber oder darunter, wie bei B, sich befindet; denn die Blende M hat, um zu schließen, die Strecke a b zu durchlaufen, die Blende N dagegen das längere Stück c b.

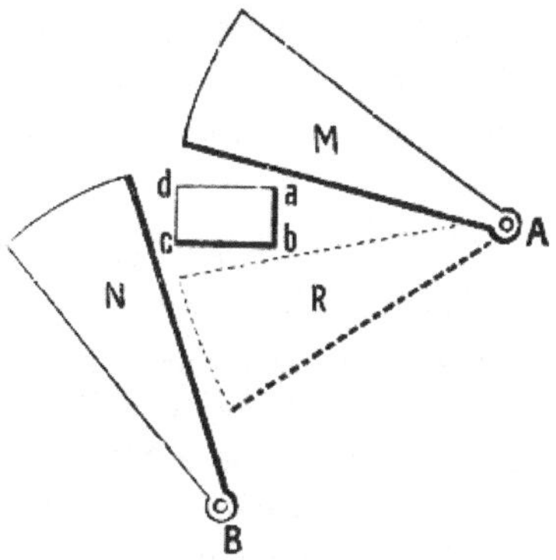

Fig. 20.

Es ist hierbei allerdings vorausgesetzt, daß die Blende sich nahe vor oder hinter der Türe befindet. Zweckmäßiger ist aber offenbar die Anordnung der Blende an der Stelle, wo die Strahlen vom Kondensor sich kreuzen; denn dort ist die engste Stelle des Lichtkegels und die Blende kann hier am schnellsten das Licht abdecken und wieder freigeben. In der Spitze des Strahlenkegels gewahrt man ein Bild der Lichtquelle (bei elektrischem Bogenlicht des Kraters); das Bild ist von der Form der Türe unabhängig und es ist daher bei dieser Anordnung der Blende ohne Belang, ob sie wie N von der Seite oder wie M von oben her schließt.

Es gibt einen Weg, das Schließen und Öffnen noch rascher zu bewirken, indem man nämlich zwei Blenden anwendet, die sich gegeneinander drehen. Wenn sich in der Abbildung die Blende M nach unten und die punktiert dargestellte Blende R nach oben bewegt, so wird das Bild doppelt so schnell verdeckt, als wenn eine der beiden Blenden allein in Tätigkeit ist.

Kann man nun weiter etwas tun, um das Flimmern, woran ja das Zwischenschlagen der Blende schuld ist, zu vermindern? — Da hat man allerlei versucht. Es lag zunächst nahe, das Übel des Flimmerns bei der Wurzel auszurotten, indem man die Blende gänzlich entfernte. Da wird auf der einen Seite wohl geholfen, aber es tritt eine andere fehlerhafte Erscheinung auf: der Bildwechsel, der jetzt unverdeckt vor sich geht, bleibt unserm Auge nicht verborgen. Zwar sieht man nicht, wie sich die Bilder auf der Projektionswand weiter bewegen, denn dazu ist die Geschwindigkeit des Wechselvorgangs zu groß; jedoch es macht sich ein gewisses »Ziehen« bemerkbar. Die Art des Filmbildes spielt hierbei eine große Rolle. Besonders Bilder mit dunklem Hintergrund, vor denen sich eine helle Stelle scharf abhebt, nehmen sich, ohne Blende projiziert, unvorteilhaft aus: der Lichteffekt zieht sich wie ein heller Streif von unten nach oben über das ganze Bild. Weniger schlimm ist diese Erscheinung bei durchweg hellen

Filmbildern mit wenig Kontrasten; es zeigt sich dabei eine Art »Regen«, verursacht durch die dunkleren Bildstellen, welche beim Wechselvorgang über die hellen Flächen hinstreichen. Die Bilder verlieren an Schönheit, Kraft und Plastik.

Der Fortfall der Blende bedeutet gleichzeitig einen ziemlichen Lichtgewinn, und dieser Umstand wirkt nicht minder bestechend wie die Beseitigung des Flimmerns. Aber man darf nicht vergessen, daß dieser Lichtgewinn von den Lichtstrahlen herrührt, welche während des Wechselvorganges auf den Projektionsschirm gelangen; gerade diese Strahlen, die sonst durch die Blende verdeckt werden, rufen das »Ziehen« hervor. Man kann mithin sagen: soviel wir hier an Licht gewinnen, um ebensoviel wird die Wirkung des Bildes beeinträchtigt.

Es muß bei Anwendung dieses »Radikal-Mittels« einen Unterschied machen, ob der Apparat den Film beim Bildwechsel sehr schnell oder verhältnismäßig langsam weiter bewegt. Ein Apparat mit langsamem Wechselvorgang, oder wie wir oben sagten »schwachem Tempo«, wird mit und ohne Blende wenig zufriedenstellend arbeiten: mit Blende, die hier recht groß ist, zeigt er ein starkes Flimmern, und ohne Blende kommen die Übelstände des unverdeckten Bildwechsels gleichfalls recht unangenehm zum Vorschein. Wenn hingegen das »Tempo« des Bewegungs-Mechanismus stärker ist, wenn die Bildwechslung also rascher vor sich geht, so wird nicht nur bei Anwendung der Blende das Flimmern schwächer, sondern es werden sich auch die fehlerhaften Erscheinungen bei Fortfall der Blende in geringerem Maße bemerkbar machen. Kurz: bei einem stark flimmernden Apparat hat die Entfernung der Blende auch starke Übelstände im Gefolge; und je geringer das Flimmern ist, desto weniger wird auch die Beseitigung der Blende störend wirken.

Wer ohne Blende projizieren will, sollte im Auge halten, daß das »Ziehen« des Bildes bei dem einen Film stärker auftritt wie bei dem andern; er wird gut tun, Prüfungen in dieser Hinsicht vorzunehmen.

Bei dem Bestreben, das Flimmern zu vermindern, beschritt man nun auch einen Mittelweg. Man versah die Blende mit einer Anzahl von Löchern oder fertigte sie aus halbdurchscheinendem Material, wozu man z. B. eine blau oder violett gefärbte Glimmerscheibe oder Gelatineplatte verwandte. Dabei ging man von dem Gedanken aus, daß das Flimmern geringer werden müßte, wenn der harte Gegensatz zwischen Hell und Dunkel abgeschwächt wird. Der Projektionsschirm wird bei einer solchen Blende während des Bildwechsels nicht völlig verdunkelt, sondern halbhell gehalten. Der Gedanke ist richtig; das Flimmern macht sich weniger bemerkbar, aber es tritt auch hier ein Übelstand auf, wenn auch in geringerem Maße als beim Fortfall der Blende. Unser Auge soll die Bilder, welche rasch nacheinander auf den Schirm geworfen werden, zu einem einzigen lebenden Bilde zusammenfassen; da kann es nicht ausbleiben, daß es dies »falsche Licht«, welches nun zwischendurch auf den Schirm gelangt, mit dem Eindrucke der Bilder verschmelzt, und die Folge ist, daß die Bilder flauer und weniger plastisch erscheinen. Dies diffuse, dazwischengeworfene Licht stört geradeso, wie wenn ein ständiges Nebenlicht auf das Lichtbild fällt.

Nun ist die Frage: vermag der Vorteil, den die Aufhellung der »dunklen Pause« durch Verminderung des Flimmerns bietet, den genannten Nachteil aufzuwiegen? — Hierbei ist folgendes zu überlegen. Es muß ein Unterschied sein, ob die Blende stark durchscheinend ist, oder ob sie nur in schwachem Maße Licht durchläßt. Im ersteren Falle wird das Bild stärker unter dem »falschen Licht« zu leiden haben, während sich das Flimmern weniger stark bemerkbar machen wird; denn je stärker das Nebenlicht, desto geringer das Flimmern. Es kommt also darauf an, zu wissen, in welchem Maße man die Blende durchscheinend machen darf, ohne daß die Wirkung des Bildes in störender Weise beeinträchtigt wird. Das läßt sich natürlich nur durch Versuche feststellen. Da zeigt es sich, daß eine schwache Aufhellung, wie sie z. B. eine Metallblende mit einigen schmalen Spaltöffnungen gibt (vgl. Fig. 21), im allgemeinen nur wenig stört. Wie weit man dabei in Zahl und Größe der Öffnungen gehen kann, ist mehr oder minder Geschmackssache. Wenn man aber eine derartige Blende anwenden will, so tut man auch hier gut, sie nicht nur bei einem, sondern bei verschiedenen Films zu erproben: bei hellen und dunklen, bei solchen mit geringen und solchen mit starken Kontrasten; denn der störende Einfluß des »falschen Lichtes« macht sich bei dem einen Bilde stärker geltend als beim andern. Von nicht geringem Einfluß ist dabei übrigens die Distanz, auf welche man projiziert und nicht minder die Lichtquelle. Die Erfahrung zeigt, daß man die Blende umso stärker durchscheinend nehmen kann, je größer die Distanz und je schwächer die Lichtquelle ist.

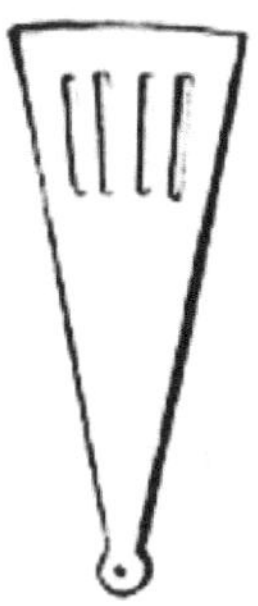

Fig. 21.

Man hat nun noch ein Mittel versucht, das Flimmern zu verringern, und zwar beruht es auf dem gleichen Gedanken: den Gegensatz zwischen Hell und Dunkel abzuschwächen. Doch wird hier nicht das Dunkel aufgehellt, sondern das Hell verdunkelt. Auf den ersten Blick mag es allerdings töricht erscheinen, noch mehr Licht abzuschneiden, als es schon durch die Blende geschieht. Doch mag ein gewisser Lichtverlust wohl in Kauf genommen werden, wenn man dafür auf der andern Seite einen Vorteil gewinnt. Um die Erklärung zu erleichtern, möchte ich etwas ausholen.

Wie wir oben sahen, verursacht der Wechsel zwischen Hell und Dunkel das Flimmern. Unser Auge kann wohl die Filmbilder, welche ihm stoßweise mit kurzen Zwischenpausen vorgeführt werden, zu einem einzigen Bilde verschmelzen, aber der Wechsel zwischen Hell und Dunkel bleibt ihm nicht verborgen. Diese Störung ließe sich nun, wie wir ebenfalls schon überlegten, leicht beseitigen, wenn man den Apparat entsprechend schneller laufen lassen könnte; man würde dadurch einen rascheren Wechsel zwischen Hell und Dunkel bewirken, dem bei hinreichender Geschwindigkeit das Auge nicht mehr zu folgen möchte. Wenn man so weit gehen könnte, würde unser Auge kein Flimmern mehr wahrnehmen. Aber wir sind bei der Wiedergabe der kinematographischen Bilder an die Geschwindigkeit gebunden, mit welcher der Film aufgenommen wurde, und die ist: etwa 15 Bilder in der Sekunde.

Da suchte man denn auf andere Weise einen rascheren Wechsel zwischen Hell und Dunkel zu erreichen und fand ein einfaches Mittel. Die Blende des Apparates wird mit einem weiteren Flügel versehen, welcher so angesetzt ist, daß er mitten während der Ruhestellung des Filmbandes, also während das Filmbild projiziert wird, auf einen Moment den Schirm verdunkelt. Hatte die Blende zuvor einen einzigen Flügel, welcher sich in etwa $^{1}/_{15}$ Sekunde einmal drehte und einmal das Bildfeld verdunkelte, so gibt man ihr jetzt zwei Flügel. An ihrer Geschwindigkeit wird nichts geändert. Der eine Flügel verdeckt wie zuvor den Wechselvorgang, der neue Flügel hingegen schlägt, scheinbar unnütz, dazwischen. Doch gerade durch diesen »Zwischenschlag« bekommen wir einen doppelt so raschen Wechsel zwischen Hell und Dunkel, und die Folge ist, daß tatsächlich das Flimmern geringer wird. Dem zwischenschlagenden Flügel gibt man die gleiche oder annähernd gleiche Größe wie dem eigentlichen Blendflügel.

Eine noch bessere Wirkung erzielt man durch zwei zwischenschlagende Flügel, die symmetrisch zum eigentlichen Blendflügel angeordnet sind, derart, daß die drei offenen Ausschnitte gleiche Größe haben.

Nun die Kehrseite der Medaille! Welchen Nachteil bringt uns diese Blendvorrichtung? Es liegt klar auf der Hand: die zwischenschlagenden Flügel bedeuten Lichtverlust. Da ist die Frage: wie groß ist dieser Lichtverlust und wie kann man ihn möglichst klein halten? — Er wird offenbar um so geringer, je kleiner man die zwischenschlagenden Flügel macht. Deren Maß hängt aber von der Größe des eigentlichen Blendflügels ab, gegen den sie ein Gegengewicht bilden sollen; je kleiner diese Blende also ist, desto weniger Lichtverlust werden uns die zwischenschlagenden Flügel bringen.

Über die Größe der Blende habe ich weiter oben schon gesprochen und dargetan, daß sie bedingt ist durch die Schnelligkeit, mit welcher der Bewegungs-Mechanismus den Wechselvorgang besorgt. Für den Lichtverlust, den das Zwischenschlagen verursacht, ließe sich also dadurch ein Ausgleich schaffen, daß man den Wechselvorgang entsprechend beschleunigt. Aber man kann da nicht beliebig weit gehen: wie schon oben hervorgehoben wurde, gibt's bald eine Grenze.

Schließlich ist noch die Möglichkeit zu erwähnen, daß man beide Methoden zur Verminderung des Flimmerns, deren eine die Abschwächung des Gegensatzes zwischen Hell und Dunkel durch Aufhellung anstrebt, während dies bei der anderen durch Verdunkeln geschieht, kombiniert. So hat man zunächst auch schon die zwischenschlagenden Flügel aus halbdurchscheinendem Material, insbesondere blaugefärbtem Glimmer oder Gelatine, angefertigt, aber es steht auch noch frei, den Hauptblendflügel mit einigen schmalen Spaltöffnungen zu versehen, in der Art, wie es Figur 21 zeigte, oder ihn ebenfalls halbdurchscheinend zu machen und dadurch seine verdunkelnde Wirkung abzuschwächen.

Was die Stellung der Blende im Apparat anbetrifft, so ist diese auf ihre Wirkungsweise nicht ohne Einfluß. Man bringt die Blende vor dem Objektiv oder vor oder hinter der Türe an. Ihre Anordnung nahe vor dem Objektiv hat, wie bereits gezeigt wurde, den Vorteil, daß sie dort in der Spitze des Strahlenkegels arbeitet; an dieser Stelle kann sie am schnellsten schließen und öffnen.

In der Regel gibt man der Blende die Flügelform. Bei ihrer Gestaltung ist es von größter Wichtigkeit, das Schwergewicht in die Achse zu legen, oder wie man sagt, sie richtig zu balancieren. Denn wenn die Blende nach einer Seite schwerer ist, wird sie »schlagen« und dazu neigen, den Apparat in Vibration zu setzen. Eine solche Vibration, wenn sie auch nur schwach ist, ruft auf dem Projektionsschirm leicht eine Unschärfe des Bildes hervor, die man gerne geneigt ist, dem Objektiv zuzuschreiben.

Aus gleichem Grunde ist eine gute Lagerung der Blendenachse erforderlich; diese muß besonders fest und solide sein, wenn sich die Blende mit größter Geschwindigkeit (auf jeden Bildwechsel eine Umdrehung) bewegt, da sonst ein Vibrieren unausbleiblich ist. Schließlich ist noch darauf hinzuweisen, daß die Blende, wenn sie ihren Zweck erfüllen und nicht direkt schädlich wirken soll, genau eingestellt sein muß und daß ferner ein zuverlässiger Antrieb erforderlich ist, der den Flügel richtig führt und ihm kein Spiel zu Verschiebungen läßt.

Das Kinematographen-Werk.

Allgemeine Anordnung.

Wir haben nun die drei wesentlichen Bestandteile des Kinematographen kennen gelernt: den Bewegungs-Mechanismus, die Türe mit der Bremsvorrichtung und die Blende. Diese Teile wollen wir jetzt zu einem Apparate zusammenbauen und mit einem Antriebe versehen. Wenn wir dann die Wirkungsweise des Instrumentes betrachten, werden sich weitere Einrichtungen, die zur Vervollkommnung von Wichtigkeit sind, von selbst ergeben. Für diese Betrachtungen ist es unwesentlich, welche Art der beschriebenen Bewegungs-Mechanismen und welche Blendenform wir nehmen: ich kann daher etwas Beliebiges herausgreifen.

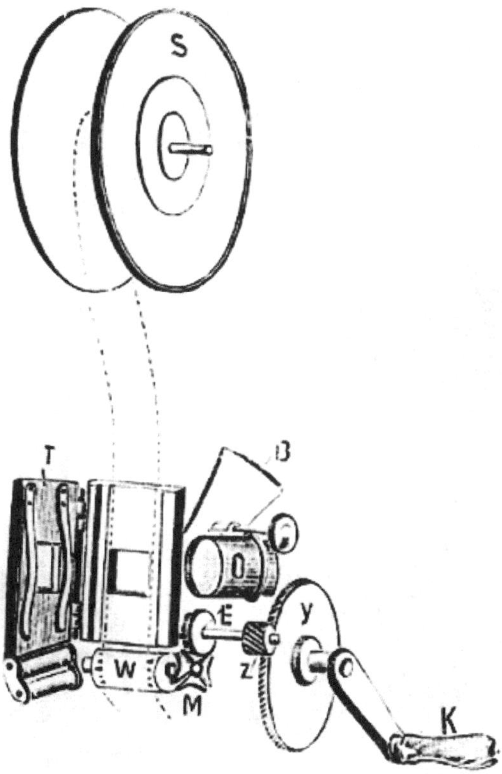

Fig. 22.

Zur besseren Veranschaulichung nehme ich wieder eine Abbildung (Fig. 22) zu Hilfe. Es ist hier beispielshalber zur Erzielung der ruckweisen Weiterbewegung des Filmbandes die Malteserkreuz-Einrichtung genommen. W ist die gezahnte Trommel, welche den Film transportiert, M das

Malteserkreuz, auf gleicher Achse und mit der Trommel fest verbunden. E ist die Eingriffscheibe, die bei jeder Umdrehung das vierteilige Malteserkreuz nebst der Walze um $^1/_4$ herumwirft und damit den Film um ein Bild weiter bewegt. Durch die Rolle, welche sich unten an der geöffneten Türe befindet, wird der Film gegen die Transport-Trommel gedrückt.

Es interessiert uns nun zunächst das Antriebswerk. Dieses besteht hier aus einem großen Zahnrad Y, der fest damit verbundenen Kurbel K und dem kleinen Zahnrad Z, das von ersterem angetrieben wird und auf gleicher Achse mit der Eingriffscheibe sitzt. Die Übersetzung ist derart bemessen, daß das kleine Rad bei ruhiger Drehung der Kurbel etwa 15 Umdrehungen in der Sekunde macht.

Die Abbildung zeigt uns ferner die (geöffnete) Türe T mit den Bremsfedern und die Blende B, die sich vor dem Objektive O bewegt. Es ist hier eine Blende mit zwei Flügeln angenommen; ihr Antrieb erfolgt durch Kegelräder derart, daß sie ebenso schnell läuft wie die Eingriffscheibe. Zur Vervollständigung des gebrauchsfertigen Instrumentes fehlt jetzt noch die Filmspule S, worauf sich das aufgerollte Filmband befindet; sie sitzt drehbar auf einem Stift, welcher durch einen Arm getragen wird.

Fig. 23.

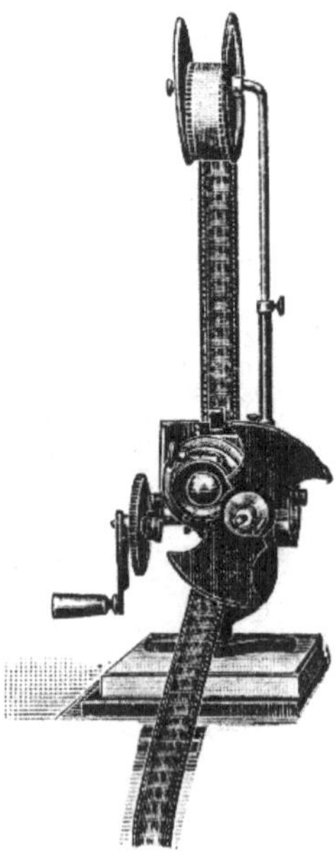

Fig. 24.

In der folgenden Figur (No. 23) ist das nach einer Photographie hergestellte Bild eines solchen Kinematograph-Mechanismus wiedergegeben; ein Teil des Werkes ist hier verdeckt, man sieht aber noch ein Schwungrad S, das in der schematischen Darstellung (Fig. 22) nicht eingezeichnet ist. Dieses Schwungrad sitzt auf der Achse der Eingriffscheibe und dient dazu, einen ruhigen Gang herbeizuführen. Denn wie wir wissen, arbeitet die Eingriffscheibe stoßweise auf das Malteserkreuz, und ohne die ausgleichende Wirkung des Schwungrades würden sich die Stöße in unangenehmer Weise auf die Antriebskurbel übertragen. Fig. 24 zeigt den gleichen Apparat in der Vorderansicht und mit eingesetztem Film.

Der Vorschub des Filmbandes.

Wir wollen uns jetzt vergegenwärtigen, wie das Werk arbeitet. Der Film sitzt oben auf der Spule, läuft von dort durch die Türe und dann über die Transporttrommel, um unten frei auszutreten. Wenn wir nun die Kurbel drehen, so wird der Film in der gewünschten Weise, ruckweise, weiterbewegt, und während jedes Bildwechsels tritt ein Flügel der Blende vor das Objektiv. Ob der Apparat dabei wenig oder stark flimmert, wollen wir außer Spiel lassen; denn wie dem Übelstand des Flimmerns abzuhelfen wäre, haben wir ja besprochen. Es interessiert uns hier vielmehr die Bewegung des Filmbandes.

Da beobachten wir folgendes. Die Transporttrommel der Malteserkreuz-Vorrichtung bewegt den Film mit einem Ruck um ein Bild vorwärts und zieht ihn dabei aus der Türe heraus, wo er durch Federn eingeklemmt ist. Oben aber muß der Film nachfolgen und mit demselben Ruck wird er daher von der Spule heruntergezogen. Wenn nun auch die Spule drehbar auf dem Arm befestigt ist und dem immerhin heftigen Zug leicht nachgibt, so muß uns diese Anordnung doch verbesserungsbedürftig erscheinen. Es ist da eine Vorrichtung erwünscht, die verhindert, daß der plötzliche Ruck oben auf die Spule übertragen wird, und eine solche Vorrichtung ist durchaus erforderlich, wenn man Films von größerer Länge (es gibt solche von vielen hundert Metern) oder gar mehrere zu einem Bande zusammengeklebte Films zur Anwendung bringt. Denn bei jedem Bildwechsel wird der ganze Film mit der Spule stoßweise in Bewegung gesetzt; je länger aber der Film, umso schwerer ist die Masse, die da plötzlich bewegt werden soll, und umso stärker die Wirkung des Ruckes.

Es soll damit nicht gesagt sein, daß Apparate der Art, wie in Fig. 23 und 24 dargestellt, untauglich seien; sie sind vielmehr zur Vorführung von Films geringerer Länge, die auf einer kleinen Spule untergebracht werden können, durchaus brauchbar. Es müßte aber als verfehlt angesehen werden, wenn man ein solches Instrument für größere öffentliche Schaustellungen und namentlich für häufige oder gar tagtäglich unausgesetzte Benutzung nehmen wollte. Hier sind die Ansprüche höher und es ist daher ein weiter ausgearbeiteter Apparat am Platze.

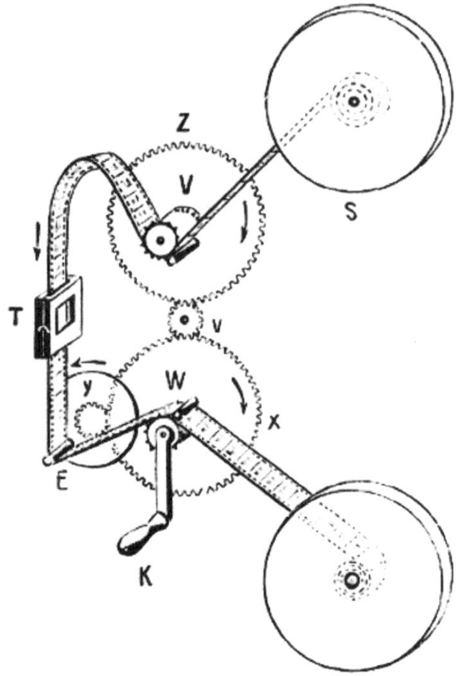

Fig. 25.

Dazu gehört in erster Linie die oben angedeutete Vorrichtung, die verhindert, daß beim jeweiligen Bildwechsel der Ruck bis oben auf die Filmspule übertragen wird. In Fig. 25 ist dieselbe dargestellt; sie besteht aus einer gezahnten Trommel V, die zwischen der Spule S und der Türe T angebracht ist und um welche der Film herumgeführt wird. Diese Trommel wird vom Werk derart angetrieben, daß sie ununterbrochen mit gleicher Geschwindigkeit läuft und auf jeden Bildwechsel den Film um ein Bild vorwärts transportiert. Der Film wird ferner so eingespannt, was bei der Handhabung nicht zu vergessen ist, daß er zwischen Trommel und Türe einen Bausch bildet, wie die Abbildung es zeigt.

Wenn nun das Werk in Betrieb gesetzt ist, so wird die Trommel V jedesmal, so lange der Film in der Türe ruhig steht, den Bausch vergrößern, indem sie ständig Film von der Spule herunterholt und vorwärts schafft; so oft aber der Bildwechsel einsetzt, wird der Film von unten her um ein Bild fortgezogen und der Bausch wird verkleinert. Es leuchtet ein, daß bei dieser Anordnung der Transport des Filmbandes ruhiger vor sich geht.

Wie ich schon oben erwähnte, ist die Art des Bewegungsmechanismus bei diesen Betrachtungen unwesentlich. In Abbildung Fig. 22 hatte ich die Malteserkreuz-Einrichtung angenommen; um nun jetzt ein anderes Beispiel zu geben, habe ich dem in Fig. 25 skizzierten Apparat das Schlägersystem gegeben. Die Trommel W wird hier direkt mittels der Kurbel K angetrieben; sie ist so groß bemessen, daß sie bei ruhigem Drehen 16 Bilder in der Sekunde fortschafft. Inzwischen schlägt der Exzenter E, so oft ein Bild transportiert wird, auf den Film und zieht ihn ruckweise weiter, wobei die Schlägerscheibe mit dem Exzenter mittels der Zahnräder X Y in der oben besprochenen Übersetzung angetrieben wird.

Die Vorschubtrommel V muß gerade so schnell laufen, wie die Trommel W; denn sie soll oben ebenso viel Film holen, wie unten fortgeschafft wird. Ihr Antrieb erfolgt durch die in der Abbildung angedeuteten Zahnräder v Z oder mittels einer Kette.

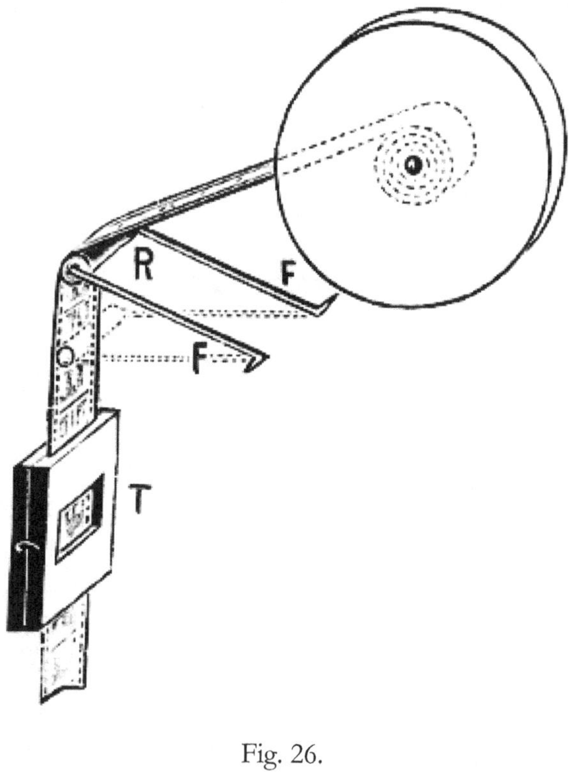

Fig. 26.

An Stelle der Vorschubtrommel tritt bei billigeren Apparaten zuweilen eine federnde Vorrichtung, die verhindern soll, daß der Ruck bei der Weiterbewegung des Filmbandes direkt auf die Spule übertragen wird. Ihre Konstruktion und Wirkungsweise wird durch Fig. 26 erläutert. Zwischen

Spule S und Türe T ist eine Rolle R angebracht, die durch einen federnden Bügel F F getragen wird. Der Film läuft um diese Rolle. Wenn nun ein Bildwechsel stattfindet und der Film von unten her vorwärts gezogen wird, so nimmt der Bügel den Ruck auf und schlägt in die punktierte Stellung herunter, dabei das verlangte Stück Film hergebend. Sobald dann der Wechselvorgang beendet ist, schnellt der Bügel wieder hoch und holt sich dabei von der Spule soviel Film, als für den nächsten Bildwechsel gebraucht wird.

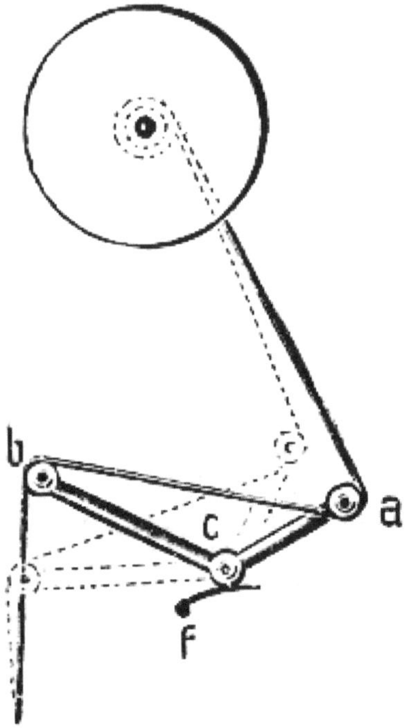

Fig. 27.

Diese Vorrichtung hat allerdings den Vorzug großer Einfachheit, aber sie muß immerhin als ein Behelf im Vergleich zur Vorschubtrommel angesehen werden, da die Wirkung des Ruckes oberhalb der Türe nicht beseitigt, sondern nur geschwächt wird. Man hat versucht, die federnde Vorrichtung zu verbessern, indem man sie doppelt wirkend machte. Der Film läuft bei dieser Konstruktion um zwei Rollen a und b, wie dies aus Fig. 27 ersichtlich ist. Die Rollen werden getragen durch zwei fest miteinander verbundene Arme, welche drehbar auf der Achse c sitzen. Bei jedem Bildwechsel pendelt die Vorrichtung nach links herüber in die punktierte eingezeichnete Stellung, und es gibt dabei jede der beiden Rollen ein Stück Film frei; darnach wird sie durch die Feder f immer wieder in die Anfangsstellung zurückgebracht.

Die Aufrollvorrichtung.

Ich muß nun nochmals auf die Abbildung Fig. 25 zurückgreifen. In dieser sind der Übersichtlichkeit halber Objektiv und Blende, sowie auch das Gerüst des Apparates fortgelassen, desgleichen das auf der Achse der Schlägerscheibe sitzende Schwungrad, das auch hier erforderlich ist, wenn man einen möglichst ruhigen Gang des Werkes erzielen will. Dagegen zeigt die Abbildung etwas Neues: die Aufrollvorrichtung. Wir kommen damit zu der Frage: wo bleibt der Film, nachdem er das Werk verlassen hat?

Soweit Films von geringerer Länge zur Verwendung kommen, kann die Aufrollvorrichtung wohl entbehrt werden; man läßt den Film dann in einen Behälter, z. B. einen Korb, laufen. Einfachere Kinematograph-Konstruktionen, deren Preis niedrig gehalten werden soll, sind daher zuweilen ohne Aufrollvorrichtung.

Fig. 28.

Zum Aufrollen des Film dient ebenfalls eine Spule, die unten auf einer durch einen »Arm« getragenen Achse sitzt. Diese Spule muß vom Werk aus in Drehung versetzt werden; man verfährt dazu so, daß man sie mit Hilfe eines Anschlages fest auf die Achse setzt, letztere mit einer Schnurscheibe versieht und mittels Schnur oder Drahtspirale antreibt. Wenn nun die Spule sich füllt, muß sie, da die Rolle allmählich dicker wird, immer langsamer laufen; sie wird dann durch den Film, der sich zwischen Trommel W und der Spule stramm zieht, gebremst und die Schnur schleift auf der Schnurscheibe. Mit der Vergrößerung der Spule wächst aber auch die Kraft, die zum Aufwickeln erforderlich ist; diese Kraft wird von der sich spannenden Schnur oder Spirale geliefert. Sie klemmt sich beiderseits in die Schnurscheiben ein, bis sie den Gegendruck überwindet und die Spule um ein Stück vorwärts bewegt. Das Aufspannen des Bandes erfolgt dabei ruckweise, aber durchaus zuverlässig. Es empfiehlt sich, stets eine Reserveschnur bezw. Drahtspirale bereit zu halten, damit man nicht in Verlegenheit kommt, wenn sie einmal reißen sollte. Die Drahtspirale darf übrigens nicht geölt oder geschmiert werden, da sie sonst auf den Scheiben gleitet; man sollte sie vielmehr trocken halten, damit die Reibung eine gute bleibt. Vielfach wird auch Friktionsantrieb verwandt. Der Antrieb erfolgt dabei mittels Gelenkkette oder Zahnradübersetzung und zur Mitnahme der Spule dienen zwei gegeneinander gedrückte rauhe Leder- oder Filzscheiben, oder eine zwischen zwei Metallscheiben eingeklemmte Lederscheibe. Wenn die Spule sich füllt und langsamer laufen soll, wird die Reibung der Scheiben überwunden und dieselben schleifen aufeinander. Nun ist aber zu berücksichtigen, daß in dem Maße, wie die Rolle größer wird, auch die Zugkraft zum Aufspannen des Film zunehmen muß; das ist aber beim Friktionsantrieb nicht der Fall. Man muß hier, namentlich wenn es gilt, große Spulen aufzuwickeln, die Friktion sorgsam einstellen, was mittels einer Regulierschraube geschieht: die Reibung darf nicht zu stark sein, sonst wird im Anfang der Film zerrissen oder doch in der Perforation beschädigt; anderseits muß die Reibung aber so stark sein, daß die Kraft zum Schluß noch für die größere Arbeitsleistung ausreicht. Man hat vielfach versucht, Einrichtungen zu konstruieren, die eine mit der wachsenden Leistung entsprechend zunehmende Friktion herbeiführen sollen; aber bisher scheint eine praktische Lösung dieser Aufgabe nicht vorzuliegen. Bei den Aufwickelvorrichtungen für Papier- und Zeugrollen hat man mit der gleichen Schwierigkeit zu kämpfen. Man hilft sich da vielfach in der Weise, daß man während des Betriebes die Reguliervorrichtung mit der Hand fester anzieht und dadurch dem Bedarf gemäß die Friktion stärker macht. Es ist zu bemerken, daß beim Schlägersystem die gleichmäßig bewegte Transporttrommel W (Fig. 25) der Aufrollvorrichtung ununterbrochen Film zuführt, während der Film bei andern Systemen, wie z. B. bei Malteserkreuz-Apparaten, stoßweise den Bewegungsmechanismus verläßt. Da nun für das geregelte Aufrollen eine gleichmäßige Zuführung des

Filmbandes erforderlich ist, muß man hier zwischen Bewegungsmechanismus und Aufrollvorrichtung eine gleichmäßig laufende Trommel einschalten. Der in Abbildung Fig. 28 dargestellte Apparat zeigt diese Anordnung; wichtig ist es dabei, daß der Film unten zwischen den beiden Zahntrommeln einen Bausch bildet.

Filmspule und feuersichere Trommel.

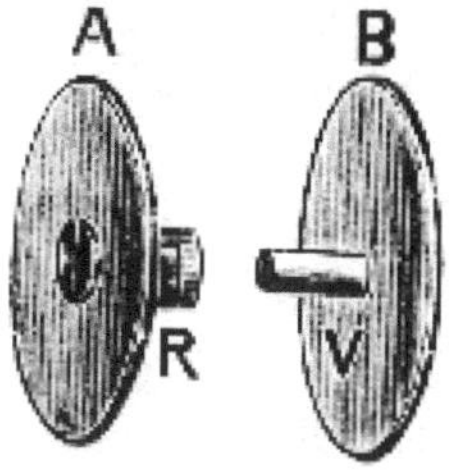

Fig. 29. Filmspule.

Es ist noch einiges über die Filmspule zu sagen. Man macht sie meist zweiteilig, und diese Form ist recht zweckmäßig. Sie besteht dann, wie Fig. 29 veranschaulicht, aus zwei Rohrstücken, deren größeres R sich über das engere V schiebt, und zwei daran angebrachten Scheiben A und B. Diese Anordnung gestattet ein bequemes Einsetzen der Filmrollen: die Spule wird auseinander genommen, die Filmrolle auf das breitere Rohrstück gesteckt und die Spule dann wieder zusammengeschoben. An dem Rohrstück R befindet sich noch ein federnder Messinglappen, hinter den man, wenn die Spule zum Aufrollen gebraucht wird, den Anfang des Filmbandes klemmt.

Fig. 30. Feste Filmspule.

In Figur 30 ist eine einteilige, nicht auseinandernehmbare Spule dargestellt; man versieht diese, wie die Abbildung zeigt, mit einer Anzahl Oeffnungen, durch die man durchgreifen kann, um den Film hinter dem Messinglappen zu befestigen.

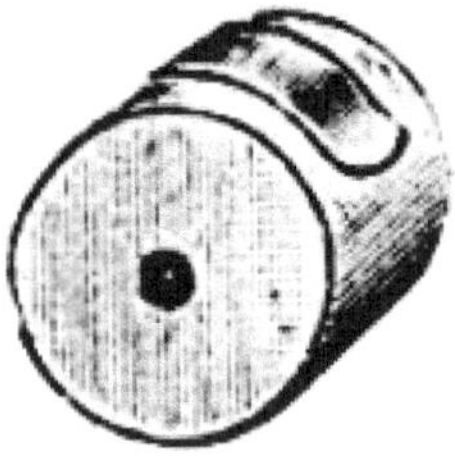

Fig. 31.

Zum Aufrollen verwendet man zuweilen auch eine einfache Holzrolle (Fig. 31), die zur Befestigung des Filmbandes ebenfalls mit einem federnden Messingstück versehen ist und auf der Achse durch einen Anschlag gehalten wird. Da der Film beim Aufrollen stramm gespannt ist, wickelt er sich, selbst bei großen Längen, glatt auf. Die Anwendung dieser Rolle ist aus Fig. 28 ersichtlich.

Um den leicht brennbaren Film da, wo er ab- und aufgewickelt wird, gegen Feuer zu schützen, hat man sogenannte feuersichere Trommeln konstruiert. Es sind das völlig verschließbare Blechbüchsen, in welche man die Spule einbringt; der Film tritt durch einen Spalt ein bezw. aus und vor dem letztern befinden sich zwei Führungsrollen, die ein Schleifen des Bandes auf den Spaltkanten verhindern. Wenn der Film in Brand gerät, soll sich das Feuer hier selbst ersticken. Versuche haben allerdings erwiesen, daß der Film, wenn die Flamme in die Trommel schlägt, dort weiter glimmt und dabei gefährliche Gase entwickelt, die giftig und brennbar sind. In der Abbildung Fig. 32 ist die Anordnung dargestellt; sie zeigt eine geöffnete Büchse mit eingesetzter Spule.

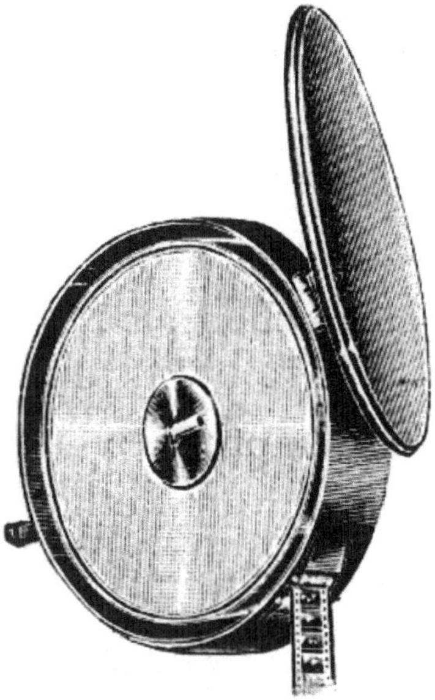

Fig. 32. Feuerschutztrommel.

Vorrichtungen zum Nachstellen des Filmbildes.

Wir sind mit der Ausarbeitung des Kinematographen noch nicht fertig. Wenn man nämlich den Apparat in Betrieb nimmt und den Film einspannt, so wird man finden, daß es schwierig oder besser lästig und zeitraubend ist, den Film richtig in die Türe zu bringen. Er muß ja so über die untere Transporttrommel gelegt werden, daß, sowie die Weiterbewegung eingesetzt hat, immer ein Bild nach dem andern genau in der Öffnung der Türe sich befindet. Nun kommen aber auf jedes Bild vier Löcher und da mag man den Film leicht so einspannen, daß die Bilder etwas zu hoch oder zu tief sitzen.

Man kann sich da helfen, indem man auf der Transporttrommel an den Stellen Marken anbringt, auf welche bei richtiger Einspannung jeweils der Anfang eines Bildes kommen muß, und zur Erleichterung ev. noch in dem über die Trommel gespannten Filmstück die Striche zwischen den Bildern durch irgend welche Zeichen besser kenntlich macht. Doch erfordert auch dieses Verfahren einige Aufmerksamkeit und ein Versehen wird sich höchst unangenehm bemerkbar machen; man muß in der Vorführung abbrechen und den Film neu einspannen.

Man hat dies alsbald als Übelstand empfunden und allerlei Mittel zur Abhilfe ersonnen. Die einfachste Methode, welche man häufig angewandt sieht, ist folgende. Die Türe wird mit einer höheren Öffnung versehen und darin ein nach oben und unten verschiebbarer kleiner Rahmen angebracht, welcher einen der Bildgröße entsprechenden Ausschnitt besitzt. Wenn nun beim

Projizieren das Filmbild nicht richtig in diesem Fensterausschnitt steht, so kann man durch Verschieben des Rähmchen nach oben oder unten abhelfen, indem man dadurch die Öffnung desselben genau vor das Bild bringt. Das Verstellen des Rähmchen erfolgt mittels eines einfachen Griffes oder eines Hebels, wie in Fig. 33, oder mit Hilfe eines Zahn- oder Spindeltriebes.

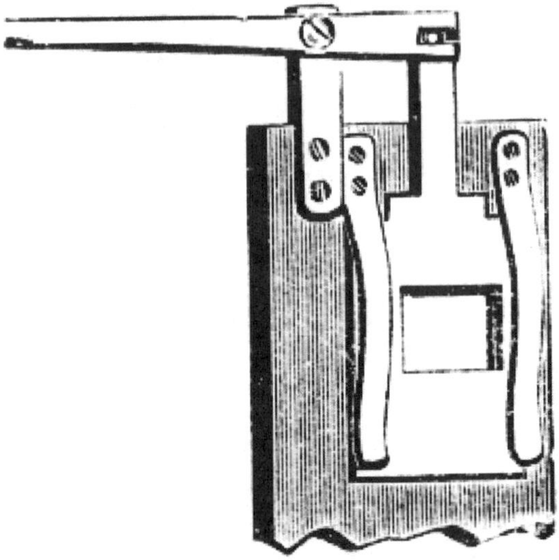

Fig. 33.

So einfach dies Verfahren ist, so haften ihm doch auch Mängel an. Zunächst wird man sehen, daß beim Verschieben des Rahmens auch das Lichtbild auf dem Projektionsschirm verschoben wird: es wandert herauf oder herunter. Ferner wird bei diesem Verfahren das Filmbild aus der »optischen Achse« gebracht; die Beleuchtung durch den Kondensor wird weniger gut und auch die Wiedergabe durch das Objektiv kann dabei leiden.

Man ging dann dazu über, mit dem Rähmchen gleichzeitig das Objektiv herauf bezw. herunter zu stellen. Dadurch wird erreicht, daß die Verschiebung des Lichtbildes auf dem Schirme eine ganz minimale wird und daß gleichzeitig die Mitte des Filmbildes in der optischen Achse des Objektives bleibt. Allerdings wird auch hier das Bild und mit ihm zusammen das Objektiv aus der Richtung des Strahlenkegels gebracht, und es kann dadurch unter Umständen eine Beeinträchtigung der gleichmäßigen Beleuchtung des Lichtbildes erfolgen, die sich aber durch Nachstellen der Lampe wieder gut machen lässt. Doch kann dieses Verfahren noch einen andern Nachteil mit sich bringen: wenn man nämlich das Objektiv auf- oder abwärts bewegt, so wird seine Stellung zur Blende verändert, und wenn die Blendenachse, wie dies meist der Fall ist, sich seitlich vom Objektiv befindet, so gibt es eine Verschiebung, die ein ungenaues Einsetzen der Blende zur Folge hat; die Blende wird dann etwas zu früh oder zu spät vorschlagen. Dieser Fehler lässt sich korrigieren durch eine entsprechende Vergrößerung der Blendflügel; er kann von vornherein vermieden werden, wenn man die Blendenachse senkrecht über oder unter dem Objektiv anbringt.

Fig. 34.

Die gemeinsame Verstellung von Rähmchen und Objektiv wird in der Regel durch folgende Anordnung erreicht. Das Objektiv ist in ein Rohrstück geschraubt, welches durch eine vor der Türe befindliche Platte getragen wird, und diese Platte, an der auch das Rähmchen angebracht ist, läßt sich durch einen Zahn- oder Spindeltrieb heben und senken. Die Abbildung Fig. 34 zeigt einen Apparat, welcher mit einer solchen Einrichtung versehen ist; durch Drehen des am Spindeltrieb angebrachten Griffes G wird die Platte mit Objektiv und Fensterrähmchen herauf oder herunter bewegt und dadurch das Filmbild, wenn es vorher nicht richtig saß, genau vor die Öffnung gebracht. Der dargestellte Kinematograph ist nach dem

Schlägersystem gebaut: unten sieht man die Transporttrommel, auf deren Achse die Antriebskurbel angebracht ist, und links davon, unterhalb der Türe, die Schlägerscheibe. Oben befindet sich die Filmspule und darunter die Zahntrommel, welche den gleichmäßigen Vorschub des Filmbandes besorgt. Vor dem Objektiv arbeiten zwei vierflügelige, sich gegeneinander bewegende Blendscheiben.

Eine andere Lösung der Aufgabe, die falsche Stellung des Filmbildes in der Türöffnung zu korrigieren, besteht darin, daß man das ganze Werk in der Höhenrichtung verstellbar macht, wobei aber Objektiv und Türe nicht mit bewegt werden. Wenn dann beispielsweise das Filmband zu tief in der Türe sitzt, so hebt man das Werk an, wodurch der Film mitgehoben wird, und da die Türe stehen bleibt, so schiebt er sich darin hoch, und auf diese Weise kann man ihn also leicht in die richtige Stellung bringen.

Der ganze Mechanismus, mit Ausnahme von Türe und Objektiv, wird zu diesem Zweck an einer Platte oder einem Rahmen montiert, der sich in einer Führung hoch und tief stellen läßt; die Verstellung geschieht mittels eines Hebels oder eines Triebes. Man hat dieses Verfahren sowohl bei Apparaten mit Malteserkreuz, wie auch beim Schlägersystem angewandt; es bietet den Vorteil, daß die Beleuchtung des Lichtbildes in keiner Weise Einbuße erleidet, indem Türöffnung und Objektiv nicht verstellt werden. Doch gibt es auch hier einen Nachteil: die Blende wird mit dem Werk gehoben oder gesenkt, also vor dem Objektiv verschoben. Die Wirkung der Blende wird mithin auch hier bei der Korrigierung der Bildstellung ungenau, indem sie zu früh oder zu spät einsetzt — es sei denn, daß die Blendenachse senkrecht über oder unter dem Objektiv gelagert ist.

Wenn wir die beiden letzten Methoden zur Korrigierung der Bildeinstellung vergleichen, so zeigt es sich, daß sie das gleiche Ziel auf entgegengesetztem Wege erreichen: die erstere besteht darin, Türöffnung und Objektiv in der Höhenrichtung zu verstellen, während bei der zweiten Methode das ganze Werk mit Ausnahme von Tür und Objektiv gehoben bezw. gesenkt wird.

Die Einrichtung des Filmbildes läßt sich nun auch dadurch erreichen, daß man nur den eigentlichen Bewegungs-Mechanismus oder ein Glied desselben verstellbar anordnet. Bei einem Apparat mit »Schläger« z. B. genügt es, wenn die Schlägerscheibe aufwärts bezw. abwärts bewegt wird; während bei Malteserapparaten die Zahntrommel mit Kreuz verstellbar zu machen ist. Dies Verfahren erfordert, daß gleichzeitig die Blendenstellung eine entsprechende Korrektur erfährt, da die Flügel sonst zu früh oder zu spät einsetzen werden, wenn nicht die Blendenachse senkrecht über oder unter dem Objektiv sitzt.

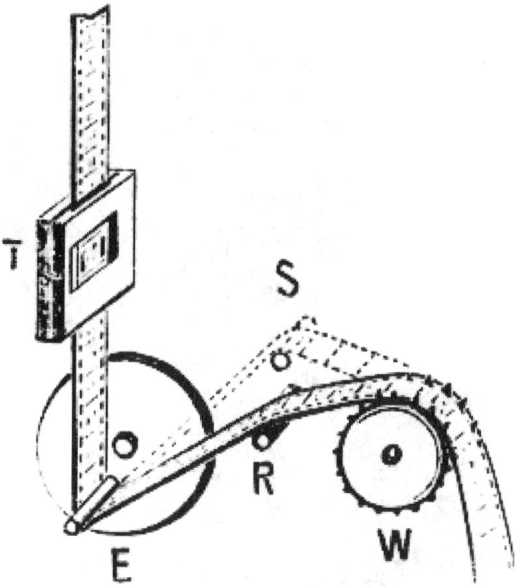

Fig. 35.

Es ist nun noch eine andere Methode anzuführen, die sich namentlich beim Schlägersystem leicht anwenden läßt. Dabei wird zwischen die Transporttrommel und die Schlägerscheibe eine Rolle eingeschaltet, über welche der Film läuft; diese Rolle kann mittels eines Hebels oder Triebes verstellt werden. In der Abbildung Fig. 35 ist die Anordnung skizziert; der Übersicht halber habe ich den Mechanismus, mit Hilfe dessen sich die Rolle auf- und abbewegen läßt, fortgelassen.

W ist die Transporttrommel, E der Schläger (Exzenter), T die Türe und R die Rolle. Wenn man nun die Rolle in die punktiert angedeutete Stellung S hebt, so wird der Film aus der Türe ein Stück vorwärts gezogen; wenn man sie hingegen senkt, so bleibt der Film beim nächsten Einschlagen des Exzenters in der Türe um ein Stückchen zurück. Es kann also auf diese Weise das Filmbild, falls es nicht genau in der Oeffnung sitzen sollte, richtig eingestellt werden. Man kann den Film auch unterhalb der Rolle R laufen lassen, die dann entsprechend tiefer sitzen muß. Diese Anordnung zeigt der in Abbildung Fig. 36 dargestellte Schläger-Apparat; die links von der Transporttrommel sichtbare Rolle, unterhalb welcher der Film hergeht, kann durch den großen Knopf K mittels Triebübersetzung verstellt werden. Auch bei Malteserkreuz-Apparaten läßt sich die Verstellung des Film mit Hilfe einer solchen Rolle in Anwendung bringen, indem die Rolle zwischen Türe und Transporttrommel angebracht wird.

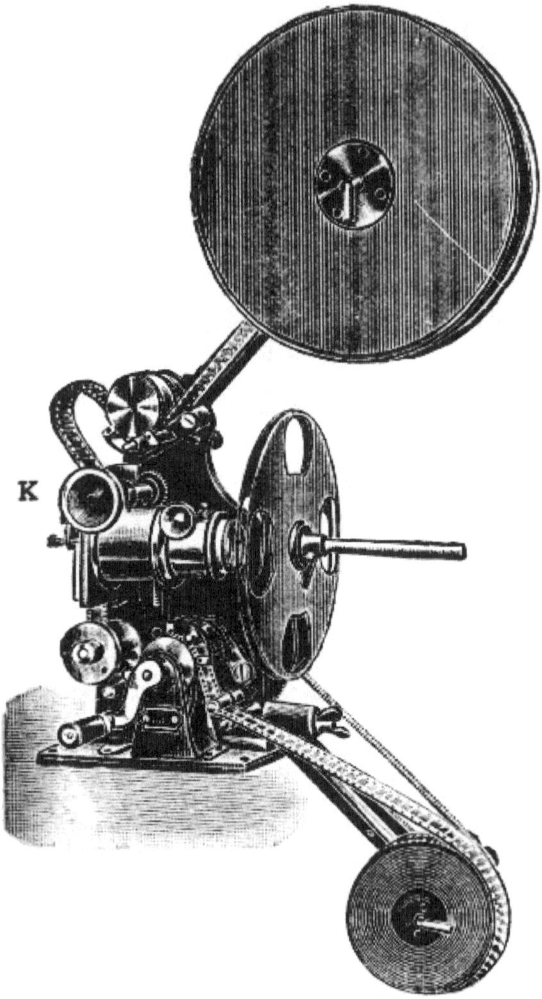

Fig. 36.

Ich möchte hier noch ein Hilfsmittel erwähnen, das ebenfalls zur Korrigierung der falschen Bildeinstellung in der Türöffnung dient. Es besteht darin, daß die untere Zahntrommel auf ihrer Achse mittels eines Triebes drehbar angeordnet wird. Die Abbildung Fig. 37 zeigt eine solche Konstruktion. In einer einfacheren Ausführung geschieht diese Drehung mittels zweier ineinander greifender Zahnräder.

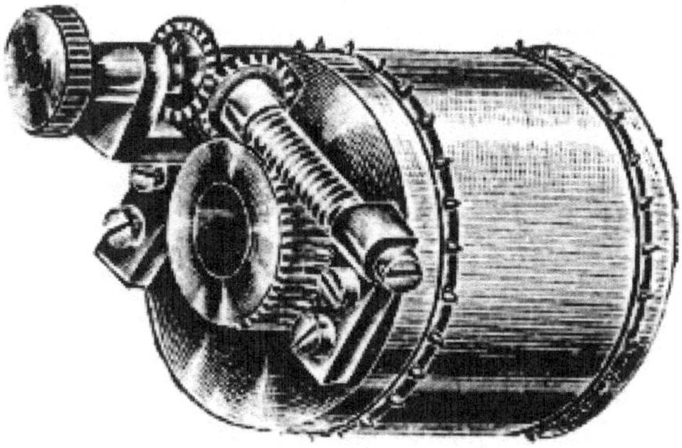

Fig. 37.

Es ist leicht einzusehen, daß das Filmbild in der Türe durch eine Verstellung der Transporttrommel auf ihrer Achse auf- oder abwärts verschoben wird, sodaß auf diese Weise eine falsche Bildeinstellung korrigiert werden kann. Die beschriebene Anordnung läßt sich aber nur bei Ruhestellung des Apparates anwenden, da der Triebknopf, wenn die Trommel in Rotation befindlich ist, wegen seiner exzentrischen Stellung nicht mit Sicherheit gehandhabt werden kann. Anders ist es bei der in Abbildung Fig. 38 skizzierten Konstruktion, wo der Triebknopf konzentrisch zur Achse sitzt und während des Betriebes ein Anhalten des Knopfes genügt, um eine Verschiebung der Trommel herbeizuführen. Es ist dazu an der Zahntrommel, die sich lose auf der Achse befindet, ein Zahnrad A angebracht während daneben fest auf der Achse ein gleich großes Zahnrad B sitzt. In diese beiden Zahnräder greift ein kleines, breites Zahnrad C, das in dem aufgesteckten Kopfe D gelagert ist. Hierdurch sind die Räder A und B verkuppelt und beim Betriebe läuft die Trommel mit der Achse, als wenn sie fest darauf säße. Wenn man nun aber den am Kopfe D angebrachten Triebknopf bei Ruhestellung des Apparates dreht, so bringt man das Zahnrad C auf dem fest und stillstehenden Rade B zum Laufen und dadurch wird das Rad A mit der Trommel in entgegengesetzter Richtung gedreht. Beim Betriebe genügt es, den Knopf festzuhalten; die Achse mit dem Rade B bewegt sich dann weiter, das Rad C gerät in Umdrehung und bewirkt mittels des Rades A eine Rückwärtsverschiebung der Trommel.

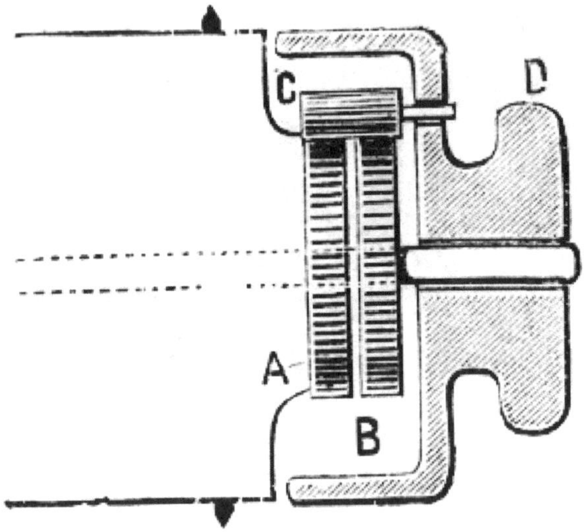

Fig. 38.

Die Schonung des Filmbandes im Mechanismus.

Bei der Ausführung des Apparates spielt die Schonung des Filmbandes eine große Rolle. Der Film soll weder verkratzt noch gerissen oder gezerrt werden; soll er überhaupt auf keine Weise Beschädigungen erleiden. Wie ich schon erwähnte, wird die Türe des Apparates so hergerichtet, daß der Film dort nur an den Seiten aufliegt, während das mittlere Stück, welches die Bilder trägt, ganz frei läuft. Nach diesem Prinzip werden nun nach Möglichkeit die anderen Apparat-Teile gebaut, mit denen der Film in Berührung kommt; insbesondere sind die Trommeln zwischen den beiden Zahnkränzen vertieft und desgleichen die Rollen, die den Film gegen die Trommeln drücken.

Wenn auf diese Weise die Bildschicht gegen Beschädigungen bewahrt bleibt, so gilt es nun weiterhin, das Filmband selbst möglichst zu schonen, denn die ruckweise Weiterbewegung stellt bei ihrer großen Geschwindigkeit immerhin Anforderungen an das Filmmaterial. Man muß naturgemäß sein Augenmerk in erster Linie auf den Bewegungsmechanismus richten, und zwar auf die Stelle, wo der Film gefaßt und vorwärts gezogen wird. Wie wir wissen, spielt bei der Weiterbewegung die Perforation eine große Rolle; ja, sie muß den Ruck der Weiterbewegung aushalten, denn mit Hilfe der Löcher, in welche der Mechanismus eingreift, wird das Filmband vorwärtsgezogen.

Werden beim Transport nur zwei Löcher der Perforation gefaßt, wie beim »Greifersystem« mit einfacher Gabel, deren »Zinken« rechts und links in ein Loch eingreifen, so konzentriert sich der Ruck auf diese beiden kleinen Stellen und diese sind daher, falls in der Weiterbewegung irgend ein

Hemmnis eintreten sollte, stark gefährdet. Zweckmäßiger muß ein Mechanismus erscheinen, bei welchem der bewegende Teil in mehrere Löcher gleichzeitig eingreift, sodaß sich die Gewalt des Ruckes auf eine größere Strecke des Filmbandes verteilt. Man hat daher den Greifer, wie oben schon erwähnt, auch mit einer mehrteiligen Gabel versehen. Beim Malteserkreuz- und Schlägersystem führt man den Film ein Stück um die Transporttrommel herum, und namentlich bei dem letzteren System steht es ohne weiteres frei, die Trommel recht groß zu nehmen, sodaß eine ganze Reihe von Zähnen gleichzeitig in die Perforation faßt und zum Transport mitarbeitet.

Diese Anordnung hat noch einen Vorteil: sie bietet die Möglichkeit, Films, deren Perforation beschädigt und zum Teil eingerissen ist, ohne Störung durchlaufen zu lassen. Bei Schläger-Apparaten ist noch in bezug auf die Filmschonung die Form des Schlägers selbst zu beachten. Ein schmaler Stift schlägt messerartig auf den Film und reibt beim Weitergehen darauf; darum ist es gut, eine breite Rolle auf den Schlägerstift zu setzen. Daß die Verwendung einer Vorschubtrommel zweckmäßig und bei langen Films erforderlich ist, wurde bereits oben erwähnt.

Wenn nun die einzelnen Teile des Apparates nach diesen Gesichtspunkten hergerichtet sind, so müssen sie schließlich auch derart zusammengestellt sein, daß dem Film auf dem ganzen Wege, den er zu durchlaufen hat, keinerlei Hemmnisse geboten werden, die zu Beschädigungen Anlaß geben könnten.

Selbsttätige Feuerschutz-Vorrichtungen.

Es ist hier noch eine Einrichtung zu besprechen, die sehr häufig bei Kinematographen zur Anwendung kommt, und die dazu dient, eine Entzündung des Filmbandes durch die Strahlen zu verhindern. Das Zelluloid, woraus das Filmband besteht, ist ja leicht entzündlich und die Lichtstrahlen, die den Film kreuzen, sind bei starker Lichtquelle von intensiven Wärmestrahlen begleitet. Während der Film durch den Apparat bewegt wird, ist allerdings nicht das geringste zu befürchten; denn in der kurzen Zeit, die jedes Filmbildchen in Projektionsstellung verweilt, vermag auch das stärkste Licht keine schädliche Wirkung darauf auszuüben. Vorsicht ist jedoch beim Einsetzen des Filmbandes am Platze, weil dann der Film einige Zeit in der Türe ruhig steht und das in der Öffnung befindliche Stück der Einwirkung der Strahlen ausgesetzt ist.

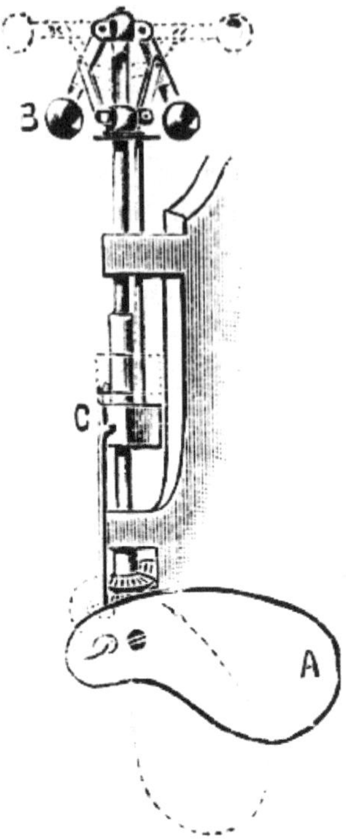

Fig. 39. Feuerschutz mit Regulator.

Während man nun vielfach beim Einsetzen des Film die Strahlen einfach durch einen am Laterngehäuse befindlichen Schieber absperrt, hat man auch Einrichtungen zur Anwendung gebracht, die bei Ruhestellung des Apparates selbsttätig eine Absperrung des Lichtkegels bewirken und dadurch eine Entzündung des Film infolge Unachtsamkeit ausschließen. Die Abbildung Fig. 39 zeigt eine derartige Konstruktion, bei der man sich den Regulator der Dampfmaschine zunutze gemacht hat. A ist eine leichte Metallplatte, welche die Türöffnung des Apparates verdeckt und das darin befindliche Filmstück gegen die Strahlen schützt. Sowie aber der Mechanismus in Bewegung gesetzt wird, senkt sich die Platte nach unten in die punktierte Stellung und gibt die Türe frei. Dies wird bewirkt durch den Regulator B, und zwar in folgender Weise. Wenn der Apparat in Gang kommt, wird die den Regulator tragende Stange in schnelle Umdrehung versetzt; die beiden Kugeln schlagen infolge der Zentrifugalkraft hoch und heben mit ihren Armen das Metallstück C, woran mittels Hebelübertragung die Sperrplatte A befestigt ist. Man findet bei manchen Apparaten diese Platte direkt, ohne Hebel, mit dem Regulator verbunden, derart, daß sie in einer Führung hochgehoben wird. Diese Anordnung zeigt aber in der Praxis leicht einen Übelstand. Die Platte wird nämlich durch die Strahlen erhitzt und sie kann sich dadurch erfahrungsgemäß so stark ziehen, daß sie sich in der Führung festklemmt und daß der Mechanismus versagt. Wie diese automatische Feuerschutz-Vorrichtung mit Regulator vom Werk aus angetrieben wird, ist aus Fig. 40 deutlich zu ersehen. Auch der auf gleichem Prinzip beruhende Regulator auf horizontaler Achse, wie man ihn bei Phonographen sieht, kommt beim Kinematographen häufig zur Anwendung.

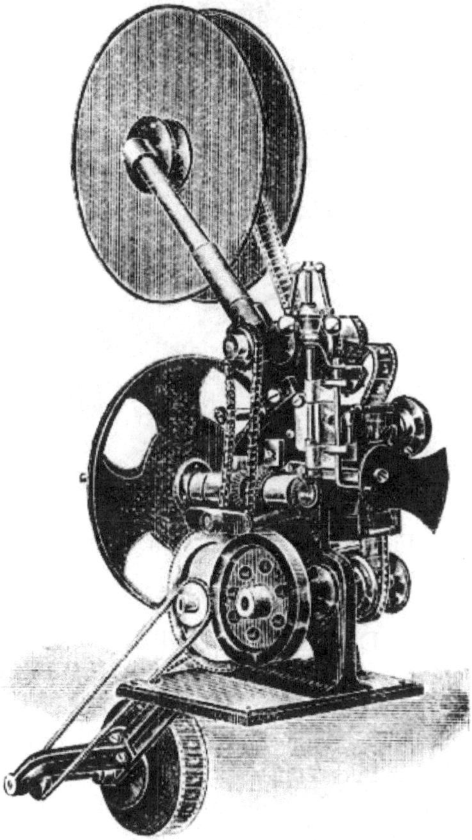

Fig. 40. Apparat mit automatischem Feuerschutz.

In einer anderen Konstruktion, die in Fig. 41 dargestellt ist, wird die automatische Absperrung und Öffnung des Strahlenkegels mit Hilfe einer kleinen Luftpumpe bewirkt. Die Pumpe P ist durch einen Schlauch S mit einem schmalen Zylinder C verbunden und in diesem befindet sich ein Kolben, an dem die Sperrplatte A angebracht ist. Sowie man nun den Apparat in Gang bringt, wird die Pumpe durch eine vom Werk angetriebene Scheibe B in Tätigkeit gesetzt; sie preßt durch den Schlauch Luft in den Zylinder und hebt den Kolben mit Sperrplatte hoch, sodaß diese die Türe frei gibt. Diese Einrichtung bedarf, wenn sie auf die Dauer zuverlässig arbeiten soll, der Wartung. Zylinder mit Luftpumpe und Kolben müssen geölt werden und man muß Sorge tragen, daß der Kolben nicht durch verdicktes Oel festgeklemmt wird. Einfacher im Betriebe ist die zuerst beschriebene Konstruktion mit Regulator.

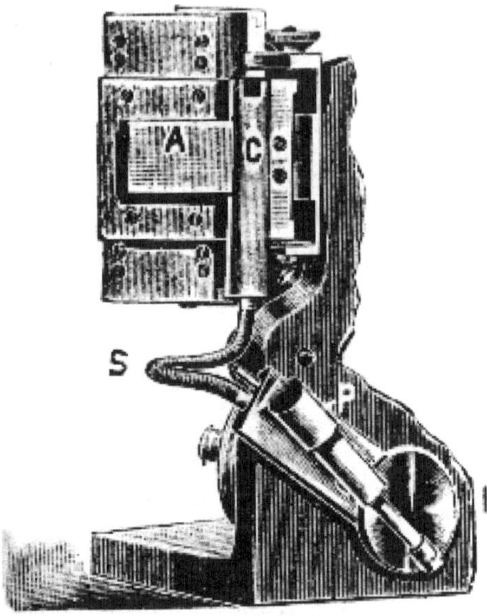

Fig. 41. Feuerschutz mit Pumpe.

Das Antriebswerk.

Das Werk wird durch Drehen einer Kurbel in Gang gesetzt. Wo eine besondere Übersetzung für den Antrieb des Bewegungs-Mechanismus erforderlich ist, wie bei Malteserkreuz-Apparaten (vgl. Fig. 23 und 24), wählt man diese derart, daß ein ruhiges Drehen der Kurbel genügt, um die erforderliche Zahl der Bildwechslungen zu erzielen. Bei Apparaten mit Schläger setzt man die Kurbel auf die Achse der Transporttrommel (vgl. 25 und 36) oder auch der Vorschubtrommel, und wenn die Trommeln so groß im Durchmesser sind, daß auf ihren Umfang acht Filmbilder gehen, so erhält man bei ruhigem Drehen (etwa zwei Umdrehungen in der Sekunde) die richtige Geschwindigkeit; denn es finden dann in der Sekunde etwa 16 Bilderwechslungen statt.

Wie weiter oben ausgeführt wurde (vgl. Seite 56), muß bei den andern Systemen, wenn sie mit einer Aufrollvorrichtung versehen sind, eine Trommel eingeschaltet werden, die der Aufrollvorrichtung den aus dem Bewegungs-Mechanismus austretenden Film gleichmäßig zuführt. Man kann in diesem Falle die Kurbel auf die Achse dieser Trommel setzen; doch muß letztere dann hinreichend groß sein und bei jeder Umdrehung eine genügende Anzahl von Bildern — am besten etwa acht — transportieren.

Der Antrieb des Werkes mittels Elektromotor bietet keinerlei Schwierigkeiten. Die Geschwindigkeit des Motors, der in der Minute etwa 1500 bis 2000 Umdrehungen macht, wird durch eine entsprechende Übersetzung herabgemindert. Zur Regelung der Geschwindigkeit ist die Anwendung eines regulierbaren Widerstandes erforderlich. Es genügt im allgemeinen ein kleiner Motor in Stärke von $^1/_{30}$ Pferdekraft.

Der ruhige Gang des Werkes wird, worauf ich schon oben aufmerksam machte, dadurch gefördert, daß man den Bewegungs-Mechanismus mit einem Schwungrad versieht, und zwar gehört dieses auf die Achse des gleichmäßig rotierenden Teiles, welcher die Stöße für die Weiterbewegung erteilt. Es ist ferner vorteilhaft, wenn die zum Antrieb dienenden Zahnräder schräg gefräste Zähne haben, weil solche ruhiger und sicherer ineinander greifen. Dieses sichere Ineinandergreifen ist von größter Wichtigkeit beim Schlägersystem; denn hier hängt von dem Zahnräderpaar, das Transporttrommel und Schlägerscheibe verbindet, die Genauigkeit des Werkes ab (vergl. Figur 10).

Fig. 42.

Der Antrieb der Vorschubtrommel, welche den Film von der Spule gleichmäßig zur Türe führt, geschieht durch eine Kette oder durch Zahnradübertragung. Es wurde vielfach das »kettenlose System« als überlegen dargestellt. Durch solche Anpreisungen soll man sich nicht irre führen lassen; denn für die Qualität des Apparates ist allein die Ausführung maßgebend, nicht aber die Frage: Kette oder Zahnrad. Ein gutes Zahnrad ist besser wie eine schlechte Kette und umgekehrt ist eine gute Gelenkkette, die sich nachspannen läßt, gewiß einem minderwertigen Zahnrad vorzuziehen, dessen Zähne bald abschleissen. Der Antrieb mit Kette ist aus Fig. 42 ersichtlich, während die Abbildung Fig. 40 auch die Nachstellvorrichtung für die Gelenkkette zeigt. Es läuft dort eine Rolle gegen die Kette, und zwar wird die Rolle von einem Arm getragen, den man nachstellen kann, wenn die Kette sich lenkt und schlapp läuft.

Ausführung des Kinematograph-Mechanismus und Auswahl.

Wir kommen nun zur Ausführung des Kinematograph-Mechanismus überhaupt. Da ist in erster Linie auf soliden Bau und festen Zusammenhang der einzelnen Teile hinzuweisen. Die rotierenden Teile müssen gut gelagert sein. Denn jedes Vibrieren macht sich auf der Projektionswand in vielfach verstärktem Maße geltend und bei zitternder Bewegung wird das Lichtbild derart tanzen, daß es unserm Auge verschwommen erscheint.

Die Anordnung der einzelnen Teile im Mechanismus muß ferner möglichst zweckmäßig sein, damit das Einspannen des Filmbandes rasch und sicher besorgt werden kann. Unzweckmäßig ist es z. B. auch, wenn das Einsetzen des Film von der linken Seite her zu erfolgen hat, während sich die Kurbel zum Drehen auf der rechten Seite des Apparates befindet.

Nun ein paar Worte über die Auswahl der Apparate. Wer die Anschaffung eines Kinematographen beabsichtigt, muß ja zwischen Modellen in den verschiedensten Preislagen wählen, und wer die Wahl hat die Qual! Für öffentliche Vorführungen, namentlich in Orten, wo lebende Lichtbilder nichts Neues mehr sind, muß der Apparat den höchsten Ansprüchen genügen, und die richten sich besonders auf »Flimmerfreiheit« und ruhiges Stehen der Bilder. Der Besitzer eines solchen Apparates wird ferner bei der dauernden Beanspruchung nur dann Freude daran erleben, wenn die Films geschont werden und wenn das Werk derartig gebaut ist, daß es nicht ausleiert. Es liegt auf der Hand, daß da ein billiges Modell nicht am Platze ist. Wer nicht die Mittel aufwenden will, ein in jeder Beziehung wirklich gediegenes Instrument zu beschaffen, dem möchte ich abraten, die öffentliche Vorführung »lebender Lichtbilder« zu unternehmen; denn er schädigt sich selbst wie auch indirekt seine Berufsgenossen.

Anders steht die Sache natürlich, wenn der Kinematograph nur gelegentlich zur Vorführung in kleineren Kreisen dienen soll. Vereine, die dann und wann ihren Mitgliedern einige Films zeigen wollen, oder Lehranstalten, die den Kinematograph als Demonstrations-Instrument in die Lehrmittel-Sammlung aufnehmen, werden sich in der Regel mit weniger hohen Anforderungen begnügen. Vor allem ist hier nicht ein Apparat erforderlich, der einem Dauerbetriebe standhalten muß, wie ihn das Kinematographen-Theater mit sich bringt.

Es besteht vielfach die Ansicht, große Lichtbilder ließen sich nur mittels eines riesengroßen Projektions-Apparates machen und so auch große lebende Bilder nur mit Hilfe eines mächtigen Kinematograph-Mechanismus. Demgegenüber ist zu betonen, daß der kleinste und einfachste Kinematograph ebenso große Bilder zu liefern vermag, wie der größte, wenn nur das nötige Licht dahinter sitzt.

Über die verschiedenen Apparat-Systeme und ihre Auswahl wurde schon gesprochen. Ich wies darauf hin, daß die Ansichten über die Frage, welches System das beste sei, auseinander laufen. Der objektive Beurteiler kommt, um dies zu wiederholen, zu dem Resultat: Das System macht nicht die Qualität aus, sondern die Art der Ausarbeitung und Ausführung, wobei nicht ausgeschlossen sein soll, daß nicht die höchsten Anforderungen mit einem System leichter oder schwerer zu erfüllen sind, als mit andern. Im großen und ganzen ist die Zuneigung zu dem einen oder andern System auf Seiten des Anbietenden teils Sache der Überzeugung und teils des Geschäftsinteresses, auf Seiten des Käufers Sache des Geschmacks und nicht zum mindesten des Vertrauens.

Das Geräusch des Kinematograph-Mechanismus.

Der Konstrukteur wird auch auf einen ruhigen Gang des Werkes, der möglichst frei von Geräusch ist, Wert zu legen haben. Dazu gehört eine gute Lagerung aller rotierenden Teile und ein sicheres Ineinandergreifen der Zahnräder. Die größten Schwierigkeiten bietet beim Malteser-Apparat der periodische Antrieb der Transporttrommel: man hat damit dem unvermeidlichen Schlag des Eingriffes in das Kreuz zu rechnen. Dieser Schlag wächst mit dem »Tempo«. Malteser-Apparate, die den Film sehr rasch von Bild zu Bild weiterziehen, werden nicht so frei von Geräusch arbeiten können, wie solche, die ein langsameres Tempo entwickeln. Letztere mögen durch einen ruhigen Gang anfangs bestechen, sie leiden aber an dem Übelstand, daß sie stärker flimmern und daß zur Vermeidung des Flimmerns der Film mit übermäßiger Geschwindigkeit durchgedreht werden muß, wodurch eine übertriebene, unnatürliche Wiedergabe der Bewegungen herbeigeführt wird. Apparate des Schlägersystems besitzen nur rotierende Teile und diese können an sich ruhiger arbeiten; es kommt aber der jeweilige Schlag des Exzenterstiftes auf das Filmband hinzu.

Wenn bei der Ausführung des Werkes das Erforderliche zur Vermeidung des Geräusches geschehen ist, so läßt sich ein weiteres tun durch Dämpfung. Eine solche wird bewirkt durch isolierte Aufmontierung des Werkes auf die Unterlage, z. B. mittels dicker Filzstücke. Ungünstig ist infolge der Resonanzwirkung die Aufstellung des Apparates auf einer hohlen Unterlage, z. B. einem Kasten. Eine weitere Dämpfung wird auch erzielt durch den bei teureren Apparaten jetzt üblichen Einbau des Malteserkreuzes nebst Eingriffscheibe in einen Ölbehälter. Überhaupt darf man es an gehöriger, aber nicht übertriebener Schmierung nicht fehlen lassen.

Verbindung des Werkes mit dem Projektionsapparat.

Nachdem der Kinematograph-Mechanismus ausgesucht ist, handelt es sich darum, wie er an der Projektionslaterne angebracht werden soll. An sich bietet diese Montierung keine Schwierigkeit; der Kinematograph ist derart vor die Laterne zu setzen, daß der Lichtkegel das Filmbild gleichmäßig beleuchtet. Weiter vorn (Seite 16) wurde schon eingehend darüber gesprochen.

Nun soll der Apparat aber in der Regel nicht nur zur kinematographischen Projektion dienen, sondern auch »stehende« Lichtbilder zeigen, und dazu ist es erforderlich, daß der Kinematograph-Mechanismus durch die Einrichtung zur gewöhnlichen Projektion ersetzt werden kann. Wie man da verfährt, will ich jetzt zeigen.

Fig. 43.

Bei einem einfacheren Kinematograph-Mechanismus begnügt man sich vielfach damit, ihn auf dem Bodenbrett des Apparates mit leicht lösbaren Schrauben festzuklemmen, wie es die Abbildung Fig. 43 zur Darstellung bringt. Das Objektiv zur Glasbilder-Projektion ist hier an einem Rohrstück angebracht, welches sich zur Seite klappen läßt. Diese Anordnung ist einfach, aber nur dann anwendbar, wenn eine rasche Aufeinanderfolge der beiden Projektionsarten nicht erforderlich ist. Sie ist zweckmäßig in Fällen, wo der Apparat hauptsächlich zur Projektion von Glasbildern und nur gelegentlich zur Darstellung lebender Lichtbilder benutzt wird und wo ferner die Anschaffungskosten niedrig gehalten werden sollen.

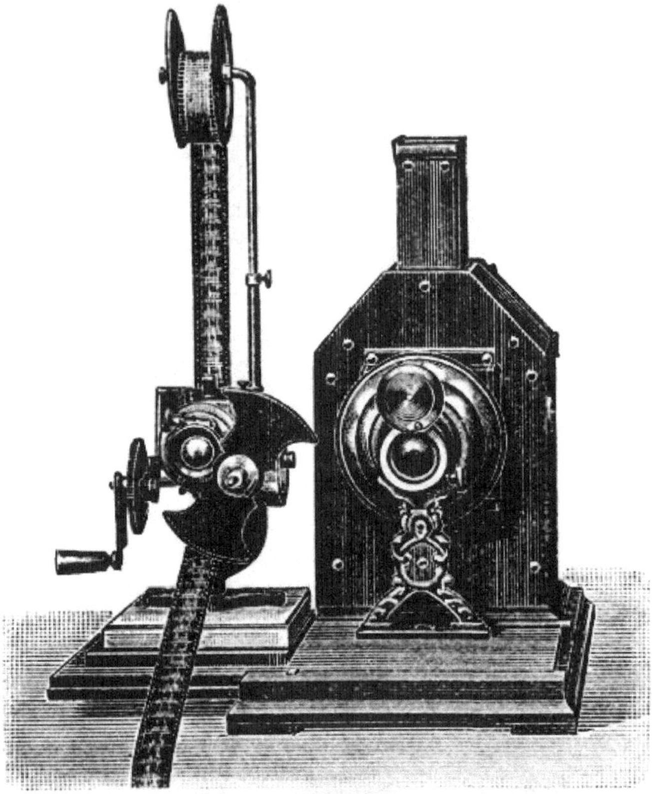

Fig. 44.

Die beiden folgenden Abbildungen (Fig. 44 und 45) zeigen eine Anordnung, welche ein rascheres Auswechseln gestattet. Kinematograph-Mechanismus und Glasbilder-Projektionsobjektiv sind hier, letzteres mittels eines Trägers, auf einem nach rechts und links verschiebbaren Schlitten angebracht. In Fig. 44 ist der Schlitten so eingestellt, daß Glasbilder projiziert werden können, während sich in Fig. 45 der Kinematograph-Mechanismus vor der Laterne befindet und das Projektionsobjektiv zur Seite gerückt ist. Der Unterbau eines solchen Apparates allein ist aus der Abbildung Fig. 46 ersichtlich.

Fig. 45.

Bei einer anderen Anordnung wird der Mechanismus auf eine Platte montiert, die sich zur Seite drehen läßt, wobei das Projektionsobjektiv, welches seitlich am Kinematograph befestigt ist, in die richtige Stellung vor die Laterne kommt. Ein derartig gebauter Apparat ist in den Abbildungen Fig. 47 und 48 zur Darstellung gebracht. Die erstere zeigt ihn bereit zur Projektion lebender Lichtbilder; in der zweiten Abbildung dagegen ist das Kinematograph-Werk zur Seite gedreht und das Projektionsobjektiv befindet sich in Arbeitsstellung.

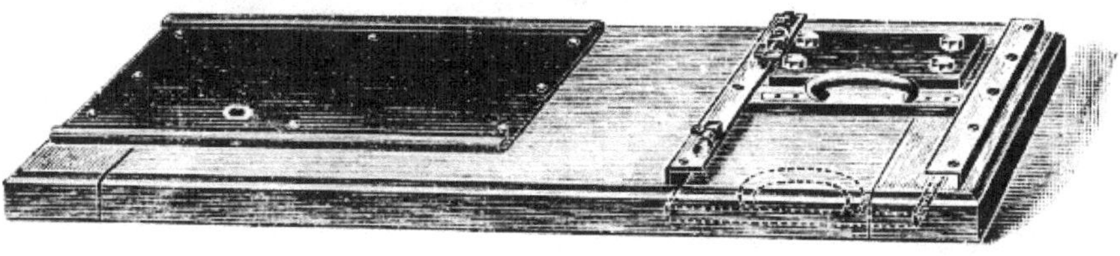

Fig. 46.

Wesentlich ist es bei den Auswechselvorrichtungen, daß der Kinematograph-Mechanismus beim Betriebe recht stabil steht, daß also die drehbare Platte oder der Schlitten fest gelagert ist und beim Drehen der Kurbel nicht hin und her schwankt. Diese Forderung wird am sichersten erfüllt, wenn man das umgekehrte Verfahren einschlägt: Kinematograph und Projektionsobjektiv werden fest auf die Grundplatte montiert und die Laterne selbst wird dahinter in einer Schlittenführung nach links oder rechts herübergeschoben.

Die Abbildung Fig. 49 zeigt den Unterbau eines solchen Apparates, während Fig. 50 die gesamte Anordnung darstellt; sie ist namentlich dann den erstgenannten Methoden vorzuziehen, wenn der Mechanismus schwer gebaut ist. Tatsächlich hat sie sich jetzt fast allenthalben eingebürgert. Es ist noch eine Abänderung dieses Prinzips zu erwähnen, die darin besteht, daß man dem Laterngehäuse ungefähr die doppelte Breite gibt und in seiner Vorderwand nebeneinander zwei Kondensoren, einen für die kinematographische und einen für die Glasbilder-Projektion, anbringt; es wird dann nur die Lampe im Apparat nach links oder rechts geschoben. Die Abbildung Fig. 51 mag zeigen, wie ein derartiges Apparatgehäuse aussieht.

Fig. 47.

Fig. 48.

Fig. 49.

Fig. 50.

Fig. 51. Doppelgehäuse.

Der rasche Übergang von der einen zur anderen Projektionsart läßt sich auch mit Hilfe der Vertikaleinrichtung des Liesegang'schen Universal-Projektionsapparates bewirken, deren Konstruktion aus Fig. 52 hervorgeht. Man sieht da vor dem Apparatgehäuse den sogen. Vertikalkasten. Die Linsen des Kondensors sind getrennt, und zwar sitzt die vordere Linse vorne am Vertikalkasten, während der andere, aus ein oder zwei Linsen bestehende Teil des Kondensors im Gehäuse des Apparates untergebracht ist. Eine weitere Kondensierungslinse befindet sich in der Decke des Vertikalkastens. Im Kasten selbst ist ein drehbarer, in zwei Stellungen fixierbarer Spiegel, und oben, zentrisch über der Linse, ein Projektionsobjektiv mit darauf gestecktem Spiegel. Ist der innere Spiegel hochgeklappt, so gehen die aus dem Gehäuse kommenden parallelen Strahlen ungehindert durch den Kasten hindurch, treffen die vordere Kondensierungslinse und werden von ihr, wie bei der gewöhnlichen Projektion, in einem Kegel nach vorn geworfen. Der einzige Unterschied gegen die sonstige Anordnung besteht darin, daß die Linsen des Kondensors weit auseinander stehen, was die Wirkung nicht wesentlich beeinflußt. Klappt man nun den Spiegel herunter in die Stellung, wie sie die Abbildung zeigt, so werden die Lichtstrahlen gegen die oben im Kasten befindliche Linse reflektiert, von dieser in das Objektiv darüber gelenkt und endlich vom zweiten Spiegel auf die Projektionswand geleitet. Dadurch wird von einem Gegenstande, den man auf die Linse legt, ein vergrößertes Lichtbild zur Darstellung gebracht.

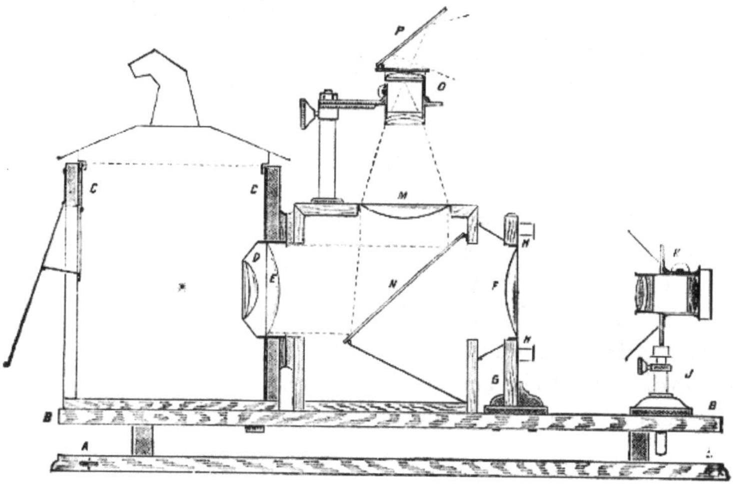

Fig. 52.

Diese Einrichtung läßt sich hier nun in der Weise verwenden, daß man den Kinematograph vorne vor dem Apparat, also an Stelle des Projektionsobjektivs, anbringt, wie es die Abbildung Fig. 53 andeutet. Die zu zeigenden Glasbilder legt man dabei mittels eines Halters oben auf die Linse des Vertikalkastens. Wenn der Spiegel hochgeklappt ist, haben wir kinematographische Projektion; um zur Glasbilder-Projektion überzugehen, brauchen wir nur den Spiegel herunterzuklappen. Der Wechsel von einer Projektionsart zur andern kann also im Augenblick geschehen.

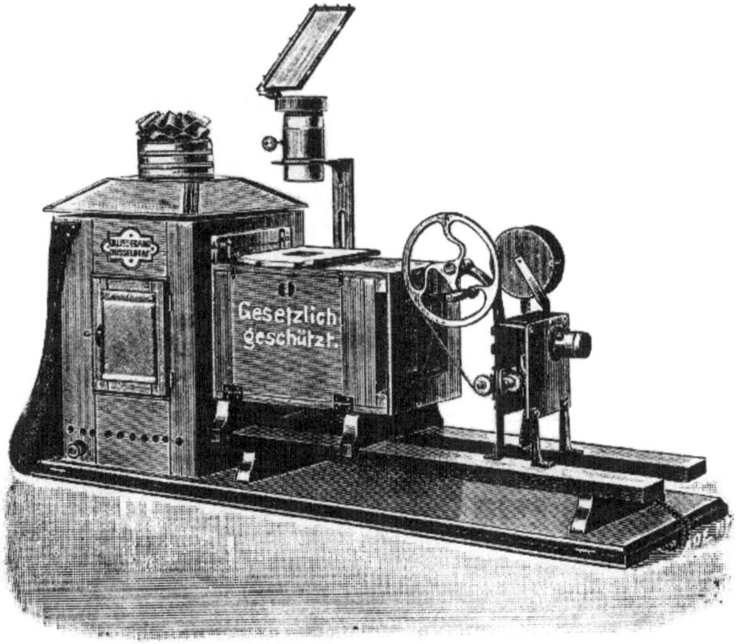

Fig. 53.

In manchen Fällen ist eine Abänderung dieser Konstruktion angebracht. Wenn nämlich der Kinematograph-Mechanismus hoch gebaut oder mit einer großen Filmspule versehen ist, kann es leicht vorkommen, daß er den Lichtstrahlen, die bei der Vertikalprojektion kegelförmig gegen die Wand geworfen werden, störend im Wege steht. Man legt dann den Vertikalkasten um, sodaß die Strahlen im Kasten zur Seite abgelenkt werden und neben dem Kinematograph, nicht darüber hinweg, zur Wand gehen.

Fig. 54. Doppelapparat mit Kinematograph.

Sehr bequem läßt sich der Wechsel zwischen Glasbilder-Projektion und kinematographischer Projektion mit Hilfe des Doppel-Apparates bewirken. Von den beiden Laternen, die entweder, wie in Fig. 54 dargestellt, übereinander angeordnet sind oder aber nebeneinander stehen, ist eine mit dem Kinematograph-Mechanismus versehen, während die andere zum Aufwerfen der Glasbilder dient.

Über die Form der Projektionslaterne ist nicht viel zu sagen. Das Gehäuse, in der Regel aus blauem Stahlblech gefertigt, ist auf einer kräftigen Bodenplatte angebracht. An der Seite befindet sich eine Türe mit Beobachtungsfensterchen, hinten eine Schiebetüre oder schräg stellbare Klappe, oben ein Kaminaufsatz, der die heiße Luft und die heißen Gase aus dem Innern abziehen läßt. In der Form des Kamines wird oft gesündigt; man gibt der Laterne vielfach nach englischem Muster einen zierlichen Aufsatz, der wohl dem Zwecke entspricht, ein elegantes Aussehen zu schaffen, der aber die heiße Luft nicht absaugt, sondern vielmehr zurückdrückt und so eine geordnete Ventilation unmöglich macht. Bei Anwendung einer kräftigen Lichtquelle sollte das Gehäuse hinreichend geräumig sein.

Fig. 55. Bildhalter.

In der Vorderwand ist der Kondensor angebracht und davor die Bildbühne, in welche der Halter zur Aufnahme der Glasbilder paßt. Die verschiedenen Arten von Bildhaltern will ich hier nicht besprechen, sondern nur darauf hinweisen, daß ein Halter zweckmäßig ist, in dem man Bilder der beiden Handelsformate $8\,^1/_4 \times 8\,^1/_4$ und $8\,^1/_2 \times 10$ cm durcheinander verwenden kann. Am meisten verwandt wird der Doppelbildhalter, wie ihn beispielsweise Fig. 55 zeigt. Es ist bei der Beschaffung zu überlegen, ob die Erhitzung der Laterne so groß ist, daß ein Metallhalter dem gewöhnlichen Halter aus Holz vorgezogen werden muß.

Das Kühlgefäß.

Durch die Verwendung eines Kühlgefäßes ist es möglich, die mit den Lichtstrahlen aus der Laterne austretenden Wärmestrahlen aufzufangen und dadurch den Film gegen zu starke Erhitzung und Entzündung zu schützen. Das einfache Kühlgefäß, welches in Fig. 56 dargestellt ist, besteht aus einem Metallkasten mit 2 kreisrunden Ausschnitten, die durch Spiegelglasplatten geschlossen sind. Die Platten sind eingekittet oder durch zwischengepreßte Gummiringe gegen das Metall gedichtet. Diese letztere Anordnung hat den Vorzug, daß man die Glasplatten zum gehörigen Reinigen herausnehmen und bei ev. Bruch leicht ersetzen kann.

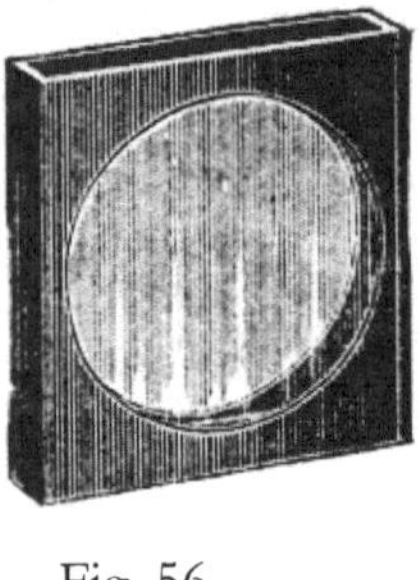

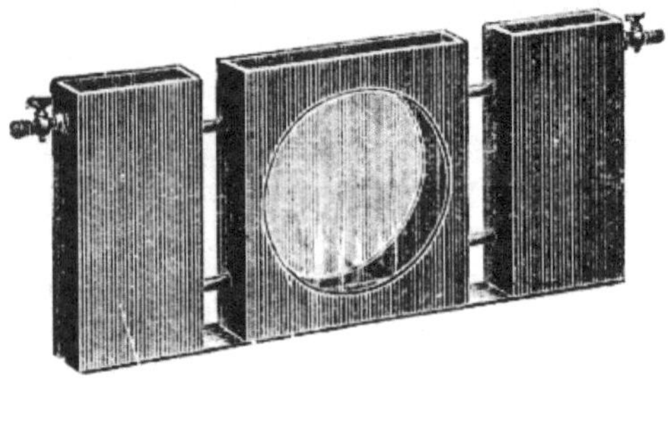

Fig. 56. Kühlgefässe. Fig. 57.

Damit nun das Kühlgefäß ausreichend wirkt und seinen Zweck erfüllt, muß es eine ziemliche Breite haben und ferner muß die Kühlflüssigkeit genügend kalt bleiben, da sie bei starker Erhitzung ihre Eigenschaft, die Wärmestrahlen zurückzuhalten, verliert. Die erforderliche Breite des Kühlgefäßes richtet sich nach der zur Verwendung kommenden Stärke des Bogenlichtes, das ja in der Regel benutzt wird. Ein dauerndes Kaltbleiben der Kühlflüssigkeit erzielt man am sichersten durch Anschluß an die Wasserleitung. Das Gefäß wird dazu mittels zweier daran angebrachter Hähne durch Schläuche einerseits mit der Wasserleitung oder auch einem hochgestellten Vorratsbassin, andererseits mit dem Abflußrohr oder einem Eimer verbunden. Der Wasserhahn wird derart einreguliert, daß sich ein langsamer Durchlauf ergibt. Einen Ersatz für diese Anordnung bietet in gewissem Maße die in Figur 57 dargestellte, nach Angabe von Oberingenieur Ruppert konstruierte Form. Es sind da nämlich beiderseits Zirkulationsgefäße angebracht, die mit dem Hauptgefäß durch Kommunikationsröhren verbunden sind und ihm durch Zirkulation immer wieder abgekühlte Flüssigkeit zuführen, da die Seitengefäße außerhalb der Laterne stehen und nicht erwärmt werden. Wenn man das einfache Kühlgefäß (Fig. 56) zur Anwendung bringt und dabei ohne Anschluß an die Wasserleitung arbeiten will, so wird es meist erforderlich erscheinen, die Kühlflüssigkeit nach einiger Zeit, etwa $^1/_2$ bis $^3/_4$ Stunden, zu erneuern; besser tut man noch, ein zweites Gefäß zum Auswechseln bereit zu halten.

Als Kühlflüssigkeit verwendet man in diesem Falle abgekochtes, destilliertes Wasser; nicht abgekochtes Wasser setzt beim Erwärmen Luftblasen an. Wenn man Glyzerin benutzen will, welches auch empfohlen wird, da es die Wärmestrahlen stark absorbiert, so nehme man nur chemisch reines Glyzerin.

Das Kühlgefäß wird vor die Laterne, also zwischen Kondensor und Film oder Glasbild, gestellt. Zweckmäßiger ist aber die von mir gegebene Anordnung, wonach der Trog zwischen den Linsen des Kondensors angebracht wird; sie hat den Vorteil, daß die Lichtstrahlen als annähernd paralleles Bündel in senkrechter Richtung durch die Flüssigkeit gehen und somit keinerlei Ablenkung erfahren. Ferner können hierbei die Glasbilder näher an den Kondensor gebracht werden, sodaß Linsen der üblichen Größe zur Erzielung einer gleichmäßigen Beleuchtung genügen, während die Bilder sonst, wenn das Kühlgefäß vor dem Kondensor steht, in gewissen Abstand davon kommen und zu ihrer völligen Beleuchtung daher entsprechend größere Linsen erforderlich sind.

Die Kühleinrichtung wurde vielfach als unbedingt erforderlich für die kinematographische Projektion hingestellt, und sie hat gewiß viel für sich; denn der Film kann dadurch, vorausgesetzt, daß das Gefäß hinreichend breit ist, gegen Beschädigung durch die Strahlen, namentlich gegen Entzündung, geschützt werden. Von den Vorführern wird das Kühlgefäß in der Regel als »überflüssiges Möbel« betrachtet, und bei sorgsamer Handhabung erscheint es auch entbehrlich, besonders wenn der Apparat mit einer zuverlässig funktionierenden, automatischen Feuerschutzeinrichtung versehen ist. Wertvoll ist die Kühlung in Fällen, wo es gilt, einzelne Bilder aus den Films zu projizieren, wie das bei wissenschaftlichen Aufführungen vorkommen mag. Andererseits kann das Kühlgefäß geradezu gefährlich werden, wenn sich der Vorführer völlig auf dessen Wirkung verläßt und es dabei versäumt, die Flüssigkeit rechtzeitig zu erneuern.

Wärmeschutz durch Gitter.

Neuerdings wurde von der Firma Liesegang festgestellt, daß ein feines Raster oder Gitter in hohem Maße die Wärmewirkung der Strahlen schwächt. Das Raster — am einfachsten dient diesem Zwecke ein feinmaschiges Drahtnetz — wird zwischen Kondensor und Film eingeschaltet; dadurch ist ein vollkommener Schutz des Filmbandes gegen Entzündung gewährleistet. Beim Arbeiten mit hoher Stromstärke muß allerdings das Netz nötigenfalls doppelt genommen werden. Dies Verfahren läßt sich vorteilhaft anwenden, wenn aus einem Film einzelne Bilder projiziert werden sollen. Zwar bringt die Methode einen ziemlichen Lichtverlust mit sich, doch kommt dieser hier weniger in Betracht, als ja auch bei der normalen kinematographischen Vorführung ein Teil des Lichtes — nämlich durch die Blendscheibe — geraubt wird. Zweckmäßigerweise kann das Drahtnetz an Stelle der undurchsichtigen Scheibe des automatischen Feuerschutzes treten; bei Stillstand des Werkes wird dann das Netz selbsttätig in den Strahlengang eingeschaltet. Will man also ein einzelnes Bildchen allein projizieren, so braucht man das Werk nur anzuhalten. Ferner bietet diese Anordnung den Vorzug, daß der Vorführer beim Einspannen eines neuen Filmbandes Licht hat.

Die optische Ausrüstung.

Der Kondensor.

Die optische Ausrüstung des kinematographischen Wiedergabe-Apparates besteht aus Kondensor (Beleuchtungssystem) und Objektiv (Vergrößerungssystem). Wie ich oben gezeigt und durch Abbildungen (Fig. 4 und 5) veranschaulicht habe, ist die Aufgabe und Wirkungsweise dieser beiden Teile beim Kinematographen genau dieselbe wie bei jedem Projektionsapparat. Der Kondensor besorgt die geeignete Beleuchtung des Bildchens, welches projiziert werden soll; das Objektiv gibt die scharfe Vergrößerung desselben.

Der Kondensor besteht in der Regel aus zwei plankonvexen Linsen, die in eine Messingfassung verschraubt sind; man nennt ein solches System Doppelkondensor. Die Linsen haben einen Durchmesser von 10 cm oder mehr; zur Projektion der Filmbilder würde auch ein kleineres Maß genügen, meistens ist aber der Kinematograph mit einer Einrichtung zur Projektion von Glasbildern verbunden und die gebräuchlichen Maße derselben: $8\,^1/_4 \times 8\,^1/_4$ cm und $8\,^1/_2 \times 10$ cm, beide mit etwa 7×7 cm Maskenausschnitt, erfordern einen Kondensor von mindestens 10 cm Durchmesser. Größere Glasbilder verlangen einen entsprechend größeren Kondensor, das Format 9×12 cm z. B. einen solchen mit 15 cm-Linsen.

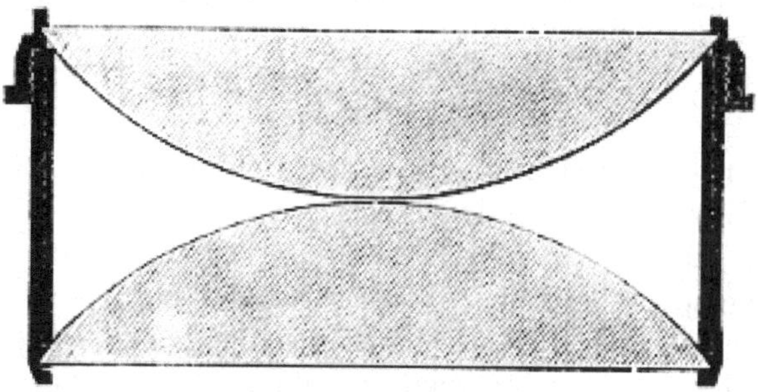

Fig. 58. Doppelkondensor.

Namentlich bei Anwendung größerer Kondensoren ist eine Form von Vorteil, die man als dreifachen oder Triple-Kondensor bezeichnet; der Vorteil besteht darin, daß das Linsensystem der Lampe etwas genähert wird, wodurch man eine bessere Lichtausnutzung und mithin größere Helligkeit erzielt. Es gibt verschiedene Arten von Triple-Kondensoren, beispielsweise solche aus zwei plankonvexen Linsen mit zwischengesetzter bikonvexer Linse; eine viel gebrauchte Form besteht aus einem Doppelkondensor, dem eine etwas kleinere Meniskuslinse vorgesetzt ist, wie Fig. 59 zeigt. Die

Meniskuslinse, die in der Regel durch eine Hartglasscheibe geschützt wird, ist dabei der Lichtquelle zugekehrt.

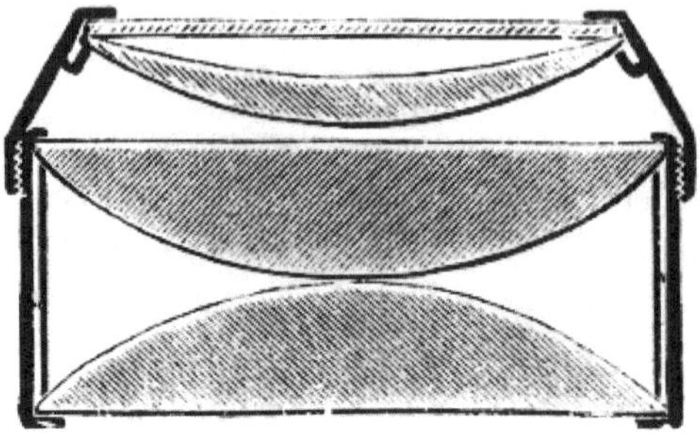

Fig. 59. Dreifacher Kondensor.

Der Kondensor ist in hohem Grade der Hitze der Lichtquelle ausgesetzt. An und für sich schadet die Erhitzung nun der Linse in keiner Weise; doch ist das Glas mehr oder minder empfindlich gegen plötzliche starke Temperaturveränderungen, da hierdurch Spannungen in dem Maße entstehen, welche ein Springen der Linse zur Folge haben können. Man sollte daher eine schnelle Erwärmung und auch eine rasche Abkühlung, welch' letztere beispielsweise nach der Vorführung durch Luftzug von der geöffneten Tür erfolgen kann, nach Möglichkeit vermeiden. Ferner ist zu berücksichtigen, daß sich das Glas wie jeder andere Körper bei Erwärmung ausdehnt; die Linsen müssen daher in der Fassung etwas »Spiel« haben, also locker darin sitzen.

Das Objektiv.

Für den Kinematograph kommt ebenso wie für die Glasbilder-Projektion als geeignetes Instrument in der Regel eine Objektivkonstruktion zur Verwendung, die vor fast 70 Jahren von Petzval für die Zwecke der Porträtphotographen errechnet wurde. Dieses Objektiv besteht, wie die Abbildung Fig. 60 zeigt, aus zwei Linsensystemen, deren vorderes aus zwei verkitteten Linsen zusammengesetzt ist, während das rückwärtige zwei durch einen Ring getrennte Linsen hat. Die Gläser sind in eine Messingfassung verschraubt, die zur Erleichterung der scharfen Einstellung des Bildes mit einem Zahntriebe versehen ist. Man achte ja darauf, die Linsen wieder in der richtigen Reihenfolge einzusetzen, wenn man sie zwecks Reinigung aus der Fassung herausgenommen hat. Als Anhalt für die Lage der drei Linsenteile merke man sich, daß alle gewölbten Flächen nach vorne zeigen. Das Putzen der Linsen darf nur mit einem weichen Tuch geschehen.

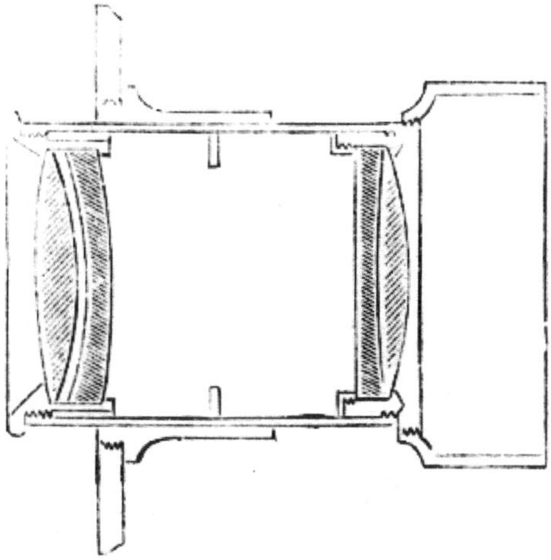

Fig. 60. Petzval'sches Objektiv.

Während von der Lichtquelle die Helligkeit des Lichtbildes abhängt, ist durch die Qualität des Objektivs die Schärfe der Wiedergabe bedingt. Ohne gutes Objektiv kann der beste Apparat keine tadellosen Bilder geben.

Der besprochene Petzvalsche Objektivtypus gibt nun eine gute Durchschnittsschärfe, die in vielen Fällen ausreichend erscheint. Eine höhere Leistung aber, eine wie man sagt »geschnittene« Schärfe und dabei plastische Zeichnung, wird von den modernen lichtstarken Instrumenten geliefert, die man als Anastigmate bezeichnet. Ein vortreffliches Instrument dieser Art ist beispielsweise das Projektionsanastigmat Triplar. Es wird in den Kinematographentheatern leider noch zu wenig auf die Verwendung eines wirklich tadellosen Objektives gesehen. Man sollte sagen, in einem Unternehmen, das Tausende für die Ausstattung angelegt hat, dürften nicht rund 100 Mark gespart werden bei der Beschaffung eines Instrumentes, von dessen Wirkung die Güte der Schaustellung abhängt. Von der Beschaffenheit des Objektivs hängt außer der Schärfe die Größe des Bildes ab, welches man auf einen bestimmten Abstand von der Projektionswand erhält. Wenn wir beispielsweise zwei verschiedene Objektive nehmen und nacheinander am Apparat anbringen, so mag das eine bei einem Abstande von 10 Metern ein 3 Meter großes Lichtbild liefern, während man mit dem zweiten auf die gleiche Entfernung hin ein nur 2 Meter großes Bild bekommt. Und setzten wir diese Versuche mit anderen Objektiven fort, so würden wir Instrumente darunter finden, die noch kleinere oder aber größere Lichtbilder liefern.

Worin besteht nun der Unterschied dieser Objektive? — Da sagt der Optiker: sie haben verschiedene »Brennweite«, und er sagt ferner: wenn ich die Brennweite eines Objektives kenne, so kann ich mit Hilfe einer einfachen Regel feststellen, wie große Bilder man damit bekommt; und umgekehrt kann ich leicht berechnen, welche Brennweite das Objektiv haben muß, um auf vorgeschriebene Entfernung ein Lichtbild bestimmter Größe zu geben. — Es dürfte mithin wohl von Wert, jedenfalls aber von Interesse sein, zu wissen, was man unter »Brennweite« versteht.

Die Brennweite und ihre Bestimmung.

Am leichtesten läßt sich der Begriff der Brennweite durch das bekannte Experiment mit einer einfachen Sammellinse, dem sogen. Brennglase, erklären, wie es in Fig. 61 veranschaulicht ist. Wenn man eine solche Linse gegen die Sonnenstrahlen hält und nun mit der anderen Hand ein Blatt Papier dahinter bringt, so wird man durch Vor- und Zurückschieben des Blattes bald eine Stelle finden, wo die Strahlen fast zu einem Punkte zusammengezogen sind. Dieser hell leuchtende Fleck ist nichts anderes als ein Bildchen der Sonne; man hat die Stelle »Brennpunkt« genannt, weil hier auch die mit den Lichtstrahlen vereinigten Wärmestrahlen konzentriert werden, die das Papier in Brand setzen. Den Abstand des Brennpunktes von der Linse oder richtiger von der Mitte des Glaskörpers bezeichnet man nun als »Brennweite«.

Fig. 61. Brennglas.

Wenn man dies Experiment mit verschiedenen Brenngläsern macht, wird es sich herausstellen, daß die Brennweiten derselben nicht gleich sind; es wird sich ferner zeigen, daß die stärker gewölbten Gläser eine kürzere Brennweite haben als die flacher geschliffenen. Statt die Linse gegen die Sonne zu halten, kann man sie auch gegen einen gut beleuchteten, weit entfernten Gegenstand, z. B. einen Schornstein, richten, wobei man das Papierblatt vor- und zurückschiebt, bis sich ein scharfes Bild des Schornsteines darauf zeigt; das Blatt deckt man möglichst gegen »falsches Licht« ab, um das Bild deutlich erscheinen zu lassen. Es wird dem Beobachter dabei auffallen, daß das Bild auf dem Kopfe steht. Der Abstand des Papiers von der Mitte der Linse ist gerade so groß wie bei dem Experiment mit der Sonne, und wenn wir ihn messen, haben wir also die Brennweite.

Bei diesem Versuche ist es wichtig, daß sich der betreffende Gegenstand, wie oben erwähnt, in großer Entfernung befindet. Wenn man nämlich Linse und Papier auf einen nahen Gegenstand »einstellt«, so wird der Abstand vom Papier zur Linse größer als die Brennweite, und zwar um so größer, je näher man an den Gegenstand heran kommt. Das läßt sich leicht auf folgende Weise demonstrieren. Man setzt in einem sonst dunklen Raume auf den Tisch eine brennende Kerze und in einigen Abstand davon ein weißes Kartonstück, das man auf einem Hölzchen befestigt hat, sodaß es senkrecht steht. Bringt man nun die Linse, die man wenn möglich auch auf einem Ständer befestigt, dazwischen und schiebt nun den Karton hin und her, so wird man bald ein Bild der Kerze darauf bekommen. Rückt man nun die Kerze näher an die Linse heran, so muß man den Karton weiter fort schieben, wobei das Bild gleichzeitig größer wird. Bei weiterem Experimentieren und fortwährendem Vergleichen der Abstände und Bildgrößen kommt man zu einem interessanten Resultat: wenn nämlich Kerze, Linse und Karton derart aufgestellt sind, daß das Bild der Kerze gerade so groß wird wie die Kerze selbst, so sind auch die Abstände von Kerze bis zur Mitte der Linse gleich groß, und zwar ist jeder dieser Abstände genau doppelt so groß wie die Brennweite; daraus ergibt sich weiterhin, daß die Entfernung des Kartons von der Kerze bei dieser Einstellung viermal so groß wie die Brennweite ist (vgl. Fig. 62). Experiment und Berechnung zeigen nun, daß sich ein zusammengesetztes Linsensystem geradeso wie eine einfache Linse verhält, welche die Brennweite dieses Systems hat. Wir können uns also die Erfahrung, die wir soeben mit dem Brennglase gemacht haben, für unser Projektionsobjektiv zunutze machen. Halten wir das Projektionsobjektiv gegen die Sonne oder richten es gegen einen entfernten Gegenstand, so bekommen wir ebenfalls auf einem dahinter gehaltenen Blatt Papier ein Bild der Sonne oder des Gegenstandes. Wir werden aber in Verlegenheit kommen, wenn es nun gilt, die Brennweite zu bestimmen; denn von welchem Punkte des Objektives an sollen wir sie messen? — Der Optiker klärt uns auf, daß das Objektiv einen sog. »optischen Mittelpunkt« habe, der für die Messung maßgebend sei, doch diese Aufklärung kann uns hier wenig helfen; denn der optische Mittelpunkt ist nicht zu sehen. Man hilft sich nun häufig damit, daß man die Mitte zwischen den Linsen des Objektives aufsucht und den Abstand des Papiers bis dahin mißt. In vielen

Fällen ist diese Art der Brennweite-Bestimmung für eine ungefähre Orientierung durchaus genügend; zuweilen kann man hierbei aber auch ein recht ungenaues Resultat bekommen, und wir tun daher gut, nach einer anderen Methode zu suchen.

Fig. 62.

Was liegt da näher, als auf das Experiment, wie es in Fig. 62 veranschaulicht wurde, zurückzugreifen. Wir fanden dort, daß der Abstand des Gegenstandes (hier der Kerze) vom Bilde viermal so groß ist wie die Brennweite, wenn das Bild auf Gegenstandsgröße eingestellt wird, und wir hörten ferner, daß diese Regel sowohl für die einfache Linse als auch für jedes zusammengesetzte Linsensystem gilt. Um die Brennweite genau zu bestimmen, brauchen wir diesen Versuch nur mit dem Projektionsobjektiv zu wiederholen; allerdings wird man ihn in etwas anderer Ausführung machen. Am schönsten geht es mit einer photographischen Kamera, an der man das Objektiv anbringt; auch der Projektionsapparat kann dazu benutzt werden, wenn er soviel »Auszug« hat, daß man das Objektiv in hinreichend großen Abstand von der Bildbühne bringen kann. An Stelle der Kerze, die hier ungeeignet ist, nimmt man einen weißen Karton, worauf man mittels Tusche einen Streifen von genau abgemessener Länge aufzeichnet oder ein entsprechendes Stück schwarzen Papieres aufklebt. Für Kinematographen-Objektive nimmt man den Streifen beispielsweise 2 cm lang, für Glasbilder-Projektionsobjektive etwa 6 cm. Nun stellt man, wie es zum Photographieren geschieht, scharf darauf ein, wobei man bei Anwendung des Projektionsapparates in die Bildbühne ein Stück mattes Glas setzt und zur leichteren Beobachtung von rückwärts her den Kondensor heraus nimmt. Es gilt dann so lange hin und her zu rücken, bis der Streifen auf der Mattscheibe in Originalgröße, und zwar möglichst scharf erscheint; zur besseren Beurteilung der Schärfe kann man neben dem Streifen noch ein Stück Papier mit klarer Druckschrift kleben. Hat man die richtige Einstellung gefunden, so mißt man den Abstand der Mattscheibe vom Karton und teilt ihn durch vier; die Brennweite ist nämlich genau gleich einem Viertel dieses Abstandes.

Die Arbeit des Einstellens läßt sich hierbei übrigens bedeutend erleichtern, indem man zuvor die Brennweite nach der ersten Methode ungefähr bestimmt und sich dadurch einen Anhalt für die Abstände von der Objektivmitte zum Karton und zur Mattscheibe verschafft. Ferner ist es zweckmäßig, auf die Mattscheibe einen Papierstreifen in genauer Größe des Einstell-Streifens zu kleben, wonach man sich beim Einstellen bezüglich der Bildgröße richten kann.

Bei Verwendung eines photographischen Apparates kann man auch so verfahren, daß man zunächst auf einen weit entfernten Gegenstand einstellt und den Kamera-Auszug markiert, worauf man auf einen nahen Gegenstand, wie eben beschrieben, in Originalgröße einstellt und den Auszug wieder markiert. Der Abstand der beiden Marken ist dann die Brennweite.

Es verdient hervorgehoben zu werden, daß diese Methoden der Brennweiten-Bestimmung, wenn man sie genau ausführt, sehr exakte Resultate geben. Die Brennweite, welche man auf diese Weise gefunden hat, bezeichnet der Optiker als »äquivalente Brennweite«; davon ist streng zu unterscheiden die sogen. »rückwärtige Brennweite«, die den Abstand der Hinterlinse des Objektives von dem Bilde eines entfernten Gegenstandes darstellt und daher kürzer ist als die ersteren. Ein Projektions-Objektiv von 14 cm äquivalenter Brennweite hat beispielsweise eine rückwärtige Brennweite von etwa 9 cm. Dieser Hinweis ist notwendig, weil diese beiden Bezeichnungen häufig verwechselt werden und dadurch leicht Irrtümer entstehen.

Objektiv, Distanz und Bildgröße.

Es ist wohl jedem, der mit dem Projektionsapparat zu tun hat, bekannt, daß das Lichtbild um so größer wird, je weiter man mit dem Apparat vom Schirm zurückgeht; wir hörten ferner oben, daß die Stärke der Vergrößerung abhängig ist vom Objektiv, daß man auf eine und dieselbe Entfernung hin auch ein größeres oder kleineres Lichtbild bekommen kann, wenn ein entsprechend anderes Objektiv genommen wird. Solche Objektive unterscheiden sich, worauf ich bereits hinwies, durch die Länge ihrer Brennweite, deren Begriff und Bestimmung wir soeben kennen gelernt haben.

Es besteht nun ein einfaches rechnerisches Verhältnis zwischen Brennweite, Bildgröße und Abstand, das uns in manchen Fragen raschen Aufschluß gibt. Ich habe daraus die nachfolgende Regel abgeleitet, welche sowohl für die Glasbilder-Projektion wie für die kinematographische Projektion Geltung hat; es handelt sich dabei, was ausdrücklich zu betonen ist, stets um die »äquivalente«, nicht aber um die »rückwärtige Brennweite«, wie man sie vielfach in Preislisten verzeichnet findet. Die Regel lautet: Der Abstand des Apparates von der Projektionswand ist stets ebensoviele Male größer wie das Lichtbild (seiner Höhe und Breite nach), als die Brennweite größer ist wie das kleine Glas- oder Filmbild (ebenfalls der Höhe oder Breite nach), oder kurz ausgedrückt: Abstand verhält sich zu Lichtbild, wie Brennweite zu Glas- oder Filmbild. Nehmen wir beispielsweise an, es sollten Glasbilder abprojiziert werden, deren Maskenausschnitt 7 cm hoch und breit ist, und die Brennweite f des Objektives betrage 14 cm (vgl. Fig. 63), dann ist die Brennweite doppelt so groß wie das Bild; mithin wird auch der Abstand des Apparates stets doppelt so groß wie das Lichtbild auf der Wand sein. Wir bekommen dann auf 3 Meter Distanz ein 1,50 Meter großes Bild, auf 6 Meter ein 3-Meter-Bild usw. Beträgt die Brennweite 21 cm, so haben wir ein Verhältnis 1:3 und wir erhalten, wie die untere Zeichnung in Fig. 63 andeutet, ein 3 Meter großes Lichtbild auf 9 Meter Entfernung.

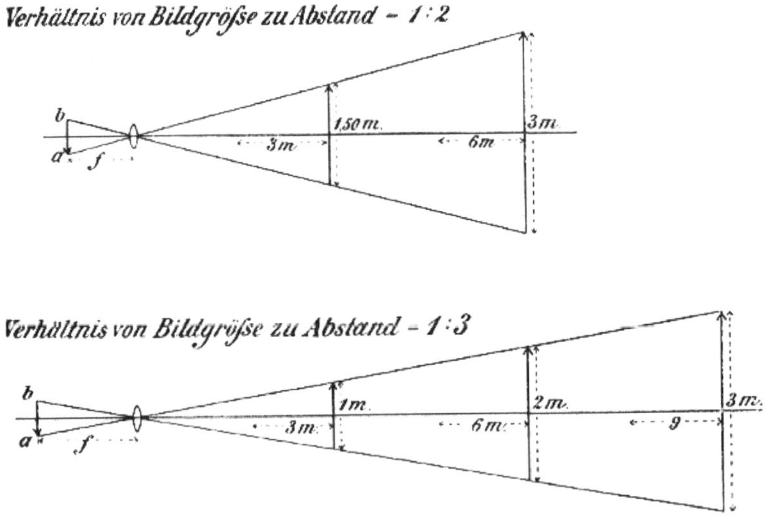

Fig. 63.

Die kleinen Filmbildchen beim Kinematograph sind ungefähr 2 cm hoch und 2 1/2 cm breit. Wenn der Vorführer nun ein Objektiv von 10 cm Brennweite besitzt, so ist die Brennweite viermal größer als die Breite des Filmbildes und dementsprechend wird auch der Abstand des Apparates von der Projektionswand viermal größer sein als die Breite des Lichtbildes. Auf 8 Meter Entfernung gibt es also ein 2 Meter breites Bild, auf 10 Meter ein 2 1/2-Meter-Bild usw. Es ist dabei zu beachten, daß der Abstand (Apparat zur Wand) stets vom Objektiv an zu messen ist.

Die Regel gibt uns nun auch noch anderen Aufschluß. Wenn nämlich der Vorführer ein neues Objektiv braucht, das für eine andere Distanz paßt oder eine andere Bildgröße geben soll, so kann er mit Hilfe der Regel leicht feststellen, welche Brennweite das neue Objektiv haben muß. Es sei beispielsweise ein Kinematographen-Objektiv erforderlich, welches auf 15 Meter Distanz ein 3 Meter breites Lichtbild werfe. Dann folgern wir einfach:

die Distanz ist fünfmal so groß wie das Lichtbild, mithin muß auch die Brennweite fünfmal so groß wie das Filmbild sein. Das Filmbild ist aber 2 1/2 cm breit, mithin ist die erforderliche Brennweite 5 mal 2 1/2 gleich 12 1/2 cm.

Will der Vorführer auch noch Glasbilder projizieren, die bei 15 Meter Abstand auf 3 Meter große Lichtbilder gebracht werden sollen, so braucht er dazu ein Objektiv, dessen Brennweite 5 mal größer ist als das Glasbild (Höhe oder Breite des Maskenausschnittes); bei Bildern der normalen Größe mit einem Innenmaß von etwa 7 × 7 cm müßte die Brennweite also 5 × 7 gleich 35 cm sein.

Der Vollständigkeit halber sei erwähnt, daß die Rechnung einen kleinen Fehler gibt. Ich habe nun eine weitere einfache Regel aufgestellt, die uns sagt, wie groß dieser Fehler ist, sodaß derjenige, welcher ein ganz genaues Resultat haben will, auch dieses leicht bestimmen kann. Und diese Regel lautet: Das Lichtbild, dessen Größe man errechnet hat, wird in Wirklichkeit um soviel kleiner, als das zu projizierende Glas- oder Filmbild breit bezw. hoch ist. Wenn wir also beispielsweise mit einem Objektiv von 21 cm Brennweite auf 9 Meter Entfernung Glasbilder projizieren, so wird das Lichtbild nicht 3 Meter groß, wie die Rechnung sagt, sondern um 7 cm kleiner, also genau 2,93 m. Bei der kinematographischen Projektion beträgt der Fehler nur 2 1/2 cm; während wir z. B. bei einer Brennweite von 10 cm und einer Distanz von 12 Metern der Rechnung nach ein 3 Meter breites Lichtbild erhalten, wird dieses in Wirklichkeit 2,97 1/2 m groß. Der Fehler ist wohl hinreichend klein, daß man ihn vernachlässigen und sich der zuerst gegebenen Regel anvertrauen kann.

Große Lichtbilder auf kurze Distanz.

Dem Vorführer bereitet es allemal Kopfschmerzen, wenn es gilt, auf kurze Distanz große Lichtbilder zu werfen. Und der Optiker, von dem ein entsprechendes Objektiv dazu verlangt wird, ist mit seinen Kenntnissen ebenfalls zu Ende; er sagt: »es geht nicht, Sie müssen größere Distanz nehmen oder sich mit kleineren Lichtbildern begnügen«.

Die Bildgröße hängt, wie wir wissen, von der Brennweite des Objektives ab; je kürzer die Brennweite, desto größer wird das Bild, bei gleicher Distanz. Zur Erzielung großer Bilder auf kurze Distanz brauchen wir also ein Objektiv von recht kurzer Brennweite. Bei der Projektion von Glasbildern mit 7×7 cm Maskenausschnitt muß die Brennweite beispielsweise 7 cm sein, wenn wir auf 3 Meter Distanz ein 3×3 Meter Lichtbild oder auf 4 Meter Distanz ein 4×4 Meter Bild — kurz ein Bild haben wollen, das (in Höhe und Breite) so groß ist wie die Distanz. Ein Projektions-Objektiv von dieser Brennweite zu bauen, bietet an sich keine Schwierigkeiten; aber es wird die Hauptforderung: scharfe Bilder zu liefern, nicht erfüllen, denn das Lichtbild wird bei Benutzung dieses Instrumentes nur in der Mitte scharf sein, nach dem Rande zu aber verschwommen erscheinen.

Der Photograph hat allerdings Objektive von verhältnismäßig noch viel kürzerer Brennweite, sogenannte Weitwinkel-Objektive, die ihm geschnitten scharfe Aufnahmen liefern. Aber diese Instrumente müssen, damit sie scharf auszeichnen, sehr stark abgeblendet werden, und mit solch kleiner Blendenöffnung sind sie für Projektionszwecke nicht zu brauchen. Das Objektiv muß zur Projektion nämlich von so großer Oeffnung sein, daß der Lichtkegel glatt hindurchgehen kann.

Bei der Projektion von Glasbildern der angegebenen Größe empfiehlt es sich im allgemeinen, nicht unter eine Brennweite von 14 cm herunter zu gehen. Ein solches Objektiv gibt Lichtbilder, deren Durchmesser halb so groß ist wie die Distanz. Man wendet wohl noch kürzere Brennweiten an — die kürzeste ist etwa 10 cm, wobei das Lichtbild zwei Drittel der Distanz mißt — doch muß man dann zur Erzielung einer scharfen Auszeichnung unbedingt ein anastigmatisches Objektiv nehmen.

Besser steht man sich bei der Benutzung von größeren Glasbildern, z. B. des Formates 9 × 12 cm. Da kann es gelingen, mit einem Objektiv von etwa 15 cm Brennweite eine zufriedenstellende Auszeichnung zu erzielen. Das Lichtbild wird dann, wenn der Maskenausschnitt ca. 11 cm breit ist, ungefähr drei Viertel der Distanz groß.

Bei der kinematographischen Projektion verhält es sich ähnlich wie bei der Projektion von Glasbildern normaler Größe: als kürzestes noch scharf arbeitendes Objektiv ist ein solches zu bezeichnen, welches Lichtbilder von halber Größe der Distanz liefert; die Brennweite ist dabei etwa 5 cm.

Es ist übrigens zu berücksichtigen, daß die »Distanz« stets vom Objektiv an zu messen ist; man muß also den erforderlichen Platz für den Apparat mit $^1/_2$ bis 1 Meter hinzurechnen, und dadurch wird das Verhältnis noch ungünstiger. Dieser Platz läßt sich nun durch ein Aushilfsmittel, wenigstens zum Teil, wieder einholen, indem man nämlich vor das Objektiv einen Spiegel bringt und um die Ecke »projiziert«. Hat man gar einen großen Spiegel zur Verfügung, so kann man dabei noch ein gut Stück an Distanz gewinnen; der Spiegel wird dazu schräg vor das Objektiv gesetzt, während der Apparat selbst jetzt quer (parallel zur Wand) steht und das Licht auf den Spiegel wirft, der es gegen die Wand hin ablenkt. Der Spiegel muß allerdings recht klar und möglichst plan sein, weil sonst die Schärfe des Lichtbildes leidet.

Die Anpassung des Objektives an den Apparat.

In der Regel wird der Apparat, sei er nun für Glasbilder-Projektion oder für kinematographische Projektion oder auch für beides eingerichtet, komplett mit Objektiv geliefert, und der Käufer hat keinerlei Schwierigkeit, klare und scharfe Lichtbilder zu erhalten. Er braucht nur den Zahntrieb des Instrumentes einzuregulieren, eventuell vorher mit dem Rohrauszug, den verschiedene Modelle haben, eine grobe Einstellung vorzunehmen. Jedoch mag der eine oder andere Besitzer eines Apparates in die Lage kommen, sich ein anderes Objektiv zu beschaffen, und da muß er für die richtige Anpassung desselben verschiedenes beachten.

Mit jedem Objektiv bekommt man scharfe Bilder nur dann, wenn es »eingestellt«, d. h. in richtigen Abstand von der Bildbühne gebracht wird; dieser Abstand ist bei der üblichen Objektiv-Konstruktion, wie sie oben beschrieben wurde, um so größer, je länger ihre Brennweite ist. Er läßt sich leicht folgendermaßen finden. Wir richten das Objektiv gegen einen hell beleuchteten Gegenstand, z. B. gegen ein Fenster, wobei wir die Entfernung so groß nehmen, wie die Distanz des Apparates vom Schirm werden soll, stellen dann ein scharfes Bild des Gegenstandes auf einem dahinter gehaltenen Blatt Papier ein und messen nun den Abstand des Objektives vom Papier; damit haben wir das gewünschte Maß. Dieser Abstand, von der Hinterlinse aus gemessen, stellt, wenn die Entfernung des Fensterrahmens groß ist, die »rückwärtige Brennweite« dar; je kleiner man die Distanz nimmt, desto weiter rückt das Objektiv von dem Papier weg. Zu diesem Versuch kann man auch den Projektionsapparat benutzen; man bringt dazu in die Bildbühne ein Blatt durchscheinenden, weißen Papieres oder ein Stück Mattglas und entfernt den Kondensor, damit man das Bild von rückwärts her beobachten kann. Der Apparat wird, in richtiger Entfernung aufgestellt, gegen das Fenster gerichtet und das Objektiv so eingestellt oder mit der Hand davor gehalten, daß ein scharfes Bild des Fensterkreuzes erscheint.

Fig. 64. Apparat mit kurzbrennweitigem Objektiv.

Nehmen wir nun an, es sei ein Apparat vorhanden, der mit einem Objektiv von verhältnismäßig kurzer Brennweite ausgerüstet ist, beispielsweise das in Fig. 64 dargestellte Modell, und es sei ein Objektiv wesentlich längerer Brennweite dazu beschafft worden. Wenn der Besitzer dies neue Objektiv einfach an Stelle des alten einschraubt, so wird er sehr enttäuscht sein, denn soviel er auch am Triebe hin und her schraubt: er bekommt kein scharfes Bild; auch ein Herausziehen des Rohrstückes, worin das Instrument geschraubt ist, wird hier nichts nutzen. Dem Uebelstand ist natürlich leicht abzuhelfen; das Objektiv muß nur in den richtigen Abstand von der Bildbühne gebracht werden, und dazu gehört, entsprechend der langen Brennweite, ein längeres Rohrstück, wie es die zweite Abbildung (Fig. 65) zeigt. Namentlich bei Kinematographen wird der erwähnte Fehler oft gemacht: der Besitzer bringt das neue Objektiv einfach an Stelle des alten, ohne Rücksicht auf dessen längere oder kürzere Brennweite, und der Mißerfolg wird dann gewöhnlich den Linsen zugeschrieben. Es ist übrigens zu beachten, daß mancher Kinematograph das Anbringen eines kurzbrennweitigen Objektives gar nicht zuläßt, indem die Konstruktion nicht gestattet, dasselbe hinreichend nahe an den Film heranzubringen. Daher tut man gut, seinen Apparat vor Beschaffung eines neuen Objektives zu prüfen und zu überlegen, ob sich das Instrument überhaupt daran verwenden läßt, und wie man es am besten anpassen kann.

Fig. 65. Apparat mit langbrennweitigem Objektiv.

Aber damit ist diese Objektiv-Frage noch nicht erledigt. Es ist noch zu berücksichtigen, ob auch der Kondensor zur Verwendung mit dem neuen Objektiv geeignet ist. Der Kondensor soll die Lichtstrahlen durch das Glasbild oder Filmbild hindurch derart in einem Kegel nach vorne werfen, daß sie glatt durch die Linsen des Objektives hindurchgehen, ohne dessen Rohrfassung zu berühren. Da muß es augenscheinlich einen Unterschied machen, ob sich das Objektiv nahe am Kondensor befindet oder weiter von ihm entfernt ist; und in der Tat, wenn man einen Apparat, der ein kurzbrennweitiges Objektiv hat (wie in Fig. 63), mit einem solchen von langer Brennweite versieht (vgl. Fig. 64), ohne dabei den Kondensor zu ändern, so wird es schwer halten oder überhaupt unmöglich sein, ein klares Bildfeld ohne rotgelben Rand zu erzielen. Der Kondensor wirft in diesem Falle die Lichtstrahlen in einem für das neue Objektiv zu kurzen Kegel nach vorne und es ist ein Kondensor von längerer Brennweite erforderlich. Kondensor und Objektiv müssen daher bezüglich ihrer Brennweite aufeinander »abgestimmt« sein.

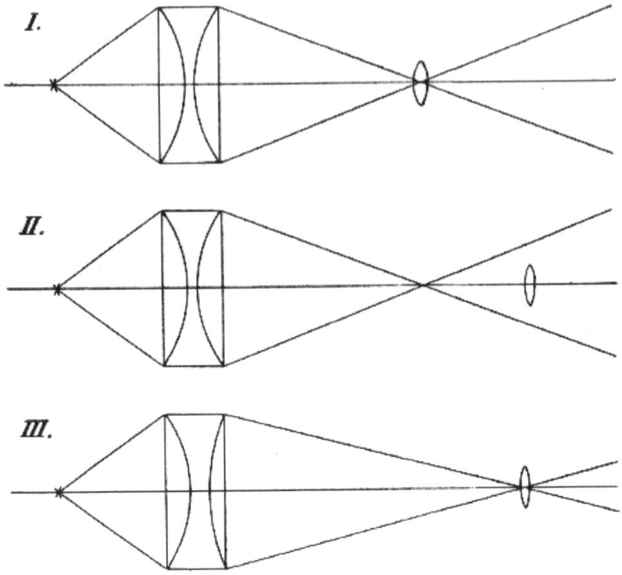

Fig. 66.

In Figur 66 ist dies veranschaulicht. Unter I sehen wir ein kurzbrennweitiges Objektiv (der Einfachheit halber durch eine einzige Linse dargestellt) in Verbindung mit dem normalen Kondensor, der die Lichtstrahlen durch das Objektiv hindurchschickt. Bei II ist ein langbrennweitiges Objektiv vor denselben Kondensor gebracht. Da zeigt es sich, daß das Objektiv »zu kurz kommt« und den Strahlenkegel nicht aufnimmt; es faßt nur den mittleren Teil der Strahlen. Damit die Optik richtig arbeitet, muß hier der Kondensor ebenfalls eine längere Brennweite erhalten und, wie es in III skizziert ist, den Strahlenkegel mit seiner Spitze wiederum gegen das Objektiv werfen.

Auswechselbare Objektive verschiedener Brennweiten.

Wer seine Vorführungen nicht immer an einem und demselben Platze macht, sondern einmal in diesem, einmal in jenem Räume arbeitet und dabei gezwungen ist, bald eine kurze, bald eine große Distanz zu nehmen, muß dementsprechend seinen Apparat mit zwei oder mehreren Objektiven ausrüsten. Es wird in solchen Fällen vielfach eine sogenannte Auswechselfassung mit Linsentuben verwandt. Die Linsen der verschiedenen Objektive sind dazu in glatte, zylindrische Rohre montiert, welche in die mit Zahntrieb versehene Fassung passen und rasch gegeneinander ausgewechselt werden können. Solche Einrichtungen werden für die Glasbilder-Projektion wie auch für den Kinematograph gefertigt; Fig. 67 zeigt beispielsweise eine Kinematograph-Objektiv-Fassung mit fünf verschiedenen Linsentuben. Es genügt natürlich nicht, die Tuben einfach auszuwechseln: Dieselben müssen natürlich auch, ihrer Brennweite entsprechend, in den richtigen Abstand gebracht werden, und es ist auch das zu berücksichtigen, was ich im vorigen Abschnitt über das Zusammenstimmen von Kondensor und Objektiv gesagt habe.

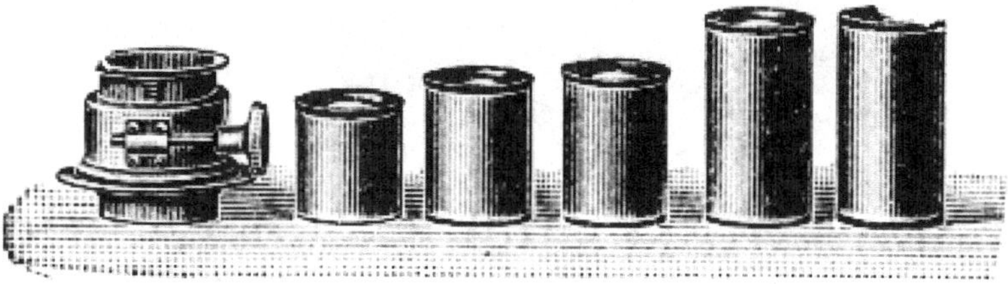

Fig. 67.

Der Photograph besitzt seit einer Reihe von Jahren ein Instrument, welches ihm ermöglicht, auf weitere Entfernungen hin Aufnahmen in verschieden starker Vergrößerung zu machen, und zwar vom gleichen Standpunkte aus; es ist das Teleobjektiv, welches aus einem gewöhnlichen photographischen Objektiv, z. B. einem Aplanat oder Anastigmat, und einer zusammengesetzten Negativlinse besteht. Letztere läßt sich mittels eines Triebes verschieben und dadurch wird die Brennweite des Systems verändert. (Näheres darüber findet man in des Verfassers Werk: »Die Fernphotographie« 1897). Dieses Prinzip hat man nun auch für die Projektion nutzbar gemacht und so wurde ein Projektions-Objektiv von veränderlicher Brennweite geschaffen, wie es in Fig. 68 dargestellt ist. Wir haben hier zunächst ein gewöhnliches Projektions-Objektiv von beispielsweise 15 cm Brennweite, welches allein verwandt auf kurze Entfernungen gute Dienste leistet; für größere Distanzen schraubt man das (in der Abbildung punktiert wiedergegebene) Rohrstück mit dem Negativlinsensystem an, wodurch die Brennweite länger wird. Man kann nun die Brennweite innerhalb gewisser Grenzen verändern, indem man mittels des Triebes das Negativelement verschiebt, je näher man es an das Objektiv heranbringt, desto größer wird die Brennweite. So mag man einen Spielraum von beispielsweise 25 bis 50 cm erhalten. Eine solche Konstruktion wird unter der Bezeichnung »Multar« für die Glasbilder-Projektion und in entsprechender Zusammenstellung unter dem Namen »Kine-Multar« für den Kinematograph in den Handel gebracht. Allerdings ist die Lichtstärke dieser Instrumente bei längerer Brennweite eine verhältnismäßig geringe.

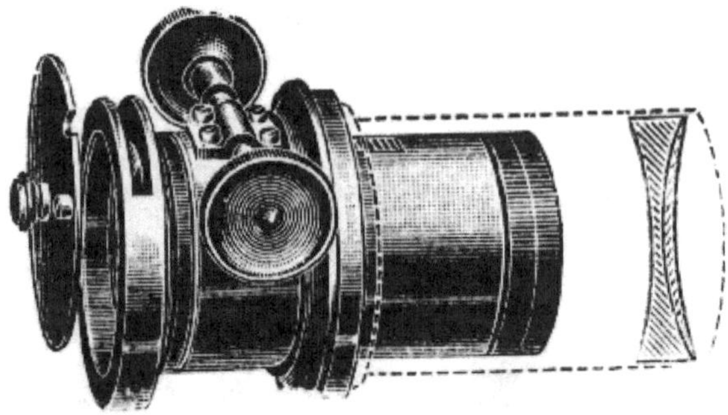

Fig. 68.

Objektiv-Formeln.

Der Vollständigkeit halber gebe ich hier einige mathematische Belege; wer kein Interesse für die Formeln hat, mag diesen Abschnitt ohne Bedenken überschlagen, denn die Nutzanwendung für die Praxis habe ich in den vorherigen Kapiteln niedergelegt.

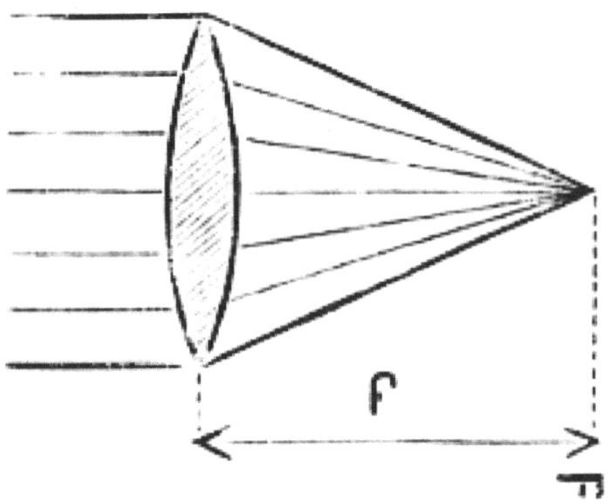

Fig. 69.

Wenn auf eine Sammellinse Sonnenstrahlen auffallen, so werden diese derart abgelenkt, daß sie sich in einem Punkte (wenigstens annähernd) sammeln. (Fig. 69.) Man bezeichnet diesen Punkt (F) als Brennpunkt und den Abstand desselben (f) von der Linse als Brennweite. In Wirklichkeit bekommt man an jener Stelle ein Bildchen der Sonnenscheibe. Wenn wir nun eine irdische Lichtquelle nehmen und diese zunächst in sehr großen Abstand von der Linse bringen, so zeigt sich das gleiche: wir erhalten im Brennweiten-Abstand von der Linse eine Sammlung der Strahlen, die hier ein Bildchen der Lichtquelle abgeben; das Bildchen erscheint umgekehrt. Wenn wir die

Lichtquelle der Linse nähern, so daß die Strahlen nicht mehr wie vorher (annähernd) parallel auffallen, so werden wir gleichfalls ein Bildchen bekommen, jedoch rückt dasselbe über den Brennpunkt hinaus, und zwar wird der Abstand (b) des Bildchens von der Linse um so größer, je näher die Lichtquelle herankommt. Dabei zeigt es sich, daß die Größe des Bildes in gleichem Maße wächst wie der Abstand (a) der Lichtquelle geringer wird. Aus der beigegebenen Abbildung (Fig. 70) ist das Verhältnis, welches zwischen Gegenstandsgröße g und Bildgröße w besteht, leicht ersichtlich: sie verhalten sich direkt wie deren Abstände a und b von der Linse. Die Formel lautet also: wg = ba.

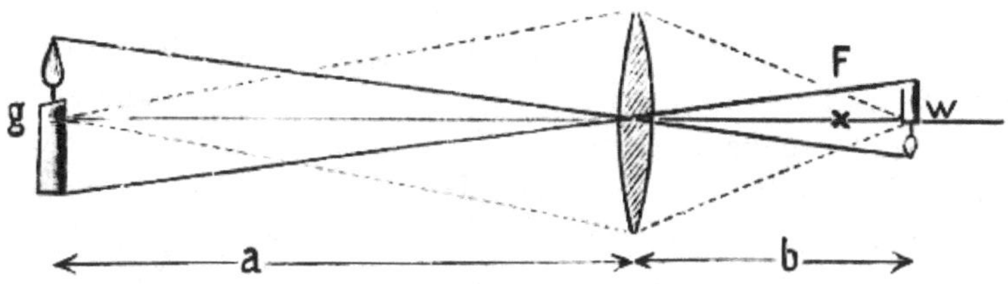

Fig. 70.

Die Abstände a und b stehen nun weiterhin in einem bestimmten Verhältnis zur Brennweite f, und zwar wird dasselbe durch folgende Formel ausgedrückt: 1a + 1b = 1f woraus sich ergibt: b = a·fa - f.

Stellen wir so ein, daß w = g, so wird auch b = a und aus der oben gegebenen Formel folgt dann: b = a = 2f. Darauf beruht die oben beschriebene Methode der Brennweiten-Bestimmung, die darin besteht, daß man diejenige Einstellung sucht, bei welcher Bild- und Gegenstandsgröße (w und g) gleich sind, und dann den Abstand von Bild bis Gegenstand durch 4 dividiert, indem derselbe gleich 4·f ist.

Für zusammengesetzte Linsensysteme sind diese Formeln ebenfalls anwendbar; denn man kann sich jedes noch so komplizierte System durch eine einzige Linse ersetzt denken, welche die gleiche optische Wirkung hat. Die Brennweite dieser »äquivalenten« Linse hängt von der Brennweite der einzelnen Linsen-Bestandteile und den Abständen derselben von einander ab. Unser Projektions-Objektiv besteht in der Regel aus 4 Linsen, die paarweise angeordnet sind, sodaß man das Instrument als ein Doppel-Objektiv bezeichnet. Die Anordnung ist in Figur 60 auf Seite 90 veranschaulicht; der Einfachheit halber wollen wir uns aber die beiden Linsen-Kombinationen durch je eine Linse ersetzt denken, sodaß wir ein zweilinsiges Objektiv bekommen, wie es Figur 71 andeutet.

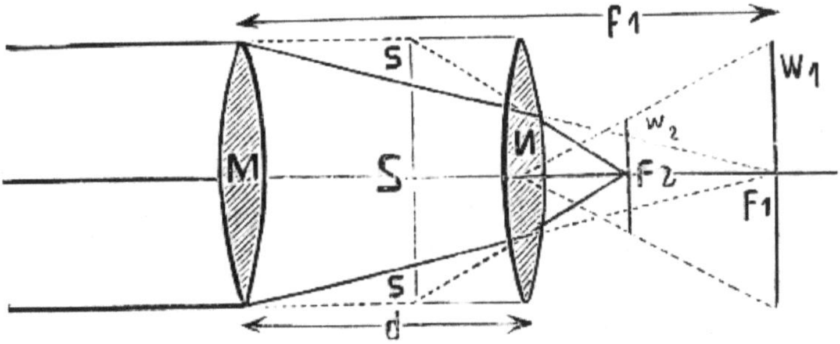

Fig. 71.

Die Wirkungsweise dieses Systems ist folgende: Die erste Linse allein würde ein Bild W_1 im Punkte F_1 hervorrufen; dieses kommt aber nicht zu Stande, da die zweite Linse die Strahlen nach F_2 ablenkt. Hier entsteht ein Bild W_2, welches kleiner ist als W_1. Eine äquivalente Linse, welche imstande wäre, dieses System zu ersetzen, müßte ein Bild in Größe von W_2 liefern; ihre Brennweite f müßte daher soviel mal kleiner sein als die der Vorderlinse (f_1), wie w_2 kleiner ist als w_1. Mithin $ff_1 = W_2W_1$. Da nun ferner, wie leicht ersichtlich, $W_2W_1 = N\ F_2N\ F_1$ ist, so können wir schreiben $ff_1 = N\ F_2N\ F_1$ oder $f = N\ F_2N\ F_1\ f_1$. Wenden wir auf die zweite Linse, deren Brennweite f_2 sei, die allgemeine Formel an unter Berücksichtigung, daß hier der Objekt-Abstand NF_1 negativ ist, so bekommen wir: $1N\ F_2 - 1N\ F_1 = 1f_2$.

Nun ist $NF_1 = f_1$-d, wenn wir mit d den Abstand MN der Linsen bezeichnen; also $1\ N\ F_2 — 1\ f_1 - d = 1\ f_2$, woraus ferner folgt: $NF_2 = f_2\ (f_1 - d)f_1 + f_2 - d$. Dieses oben eingesetzt, ergibt für die äquivalente Brennweite den Wert $f = f_1\ f_2f_1 + f_2 - d$. Verlängern wir die einfallenden Strahlen sowie die aus der Hinterlinse austretenden Strahlen bis zu ihren Schnittpunkten ss, so finden wir damit die Stelle, an der eine das System ersetzende Linse steht; SF_2 ist die äquivalente Brennweite.

Der Abstand NF_2 des Bildes von der Hinterlinse, den man vielfach als rückwärtige Brennweite bezeichnet, ist, wie es sich hier deutlich zeigt, kleiner als die eigentliche Brennweite. Wenn wir den oben gefundenen Wert für diesen Abstand etwas umschreiben, so bekommen wir $NF_2 = f_1 - df_1 \cdot f = (1 - df_1) \cdot f$. Es ergibt sich daraus, daß Doppel-Objektive von gleicher äquivalenter Brennweite nur dann dieselbe rückwärtige Brennweite haben, wenn sie in Bezug auf die Brennweite der einzelnen Kombinationen und deren Abstand gleichartig sind. Die Angabe der rückwärtigen Brennweite genügt daher keineswegs zur Charakteristik des Objektives; insbesondere läßt sich die Bildgröße, welche das Instrument gibt, nur bei Kenntnis der äquivalenten Brennweite bestimmen.

Es sei hier auch der oben beschriebenen Konstruktion gedacht, welche dem photographischen Tele-Objektiv nachgebildet ist und die aus einem gewöhnlichen Projektions-Objektiv in Verbindung mit einem Zerstreuungs-Linsen-System besteht. In der beigegebenen Zeichnung (Fig. 72) habe ich der Einfachheit halber das Projektions-Objektiv durch eine einzelne Sammellinse ersetzt, welche die Brennweite f des ersteren hat und daher wie dieses im Punkte F ein Bild w gibt. Das Konkav-Linsen-System (ebenfalls durch eine Linse dargestellt) wirkt nun, wie die Skizze erkennen läßt, in der Weise, daß sie den Sammelpunkt F der Strahlen weiter hinaus wirft und dabei das vom Objektiv erzeugte Bild w auf W vergrößert.

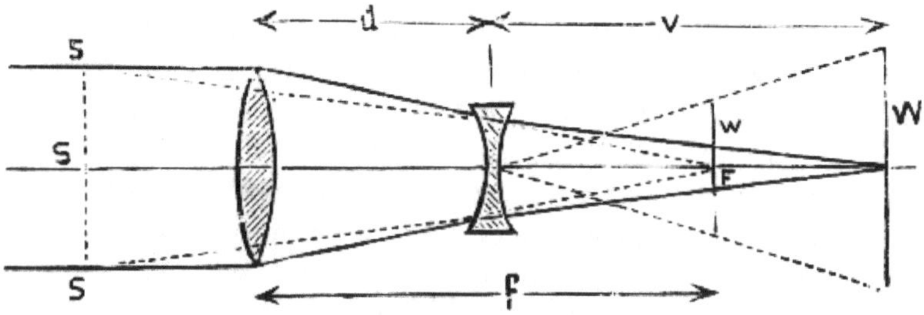

Fig. 72.

Die Größen dieser beiden Bilder verhalten sich wie deren Abstände v und (f-d) von der Konkav-Linse; die Vergrößerung ist mithin $M = Ww = vf - d$. Auf Grund der allgemeinen Linsen-Formel erhalten wir ferner: $1v + 1f - d = - 1f_3$ wenn f_3 die Brennweite des Konkav-Linsen-Systems ist, und daraus ergibt sich: $v = f_3(f - d)f_3 + d - f_1$; mithin erhalten wir für die Vergrößerung den Wert: $M = f_3f_3 + d - f$. Da die Brennweite θ des ganzen Systems M-mal größer als die des vorderen Objektivs (f) ist, so haben wir: $\theta = Mf = f f_3f_3 + d - f$. Durch Verlängerung der aus der Konkav-Linse austretenden Strahlen bis zum Schnitt mit den Einfall-Strahlen bekommen wir wieder konstruktiv die Brennweite S F (=θ), indem durch s s die Lage der äquivalenten Linse gegeben ist.

Die Konkav-Linse bewirkt, wie wir gesehen haben, eine Verlängerung der Brennweite des als positives Element verwandten Projektions-Objektives und damit eine Vergrößerung des von diesem erzeugten Bildes. Das Charakteristische der Konstruktion besteht aber darin, daß man es in der Hand hat, durch Veränderung des Abstandes d die Gesamtbrennweite zu verändern. Dies ist aus den Formeln leicht ersichtlich. Die oben gefundenen Werte für θ und M können wir nämlich auch schreiben: $\theta = f f_3d - (f - f_3)$ und $M = f_3d - (f - f_3)$. Damit wir hierfür positive Werte bekommen, muß d größer sein als $(f - f_3)$, ferner aber muß zur Erzielung eines reellen Bildes d kleiner sein als f. Nehmen wir d etwas kleiner als f, so wird M nahezu = 1 und θ ungefähr = f. Je kürzer wir nun den Abstand der Linsen machen, desto größer werden Brennweite und Vergrößerung, bis beide bei einem Abstand $d = (f - f_3)$ unendlich groß werden. Die Grenzen der Vergrößerung liegen also zwischen 1 und unendlich.

Den Wert für die rückwärtige Brennweite hatten wir oben festgestellt; wir können die betreffende Formel auch folgendermaßen schreiben: $v = M(f - d) = Mf - Md = \theta - Md$. Der Abstand des Objektivs vom Film bezw. Glasbild ist also, wie es die Zeichnung schon zeigt, jetzt im Verhältnis zur Gesamt-Brennweite recht kurz, und zwar ist er um ein Stück gleich $M \cdot d$ kürzer als die Brennweite.

Wir kommen nun zu den Betrachtungen über Bildgröße und Distanz beim Projektions-Verfahren sowie über deren Beziehung zur Objektiv-Brennweite. Oben fanden wir, daß sich Bild- und Gegenstandsgröße zu einander verhalten wie die Abstände zum Objektiv. Dies gilt ohne weiteres auch für die Projektion; als Gegenstand ist das »leuchtend gemachte« Glas- und Filmbild anzusehen, von dem die Linse das Lichtbild (W) auf der Wand erzeugt. Wenn wir die Abstände mit b bezw. a bezeichnen, so gilt also: WG = ab. Nun wissen wir aus der Formel, die zwischen a, b und der Objektiv-Brennweite f besteht, daß $b = a \cdot fa - f$ ist, mithin ergibt sich für obiges Verhältnis, welches uns gleichzeitig die Vergrößerung (V) angibt: V = WG = a - ff.

Diese Formel läßt sich vereinfachen, wenn wir statt des genauen Abstandes a (Lichtbild vom Objektiv) mit einer Distanz rechnen, welche um ein Stück gleich der Brennweite f kleiner ist als a; diese Distanz wäre also $D = (a - f)$ und die Formel lautet jetzt: V = WG = Df.

Die Vergrößerung (V) ergibt sich also, indem man die Werte für D und f durcheinander dividiert. Durch Umschreiben der Formel in folgende Form: fG = DW kommen wir zu der oben von mir gegebenen einfachen Regel, welche lautet: die Distanz (D) ist ebenso viel Mal größer wie das Lichtbild (W), als die Brennweite (f) größer ist wie das Glas- oder Filmbild (G).

Bei Anwendung dieser Regel muß berücksichtigt werden, daß der wirkliche Abstand (a) des Lichtbildes vom Objektiv (bezw. dem »optischen Mittelpunkt« desselben) um ein Stück gleich der Brennweite größer ist als D. Wenn wir also wissen wollen, auf welche Entfernung hin das Objektiv ein Lichtbild bestimmter Größe liefert, und erstere dann mit Hilfe der Regel ermitteln, so müssen wir, um zu einem genauen Resultate zu kommen, zu dem gegebenen Werte noch die Brennweite hinzuzählen. Gilt es andererseits die Größe des Lichtbildes zu bestimmen, welche das Objektiv auf eine gegebene Entfernung hin liefert, und rechnen wir dabei diese Entfernung vom Objektiv (bezw. seinem optischen Mittelpunkt) aus, wobei also in die Formel statt des Wertes von D derjenige von a eingesetzt wird, so bekommen wir einen Fehler. Während wir nämlich den Wert erhalten $W = Gf \cdot a$, so ist dieser in Wirklichkeit $W = Gf \cdot (a - f) = Gf \cdot a - G$; mithin wird das Lichtbild bei dieser Rechnung linear um ein Stück gleich der Größe des Glas- bezw. Filmbildes kleiner. Ich wies bereits darauf hin, daß sowohl bei der Projektion von Glasbildern, wo das Bild im Lichten in der Regel etwa 7 cm mißt, besonders aber bei der kinematographischen Projektion, wo die Breite des Bildes nur 2 $^1/_2$ cm beträgt, dieser Fehler hinreichend klein ist, daß man ihn in der Regel vernachlässigen kann.

Bei Feststellung der Bildgröße unter Anwendung meiner vereinfachten Regel verschlägt es also im allgemeinen nichts, wenn man die Distanz bis zur Vorderlinse des Objektivs rechnet, statt bis zur Brennweiten-Entfernung vor dem »optischen Mittelpunkt«. Dagegen wird man bei Ermittelung der Distanz für eine bestimmte Bildgröße den durch die Regel gegebenen Fehler wohl zu berücksichtigen haben, wenn es sich um ein Objektiv langer Brennweite handelt.

Bei den nach dem Prinzip des Tele-Objektivs konstruierten Systemen ist insbesondere noch zu beachten, daß der optische Mittelpunkt vor dem Objektiv liegt, und zwar um eine Strecke gleich $(M-1) \cdot d$ vor dem optischen Mittelpunkt des als positives Element verwandten Objektives.

Will man den Abstand E des Lichtbildes bis zur Bildbühne des Apparates berechnen, so hat man den Wert für b hinzuzuzählen; er ist genau $E = fG \cdot W + f + b$. Da aber bei der Projektion b in der Regel nur um ein Geringes größer ist als f, so können wir ohne merklichen Fehler schreiben: $E = fG \cdot W + 2f$; man hat also in diesem Fall dem durch die Regel gefundenen Wert 2f hinzuzufügen.

Tabellen für Brennweite, Distanz und Bildgröße.

Die beigegebenen Tabellen habe ich berechnet auf die äquivalente Brennweite der betreffenden Objektive; damit Mißverständnisse vermieden werden, sei hier nochmals darauf aufmerksam gemacht, daß diese verschieden ist von der rückwärtigen Brennweite (Abstand der Hinterlinse vom Glas- oder Filmbild), wie solche häufig in Katalogen angegeben wird.

Als Distanz gilt in diesen Tabellen nicht der Abstand der Projektions-Wand vom Objektiv, sondern vielmehr die Entfernung derselben bis zur Bildbühne des Apparates, also bis zum Glas- oder Filmbild. Ich habe diese, von der üblichen Form allerdings abweichende Methode gewählt, weil sie für den Benutzer bequemer ist; er findet hier die genaue Distanz, ohne daß er sich um die Lage des optischen Mittelpunktes zu kümmern braucht.

Zur weiteren Bequemlichkeit sind die Tabellen in dreifacher Ausführung gegeben; die eine bringt für bestimmte Brennweiten die Distanzen, die andere die Bildgrößen in runden Zahlen, während die dritte als Anhalt zur Ermittelung der Brennweite dienen mag.

Bei den Tabellen für »stehende Lichtbilder« ist angenommen, daß die Glasbilder einen Masken-Ausschnitt von 7 × 7 cm haben; es ist dies das Durchschnitts-Lichtmaß der Bilder mit der Außengröße von 8 $^1/_4$ × 8 $^1/_4$ und 8 $^1/_2$ × 10 cm. Die Kinematograph-Tabellen geben die Breite des Lichtbildes auf dem Projektionsschirm an; die Höhe desselben ist etwa um $^1/_5$ kleiner. Ich habe dabei ferner vorausgesetzt, daß die Breite der Fensteröffnung, vor welcher das Filmbild läuft, 23 mm beträgt; es ist nicht die volle Breite des Bildes von 25 mm in Rechnung gezogen, da letzteres doch nur so weit zur Geltung kommt, als es die Oeffnung des Fensters gestattet.

Kinematographische Projektion: Ermittelung der Brennweite.

Abstand der Projektionswand v. Film (von der Türe des Mechanismus) in Metern	Breite des Lichtbildes in Metern (Breite der Fensteröffnung 23 mm):								
	2,00	2,50	3,00	3,50	4,00	5,00	6,00	7,00	8,00
	Äquivalente Brennweite des Objektives in Millimetern:								
4,00	45	—	—	—	—	—	—	—	—
4,50	51	—	—	—	—	—	—	—	—
5,00	56	45	—	—	—	—	—	—	—
6,00	67	54	45	—	—	—	—	—	—

7,00	79	63	53	45	—	—	—	—	—
8,00	90	72	60	52	45	—	—	—	—
10,00	112	90	76	65	57	46	—	—	—
12,00	135	108	91	78	68	55	46	—	—
15,00	169	136	113	97	85	68	57	49	—
20,00	225	181	151	130	114	91	76	65	57
25,00	281	226	189	162	142	114	95	82	71
30,00	337	271	227	195	171	137	114	98	86

Kinematographische Projektion: Ermittelung des Abstandes.

Breite des Lichtbildes in Metern (Breite der Fensteröffnung = 23 Millim.)	Äquivalente Brennweite des Objektives in Millimetern:								
	46	58	69	81	92	115	138	161	184
	Abstand der Projektionswand vom Film (von der Türe des Mechanismus) in Zentimetern:								
1,50	309	387	464	541	618	773	928	1082	1237
2,00	409	512	614	716	818	1023	1228	1432	1637

2,50	509	637	764	891	1018	1273	1528	1782	2037
3,00	609	762	914	1066	1218	1523	1828	2132	2437
3,50	709	887	1064	1241	1418	1773	2128	2482	2837
4,00	809	1012	1214	1416	1618	2023	2428	2832	3237
4,50	909	1137	1364	1591	1818	2273	2728	3182	3637
5,00	1009	1262	1514	1766	2018	2523	3028	3532	4037
5,50	1109	1387	1664	1941	2218	2773	3328	3882	4437
6,00	1209	1512	1814	2116	2418	3023	3628	4232	4837
7,00	1409	1762	2114	2466	2818	3523	4228	4932	5637
8,00	1609	2012	2414	2816	3218	4023	4828	5632	6437

Kinematographische Projektion: Ermittelung der Bildgröße.

Abstand der Projektionswand v. Film (von der Türe des Mechanismus) in Metern	Äquivalente Brennweite des Objektives in Millimetern:								
	46	58	69	81	92	115	138	161	184
	Breite des Lichtbildes in Zentimetern (Breite der Fensteröffnung = 23 Millimeter).								

3,00	145	115	95	81	70	55	45	38	33
3,50	170	135	112	95	83	65	54	45	39
4,00	195	155	129	110	95	75	62	53	45
5,00	245	195	162	138	120	95	79	67	58
6,00	295	235	195	167	145	115	95	81	70
8,00	395	315	262	224	195	155	129	110	95
10,00	495	395	329	281	245	195	162	138	120
12,00	595	475	395	338	295	235	195	167	145
15,00	745	595	495	424	370	295	245	210	183
20,00	995	795	662	567	495	395	329	281	245
25,00	1245	995	829	710	620	495	412	353	308
30,00	1495	1195	995	853	745	595	495	424	370

Glasbilder-Projektion: Ermittelung der Brennweite.

Abstand der Projektionswand von	Durchmesser des Lichtbildes in Metern (Maskenausschnitt des Glasbildes 7 cm):

der Bildbühne (vom Glasbild) in Metern	2,00	2,50	3,00	3,50	4,00	5,00	6,00	7,00	8,00
	Äquivalente Brennweite des Objektives in Millimetern:								
4,00	131	106	—	—	—	—	—	—	—
4,50	147	119	100	—	—	—	—	—	—
5,00	164	133	111	—	—	—	—	—	—
6,00	196	159	134	115	101	—	—	—	—
7,00	229	186	156	135	118	—	—	—	—
8,00	262	212	178	154	135	109	—	—	—
10,00	327	265	223	192	169	136	114	—	—
12,00	393	318	268	231	203	163	137	118	103
15,00	491	398	334	288	254	204	171	147	129
20,00	654	530	446	385	338	272	228	196	172
25,00	818	663	557	481	423	340	285	245	215
30,00	981	795	669	577	507	409	342	294	258

Glasbilder-Projektion: Ermittelung des Abstandes.

Durchm. des Lichtbildes in Metern (Maskenausschnitt des Glasbildes = 7 cm)	Äquivalente Brennweite des Objektives in Millimetern:								
	105	140	175	210	245	280	350	420	490
	Abstand der Projektionswand von der Bildbühne (vom Glasbild) in Zentimetern:								
1,50	247	329	411	493	575	657	822	986	1150
2,00	321	429	536	643	750	857	1071	1286	1500
2,50	396	528	660	793	925	1057	1321	1585	1849
3,00	471	628	785	942	1100	1257	1571	1885	2199
3,50	546	728	910	1092	1274	1457	1821	2185	2549
4,00	621	828	1035	1242	1449	1656	2071	2485	2899
4,50	696	928	1160	1392	1624	1856	2321	2785	3249
5,00	771	1028	1285	1542	1799	2056	2570	3085	3599
5,50	846	1128	1410	1692	1974	2256	2820	3385	3949
6,00	921	1228	1535	1842	2149	2456	3070	3684	4299

7,00	1071	1428	1785	2142	2499	2856	3570	4284	4998
8,00	1221	1628	2035	2442	2849	3256	4070	4884	5698

Glasbilder-Projektion: Ermittelung der Bildgröße.

Abstand der Projektionswand von d. Bildbühne (vom Glasbild) in Metern	Äquivalente Brennweite des Objektives in Millimetern:								
	105	140	175	210	245	280	350	420	490
	Durchmesser des Lichtbildes in Zentimetern (Maskenausschnitt des Glasbildes = 7 cm).								
3,00	186	136	106	86	72	61	46	36	29
3,50	219	161	126	103	86	74	56	44	63
4,00	253	186	146	119	100	86	66	53	43
5,00	319	236	186	153	129	111	86	69	57
6,00	386	286	226	186	157	136	106	86	72
8,00	519	386	306	253	215	186	146	119	100
10,00	653	486	386	319	272	236	186	153	129
12,00	786	586	466	386	329	286	226	186	157

15,00	986	736	586	486	415	361	286	236	200
20,00	1319	986	786	653	557	486	386	319	272
25,00	1653	1236	986	819	700	611	486	403	343
30,00	1986	1486	1186	986	843	736	586	486	415

Die Lichteinrichtungen.

Zur Darstellung lebender Lichtbilder ist eine sehr kräftige Lichtquelle erforderlich, die außerdem möglichst konzentriert sein muß. Es kommt hier in erster Linie das elektrische Bogenlicht in Betracht und an zweiter Stelle das Kalklicht. Schwächere Lichtquellen, wie Acetylen-, Gas- oder Spiritusglühlicht und Petroleumlicht, sind zur Benutzung bei größeren Vorführungen unzureichend, sie können höchstens dann Verwendung finden, wenn die kinematographischen Bilder vor einem kleinen Zuschauerkreise und in schwacher Vergrößerung gezeigt werden. Ich werde daher im folgenden nur das Bogenlicht und Kalklicht behandeln; wer sich für eine der schwächeren Lichtquellen interessiert, findet darüber Näheres in dem Werke »Die Projektionskunst«, 12. Auflage.

Das elektrische Bogenlicht.

Um Bogenlicht darzustellen, bedarf man elektrischen Starkstromes; solcher wird in den größeren Städten und auch in vielen kleineren Orten von einer Zentrale geliefert und durch Kabel ins Haus geleitet. Wandernde Kinematographen-Unternehmen sind häufig mit einer Einrichtung zur Selbstherstellung von elektrischem Strom ausgerüstet; eine solche besteht aus einer Dynamomaschine, die von einer Lokomobile oder einem Spiritus-, Petroleum- oder Benzin-Motor angetrieben wird.

Die Lichterzeugung geschieht mittels einer Bogenlampe, und zwar in der Weise, daß man den Strom zwischen zwei Kohlenstiften überspringen läßt, wobei er einen Funkenstrom (Lichtbogen) bildet und die Kohlenspitzen in intensive Weißglut versetzt. Es geht nun aber nicht an, daß wir die Lampe ohne weiteres mit dem Leitungsnetz verbinden und den Strom, so wie die Stadt ihn liefert, dort verbrauchen: wir müssen uns vielmehr zunächst über die Art des Stromes orientieren und je nach seiner Beschaffenheit noch besondere Vorrichtungen anwenden. Dazu aber muß man folgendes wissen.

Gleichstrom und Wechselstrom.

Der elektrische Strom wird in dreierlei Art hergestellt, und zwar entweder als »Gleichstrom«, »Wechselstrom« oder »Drehstrom«. Der Unterschied besteht darin, daß beim Gleichstrom die Elektrizität stets in einer und derselben Richtung läuft, während bei Wechselstrom die Richtung sich fortwährend ändert, und zwar umkehrt oder »wechselt«. Drehstrom stellt eine Verbindung mehrerer Wechselströme dar — man nennt ihn auch »mehrphasigen« Wechselstrom im Gegensatz zum gewöhnlichen »einphasigen« Wechselstrom; für uns rechnet er einfach als Wechselstrom. Wie wir nachher sehen werden, ist Gleichstrom für Projektionszwecke bedeutend vorteilhafter als Wechselstrom; daher wird man, wenn es gilt, die Elektrizität mit eigener Maschine herzustellen, stets Gleichstrom nehmen.

Spannung, Stromstärke und Widerstand.

Nun ein zweites! Der elektrische Strom, wie er durch die Leitung läuft, steht unter einem gewissen Druck, man sagt »Spannung«, und zwar hat man dem Einheitsmaße der Spannung die Bezeichnung »Volt« gegeben. Zur Messung der Spannung und Stromstärke dienen zwei Instrumente: das Voltmeter und das Ampèremeter. Man muß sich vorstellen, daß die Elektrizität durch die Leitung vorwärts gepreßt wird, gerade so wie das Wasser durch die Rohrleitung. Und wie der Druck der Wasserleitung in den verschiedenen Städten nicht gleich ist — hier haben wir z. B. 5 oder gar 6 Atmosphären, anderwärts nur 3 Atmosphären — so ist der Druck oder die Spannung der Stromleitung nicht allenthalben dieselbe: viele Zentralen liefern Strom von 110 Volt, manche solchen von 65, 120 oder 150 Volt und häufig beträgt auch die Spannung 220 oder gar 440 Volt.

Die Bogenlampe braucht nun aber zum Betriebe eine Spannung von nur 45 Volt und bei Wechselstrom weniger als etwa 40 Volt; der Ueberschuß an Spannung muß vernichtet werden, weil die Lampe sonst nicht ruhig brennt. Dies geschieht mit Hilfe eines »Widerstandes«, d. h. eines Apparates, der im wesentlichen aus einem Rahmen mit aufgespannten Spiralen aus Eisen- oder Neusilberdraht besteht; dieses Material ist im Gegensatz zu Kupfer ein schlechter Elektrizitäts-Leiter und bietet dem Strom »Widerstand«. Und geradeso wie eine lange, enge Rohrleitung den Druck des fließenden Wassers vermindert, so wird durch den Widerstand die Spannung herabgesetzt, indem der Strom auf dem langen, beschwerlichen Wege sozusagen ermüdet und geschwächt wird.

Außer der Spannung müssen wir auch die Menge der Elektrizität, welche in die Lampe fließen soll, regulieren; von deren Menge, man sagt: »Stromstärke«, hängt nämlich die Helligkeit des Lichtes ab, und zwar brennt die Lampe um so heller, je mehr Strom wir hineinschicken. Es ist nun leicht verständlich, daß die Stromstärke zunimmt, wenn wir den Druck (die Spannung) des Stromes erhöhen, und daß umgekehrt weniger Strom in die Lampe fließen wird, wenn wir die Spannung herabsetzen. Unter welchem Drucke aber die Elektrizität in die Lampe strömt, hängt von der Größe des vorgeschalteten Widerstandes ab: je mehr Widerstand wir einschalten, desto geringer wird die Spannung und desto schwächer infolgedessen auch die Stromstärke. Der Widerstand reguliert mithin gleichzeitig Spannung und Stromstärke. Es verhält sich damit geradeso wie bei der Wasserleitung: wenn man da durch Zudrehen des Hahnes den Druck mindert, so wird gleichzeitig auch die Menge des ausströmenden Wassers geringer.

Die Größe des Widerstandes, der erforderlich ist, damit die Lampe mit einer bestimmten Stromstärke brennt, läßt sich leicht mit Hilfe einer einfachen Regel, des sogenannten Ohm'schen Gesetzes, ermitteln. Dasselbe lautet: Stromstärke = SpannungWiderstand oder anders ausgedrückt: Widerstand = SpannungStromstärke. Wie als Einheitsmaß für die Spannung das »Volt« dient, so hat man als Einheitsmaße für Stromstärke und Widerstand das »Ampère« und das »Ohm« eingeführt, und man kann nun auch sagen: Ohm = VoltAmpère. Dieses Gesetz gilt sowohl für den ganzen Stromkreis, als auch für jeden Teil desselben; an einem Beispiel will ich zeigen, wie man es anwendet. Der von der Zentrale gelieferte Strom habe eine Spannung von 110 Volt, wovon die Lampe, wie oben erwähnt (wenn es sich um Gleichstrom handelt), nur etwa 45 Volt braucht, sodaß 65 Volt durch den Widerstand vernichtet werden müssen; es werde ferner verlangt, daß die Bogenlampe mit einer Stromstärke von 20 Ampères brennt. Da nun diese gleiche Menge Elektrizität durch den ganzen Stromkreis, also auch durch den Widerstand läuft, so haben wir in letzterem eine Stromstärke von 20 Ampères bei 65 Volt Spannung und wir folgern daraus nach der oben angegebenen Regel, daß er folgende Größe haben muß: Widerstand = 6520 = 3,25 Ohm. Würde die Spannung im Leitungsnetze 220 Volt betragen, so muß der Widerstand 175 Volt vernichten und für eine Stromstärke von 20 Ampères die Abmessung: 17520 = 8,75 Ohm haben.

Der Transformator.

Die Verwendung des Widerstandes bringt augenscheinlich einen nicht unerheblichen Stromverlust mit sich; bei einem Netze mit 110 Volt Spannung werden 65 Volt im Widerstand in Wärme umgesetzt und durchschnittlich nur 45 Volt für den Betrieb der Lampe gebraucht, bei 220 Volt verlieren wir 175 Volt, also $^4/_5$, und wenn die Leitung 440 Volt hat, beträgt der Verlust gar 395 Volt oder etwa $^9/_{10}$, sodaß hier also nur $^1/_{10}$ der aufgewandten und bezahlten Elektrizität ausgenutzt wird. Da fragt man sich: gibt es denn kein zweckmäßigeres Mittel als den Widerstand? Ein solches finden wir in einfacher Weise beim Wechselstrom angewandt; es ist der Transformator, welcher die Spannung des Leitungsnetzes auf die erforderliche Voltzahl herabsetzt (reduziert), wobei man einen verhältnismäßig nur geringen Energieverlust hat.

Der Transformator besteht aus einem □-förmigen Eisenkörper, welcher aus einer Reihe sehr dünner Eisenbleche zusammengesetzt ist und der auf seinen beiden langen Schenkeln je eine Kupferdrahtwicklung trägt. Die eine Spule, die sog. Primärwicklung, wird mit dem Leitungsnetz verbunden, während an die Klemmen der zweiten, welche man Sekundärwicklung nennt, die Bogenlampe angeschlossen wird. Der durch die Primäre kreisende

Wechselstrom erzeugt nun in der Sekundären einen Wechselstrom von gleicher »Periodenzahl«, d. h., einen Strom, der die gleiche Anzahl Umkehrungen oder Wechslungen in der Sekunde macht wie der Hauptstrom. Die Periodenzahl, welche bei Bestellung eines Transformators ebenso wie auch die Spannung des Leitungsnetzes angegeben werden muß, beträgt jetzt in der Regel 50 in der Sekunde.

Die Aufgabe des Transformators besteht aber darin, die Voltzahl des Leitungsnetzes zu reduzieren. Damit nun der Sekundärstrom eine niedrigere Spannung erhält, ist es nur erforderlich, der Sekundärspule eine entsprechend kleinere Anzahl von Windungen zu geben als der primären. Von dem Verhältnis der Anzahl Windungen, welche die beiden Spulen haben, hängt es ab, wie stark die Spannung reduziert wird. Es ist dabei zu berücksichtigen, daß die Bogenlampe bei Wechselstrom 35 bis 40 Volt braucht; doch reduziert man die Spannung nicht ganz so tief, denn es ist zweckmäßig, in die Bogenlampenleitung einen kleinen Widerstand einzuschalten, der zur Beruhigung dient und den Spannungsüberschuß vernichtet. Die beigegebene Abbildung Fig. 73 zeigt einen Transformator mit teils durchbrochenem Schutzdeckel; rechts sieht man den Eisenkörper mit den beiden Spulen, links den Beruhigungswiderstand. Man kann einen solchen Transformator auch mit einem regulierbaren Widerstand kombinieren, der eine Änderung der Stromstärke innerhalb mehr oder minder weiten Grenzen gestattet.

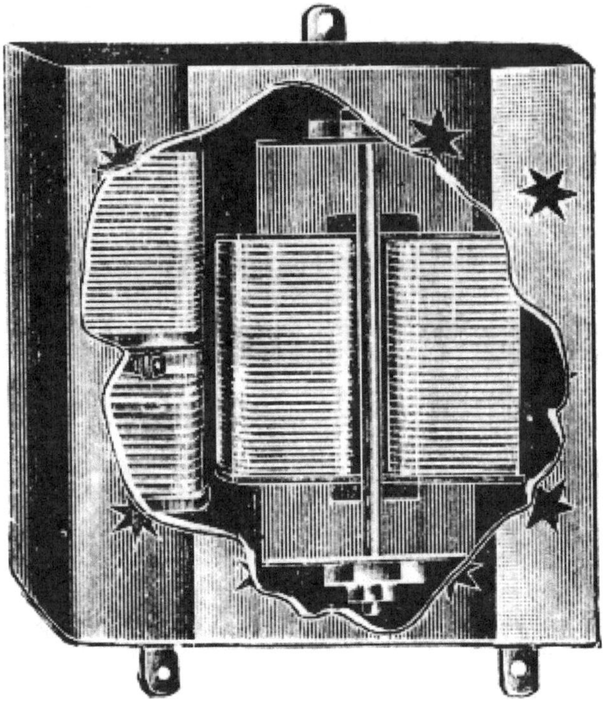

Fig. 73.

Der Energieverlust ist bei Anwendung eines solchen Transformators verhältnismäßig gering; als Vorteil kommt noch hinzu, daß die Lampe hierbei ruhiger brennt, als wenn man mit einem Widerstand arbeitet.

Der Umformer.

Bei Gleichstrom ist der Transformator nicht anwendbar, da die Bedingungen zur Erzeugung eines Induktionsstromes nicht vorhanden sind. Um die Spannung zu reduzieren, muß man hier zu einer anderen Einrichtung greifen, die allerdings komplizierter und teurer ist, jedoch im Betriebe durchaus einfach ist und unter Umständen große Ersparnisse an Strom bringt. Das ist der Motorumformer; er besteht aus einem Elektromotor und einer Dynamomaschine. Die beiden Maschinen sind direkt gekuppelt; der Elektromotor, der an das Leitungsnetz angeschlossen wird, treibt den Dynamo an, und dieser liefert nun einen Strom von 65 bis 70 Volt Spannung zur Speisung der Bogenlampe. Auch hier wird in die Bogenlampenleitung ein kleiner Beruhigungswiderstand eingeschaltet, der kleine Schwankungen in der Spannung ausgleicht und die überschüssigen Volts vernichtet. Es liegt auf der Hand, daß man bei einer solchen Einrichtung mit einem Kraftverlust zu rechnen hat; dieser beträgt etwa 40%. Neuerdings hat man eine rationellere Konstruktion geschaffen, den Einanker- oder Sparumformer, bei dem sich der Verlust nur auf 25 bis 30% beläuft. Dieser Umformer enthält Elektromotor und Umformer in einer einzigen Maschine, indem die beiden Wicklungen auf einem Anker untergebracht sind. Doch geben die aus zwei gekuppelten Maschinen bestehenden Umformer eine feinstufigere Spannungsregulierung.

Der Wechselstrom gestattet, wie wir oben sahen, unter Anwendung des Transformators in sehr einfacher Weise die Spannung in der gewünschten Weise zu reduzieren. Aber es darf nicht verschwiegen werden, daß Wechselstrom zum Betriebe der Projektionsbogenlampe viel unvorteilhafter ist als Gleichstrom; selbst wenn man die Stromstärke in entsprechender Weise erhöht, bekommt man nicht das schöne, gleichmäßig ruhige Licht, wie es die andere Stromart gestattet. Daher wird auch für Wechselstrom die Anwendung eines Umformers empfohlen und zwar eines Motorumformers, der Gleichstrom von herabgesetzter Spannung liefert. Eine solche Einrichtung besteht aus einem Wechselstrom-Elektromotor und einem direkt damit gekuppelten Gleichstromdynamo. Der Umformer kommt natürlich nur für stationäre Anlagen in Betracht; ein Wanderunternehmer, der den Strom heute hier, morgen dort entnimmt und mit immer wechselnden Stromarten und Spannungen zu tun hat, muß darauf verzichten. Ferner kann die Beschaffung des Umformers nur dort lohnend sein, wo der Stromverbrauch ein entsprechend großer ist, wie in einem Kinematographen-Theater; es liegt auf der Hand, daß beispielsweise ein Verein, der seinen Apparat etwa alle paar Wochen einmal braucht, nicht rund tausend Mark für eine derartige Einrichtung ausgeben wird, um dadurch im Jahre ein paar Mark an Strom zu sparen.

Wie steht es nun mit der Ersparnis, die ein Umformer bei ständigen Betrieben zu geben vermag? Die Höhe derselben kann man nach den folgenden Ausführungen leicht selbst überschlagen. Es ist dabei zu berücksichtigen, daß man bei der Umformung von Wechselstrom in Gleichstrom einen weiteren beträchtlichen Gewinn insofern hat, als man bei Gleichstrom mit einer wesentlich niedrigeren Stromstärke auskommt.

Der Verbrauch an Elektrizität wird von der Stadt oder der Gesellschaft, welche den Strom liefert, mittels eines »Zählers« festgestellt, und zwar nach »Watts« gemessen, in der Regel aber in »Kilowatts«, das sind tausend Watts, ausgedrückt. Der Preis für den Strom ist verschieden; man bezahlt meist pro Stunde 40 bis 60 Pfennige für das Kilowatt. Es läßt sich nun aber auch ohne Zähler durch bloße Rechnung leicht überschlagen, wieviel Strom die Einrichtung verbraucht; das Watt ist nämlich gleich Volt mal Ampère. Wir brauchen also nur die Spannung der Leitung mit der Stromstärke zu multiplizieren, um die Watts zu bekommen und zu ermitteln, was der Betrieb kosten wird. Haben wir beispielsweise unsere Bogenlampe unter Vorschaltung eines Widerstandes an ein Netz von 110 Volt angeschlossen und entnehmen eine Stromstärke von 20 Ampères, so verbrauchen wir 20 mal 110 = 2200 Watt = 2,2 Kilowatt, und wenn die Kilowattstunde wie in Düsseldorf 45 Pfennige kostet, wird sich der Betrieb der Lampe pro Stunde auf 99 Pfennige stellen. Arbeiten wir mit 30 Ampères, so haben wir pro Stunde mit einer Auslage 3,3 mal 45 = Mk. 1,48 zu rechnen. Die Kosten nehmen bei höherer Spannung im gleichen Verhältnis zu, und hier zeigt sich der durch den Widerstand bedingte Verlust, von dem ich oben bereits sprach, in Mark und Pfennigen ausgedrückt, noch eindringlicher. So ist der Stromverbrauch bei einer Spannung von 220 Volt und einer Stromstärke von 20 Ampères gleich 20 mal 220 = 4400 Watt oder 4,4 Kilowatt, die bei dem oben angeführten Düsseldorfer Preis pro Stunde Mk. 1,98 kosten, während sich der Betrieb bei einem Anschluß an 440 Volt bei gleicher Stromstärke pro Stunde gar auf Mk. 3,96 stellt.

Auf Grund solcher Rechnungen ist es leicht festzustellen, ob sich die Beschaffung eines Umformers lohnt. Nehmen wir einmal den letzterwähnten Fall an, wonach wir mit einer Stromleitung von 440 Volt zu tun hätten und zur Darstellung der Lichtbilder eine Stromstärke von 20 Ampères brauchten. Wenn wir nun einen Motorumformer in Anwendung bringen, der die Spannung auf 70 Volt reduziert, so hat er der Lampe 20 mal 70 gleich 1400 Watt oder 1,4 Kilowatt zu liefern. Dazu muß der Umformer aber der Leitung eine größere Strommenge entnehmen, denn, wie wir gehört haben, schluckt er selbst ein gewisses Quantum. Setzen wir diesen Stromverlust auf 40% an, was einem »Wirkungsgrad« von 60% entspricht, so finden wir die Gesamtentnahme, indem wir die oben gefundene Kilowatt-Zahl mit 10060 multiplizieren; sie wird also 1,4 × 10060 = 2,3 Kilowatt betragen und bei einem Preise von 45 Pfg. eine stündliche Auslage von Mk. 1,03 verursachen. Dem steht nach meiner vorherigen Auseinandersetzung ein Betrag von Mk. 3,96 gegenüber, wenn man unter den gleichen Verhältnissen mit einem Widerstand arbeitet. Die Ersparnis bei Anwendung des Umformers beträgt also in diesem Falle pro Stunde nicht weniger als Mk. 3,15, sodaß bei ständigem Betriebe nicht nur die Kosten einer solchen Maschine bald aufgebracht sind, sondern auf die Zeit ein beträchtlicher Überschuß bleibt. Zur genauen Durchführung dieses Rechenexempels sind übrigens noch die Beleuchtungslampen zu berücksichtigen, die in den Stromkreis des Umformers eingeschaltet sind. Bei Anwendung eines Einanker-Umformers, der einen Wirkungsgrad von 70 bis 75% hat, ist der Gewinn noch entsprechend größer.

Die Spannung des Gleichstromes, welchen der Umformer liefert, sollte nicht zu niedrig bemessen sein. Die Bogenlampe braucht zwar durchschnittlich nur 45 Volt; aber man muß wie gesagt auch einen gewissen Ueberschuß an

Volts vorsehen, der durch einen Widerstand zu vernichten ist. Die gelieferte Spannung sollte mindestens 65 Volt betragen, besser noch etwas mehr. Wenn die Spannung nämlich geringer ist, so hat man bei der Regulierung der Bogenlampen einen zu kleinen Spielraum: man muß den Lichtbogen auf der richtigen Länge halten und dazu häufig nachregulieren, sonst löscht die Lampe aus. Je höher die zur Verfügung stehende Spannung ist, desto länger kann der Lichtbogen werden.

Bedienungsvorschriften werden den Maschinen von seiten der Fabriken beigegeben; es ist darauf zu achten, daß die Anschlüsse genau nach Angabe gemacht werden. Der Anlasser muß stets völlig eingeschaltet werden; er darf nicht auf einem Zwischenkontakt stehen bleiben. Andererseits muß zum Abstellen der Maschine das Ausschalten des Anlassers rasch erfolgen. Eine gute Wartung der Maschine, insbesondere gehörige Pflege des Kollektors ist dringend geboten.

Der Quecksilberdampf-Gleichrichter.

In neuerer Zeit ist ein Apparat in den Handel gebracht worden, der es ermöglicht, ohne Anwendung rotierender Teile Wechselstrom in Gleichstrom zu verwandeln: es ist der Quecksilberdampf-Gleichrichter. Das Prinzip des Apparates beruht auf der Erscheinung, daß ein mit Quecksilberdampf gefülltes, luftleeres Glasgefäß, welches Elektroden aus Quecksilber und aus Graphit oder Eisen besitzt (deren erstere, die »Kathode« beim Betriebe heiß sein muß im Vergleich zur letzteren, der »Anode«), den Strom nur in der Richtung vom Graphit (Anode) zum Quecksilber (Kathode) durchläßt. Die Anode wirkt somit wie ein einseitiges Ventil.

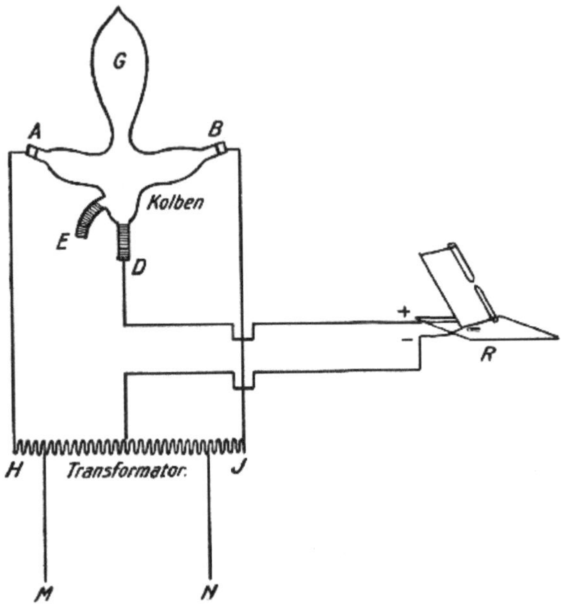

Fig. 74.

Die Anordnung und Anwendungsweise soll Fig. 74 veranschaulichen. Das Glasgefäß, das man als den wesentlichen Teil des Apparates »Gleichrichterkolben« nennt, ist mit 2 Anoden A und B aus Graphit oder Eisen versehen. Außer der eigentlichen Arbeits-Kathode D besitzt der Kolben noch eine kleine Hilfskathode E, die wie erstere ebenfalls aus Quecksilber besteht und die zum Inbetriebsetzen gebraucht wird. Der obere Teil G des Gefäßes wirkt als Kühlkammer. H J ist ein Transformator, der gleichzeitig die Spannung des Netzes auf die erforderliche Gebrauchsspannung herabsetzt. Der Wechselstrom wird bei M und N in den Transformator eingeführt; dessen Enden sind mit den beiden Anoden A und B verbunden, während von der Mitte des Transformators eine Leitung zum Arbeitsfelde — Bogenlampe R — und von dort zur Kathode D führt. Die Stromstöße, die im Transformator einmal in dieser, dann in entgegengesetzter Richtung verlaufen, werden nun abwechselnd über die Anoden A und B durch den Kolben zur Kathode D und weiter durch die Bogenlampe befördert, sodaß wir in der Arbeitsleitung stets gleichgerichteten Strom haben. Um diesen Strom während des Verlaufes der Periode auf annähernd konstantem Wert zu erhalten, wird in den Gleichstromkreis noch eine Induktionsspule eingeschaltet; sie ist in der Figur der Übersicht halber fortgelassen. Bei der für Drehstrom bestimmten Anordnung besitzt der Gleichrichterkolben drei Anoden.

Die Abbildungen Figur 75 und 76 zeigen Vorder- und Rückansicht des Apparates. Der untere Teil enthält den Transformator mit Ausgleichspule, oben sehen wir eine Marmorschalttafel, die vorne die erforderlichen Spulen für die selbsttätige Einschaltung des Apparates sowie eine Sicherung besitzt, während auf der Rückseite der Gleichrichter-Kolben sitzt. Zur Inbetriebsetzung muß erst ein Stromübergang im Kolben herbeigeführt werden. Dies geschieht mittels der Quecksilberkathode E und zwar in der Weise, daß man den Kolben, der an einem schwenkbaren Halter angebracht ist, leicht schüttelt, wobei das Quecksilber der beiden Kathoden in Berührung kommt, um dann einen kleinen Lichtbogen zustande zu bringen, der den im Ruhezustande herrschenden hohen Widerstand überwindet.

Fig. 75. Quecksilberdampf-Gleichrichter. Fig. 76.

Der Gleichrichter arbeitet geräuschlos und bedarf beim Betriebe keiner Wartung. Der Kolben ist der Abnutzung unterworfen; sein Preis stellt sich auf 130.— Mk. bis 170 Mk., doch wird die Lebensdauer auf mindestens 600 Stunden angegeben. Die Rentabilität des Apparates, der komplett bei einer Leistung von 30 Ampères für Anschluß an Wechselstrom 500 Mk., für Drehstrom 640 Mk. kostet, gestaltet sich unter Berücksichtigung des Kolbenersatzes recht günstig.

Lichtmaschinen.

Die größeren Reiseunternehmen sind in der Regel mit einer Maschine zur Selbsterzeugung von elektrischem Starkstrom ausgerüstet. Eine solche Einrichtung besteht aus einem Petrol-, Benzin- oder Spiritusmotor und einem Dynamo, der je nach der Konstruktionsart von dem Motor mittels Riemen angetrieben wird oder mit ihm direkt gekuppelt ist, wie es Fig. 77 veranschaulicht. Auch Lokomobilen kommen hier als Kraftmaschinen vielfach zur Anwendung. Man nimmt selbstverständlich ein Gleichstromdynamo, da ja Wechselstrom zum Betriebe der Lampe weniger geeignet ist, und zwar am besten mit einer Spannung von 65 oder 70 Volt; eine höhere Spannung, wie z. B. 110 Volt, ist unrentabel, denn sie bedingt einen größeren Stromverbrauch und damit sowohl eine größere Maschine als auch höhere Betriebskosten. Die elektrische Anlage dient gleichzeitig dazu, die Fassade des Theaters und das Innere zu beleuchten; außer der Projektionslampe ist also noch eine Reihe Glühlampen und Bogenlampen mit Strom zu versorgen und von deren Anzahl hängt die erforderliche Stärke der Lichtmaschine ab. Zum bequemen Transport wird die ganze Ausrüstung auf einen Wagen montiert.

Fig. 77.

Die Bogenlampe.

Wie oben erwähnt, geschieht die Darstellung des Bogenlichtes mittels der Bogenlampe in der Weise, daß der Strom zwischen zwei Kohlenspitzen überspringt, wobei sich ein Lichtbogen bildet und die Kohlenspitzen in intensive Weißglut versetzt werden. Die Kohlenstifte brennen dabei allmählich ab, und da der Abstand der Spitzen aufrecht erhalten werden muß, ist ein Nachschieben derselben erforderlich. Bei »automatischen«

Bogenlampen erfolgt dieser Nachschub selbsttätig durch einen Mechanismus, während man bei »Handregulations-Lampen« die Kohlen mit der Hand nachstellt.

Wenn man nun die Wirkungsweise des Bogenlichtes bei den verschiedenen Stromarten betrachtet, so zeigt sich zunächst bei Gleichstrom, daß diejenige Kohle, in welche man den Strom hineinführt und die man als »positive« Kohle bezeichnet, doppelt so rasch abbrennt als die andere »negative«. Ferner bildet sich an der positiven Kohle dort, wo der Funkenstrom ansetzt, eine Aushöhlung, ein »Krater«, während gegenüber an der negativen Kohle eine Spitze entsteht. Von diesem Krater nun geht die Hauptmenge des Lichtes aus; die Intensität des Flammbogens und der negativen Kohle kommen dagegen kaum in Betracht. Den Krater haben wir daher als eigentliche Lichtquelle anzusehen. Der Krater wirkt sozusagen wie ein Reflektor und wirft die Strahlen in Form eines Kegels; da dies für unsern Zweck recht vorteilhaft ist, wird die positive Kohle zur Förderung der Kraterbildung mit einem »Docht« aus weichem Material, welches schneller abbrennt, versehen. Man nennt diese Kohlen »Dochtkohlen«, die gewöhnliche Sorte dagegen »Homogenkohlen.«

Es ist nun leicht ersichtlich, daß bei der gewöhnlichen Anordnung, wo die beiden Kohlen senkrecht übereinander stehen, und zwar die positive oben, der Lichtkegel nach unten fallen wird. Während diese Anordnung für Straßenbeleuchtung beispielsweise recht zweckdienlich ist, kommt es für den Projektionsapparat vielmehr darauf an, daß die Lichtstrahlen nach vorne, gegen den Kondensor, geworfen werden. Daher gibt man hier den Kohlen die in Fig. 78 angedeutete schräge Stellung; die untere, negative Kohle schiebt man dabei etwas gegen die obere vor, damit der Krater nach vorne zu gebildet wird. Wie die Abbildung ebenfalls zeigt, nimmt man die obere Kohle dicker, wodurch man ein gleichmäßiges Abbrennen beider Stifte erzielt.

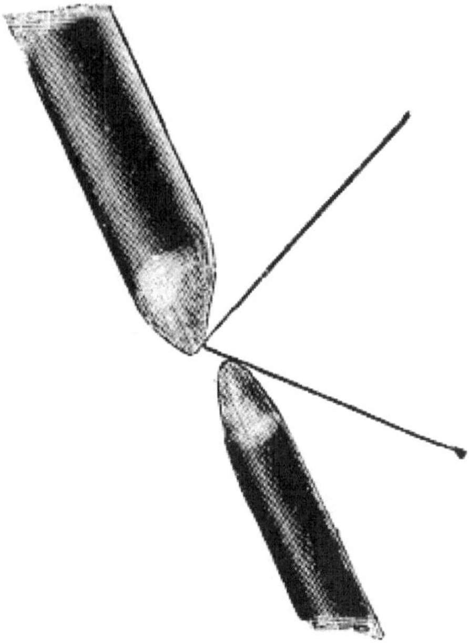

Fig. 78.

Beim Wechselstrom liegt die Sache anders. Hier kann man von einer positiven und negativen Kohle nicht sprechen, da die Stromrichtung ja fortwährend wechselt. Der Abbrand beider Kohlen ist derselbe, man verwendet daher gleich starke Kohlenstifte, und zwar nimmt man sowohl oben wie unten Dochtkohlen, in deren Spitzen sich Krater bilden. Mit der Ausnutzung des Lichtes ist es beim Wechselstrom nun schlecht bestellt; denn das Licht ist hier in zwei gleich helle Kegel geteilt, die von den beiden Kratern ausgehen. Stellt man die Kohlen senkrecht übereinander, und dies ist eine viel gebrauchte Anordnung, so fällt der eine Lichtkegel nach oben und der andere nach unten, sodaß der Kondensor von beiden nur einen Teil auffängt. Bringt man die Kohlen andererseits in sehr schräge Stellung, so arbeitet der Strahlenkegel der oberen Kohle direkt gegen den Kondensor und wird voll ausgenutzt, während aber das Licht der unteren Kohle ganz verloren geht. Eine etwas bessere Ausnutzung sucht man zuweilen dadurch zu erzielen, daß man exzentrisch gebohrte Dochtkohlen verwendet, bei denen der Docht außerhalb der Mitte angeordnet ist. Diese spannt man, senkrecht übereinander, derart ein, daß die Dochte dem Kondensor zugekehrt sind; die Krater bilden sich alsdann an dieser Seite und werfen mehr Licht nach vorne. Eine unangenehme Beigabe des Wechselstromes ist das Summen der Lampe, das namentlich bei hoher Stromstärke störend wirkt.

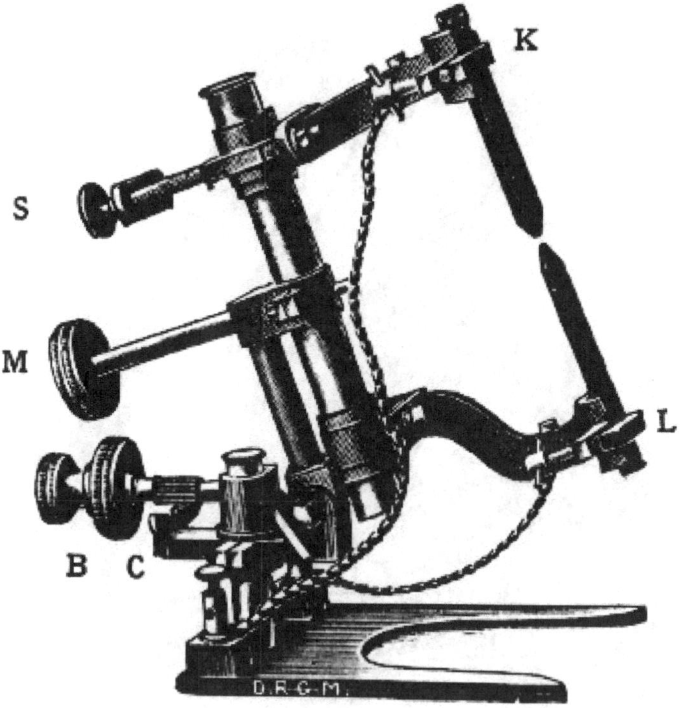

Fig. 79.

Die Bogenlampen teilt man, wie bereits bemerkt, in automatische und solche mit Handeinstellung. Die letzteren werden für Projektionszwecke in der Regel vorgezogen; denn abgesehen davon, daß sie sicherer und zuverlässiger funktionieren und sich leichter zentrieren lassen, kann man bei ihnen die Stromstärke und damit auch die Helligkeit innerhalb weiter Grenzen verändern. Um Vorurteilen Unkundiger zu begegnen, sei bemerkt, daß die Einstellung mit der Hand keinerlei Schwierigkeiten, Gefahren oder Mühen mit sich bringt, ja daß der Vorführer den kleinen Handgriff, der alle paar Minuten zu erfolgen hat, nach kurzer Übung sozusagen »automatisch« besorgt. Wo eine automatische Bogenlampe verwandt werden soll, ist großer Wert auf ein gediegenes und zuverlässig arbeitendes Modell zu legen; denn billige Lampen dieser Art erfordern erfahrungsgemäß oft mehr Nachhilfe mit der Hand als die Handregulierlampen.

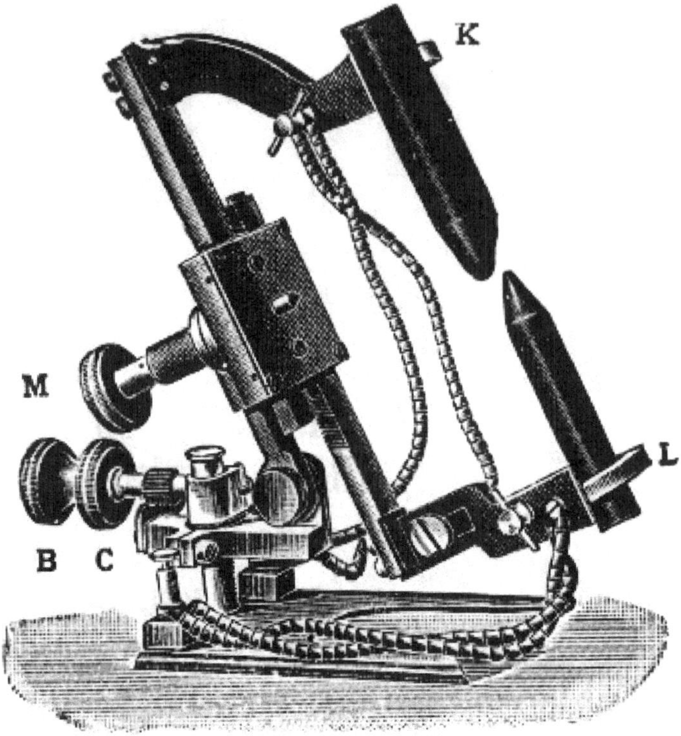

Fig. 80.

Eine Bogenlampe für Handeinstellung ist in der beigegebenen Abbildung Fig. 79 zur Darstellung gebracht. K und L sind die Halter, in welche die Kohlenstifte eingespannt werden. Der große Trieb M dient zur Nachstellung der Kohlen, während der Spindeltrieb S gestattet, die obere Kohle vor und zurück zu bringen und so einzuregulieren, daß der Lichtkegel schön gegen den Kondensor fällt. Ferner sind zwei auf einer und derselben Achse vereinigte Triebvorrichtungen zur Zentrierung der Lampe vorgesehen: der Trieb B zur Einstellung der Höhe und der Trieb C zur Regulierung der seitlichen Richtung. Unten hat die Lampe ein Gelenk mit Feststellschraube, sodaß man sie für Gleichstrom schräg legen (wie in der Figur) sowie zur Verwendung mit Wechselstrom senkrecht stellen kann. Am Fuße sind zwei Polklemmen zur Befestigung der Zuleitungsdrähte angebracht. Während diese Lampe in zwei Modellen gefertigt wird, die für Stromstärken bis zu 25 Ampères und darüber verwendbar sind, zeigt die nächste Abbildung (Fig. 80) eine besonders stark gebaute Konstruktion, die besonders zum Arbeiten mit hohen Ampèrezahlen bestimmt ist. Wir finden hier dieselbe Zentriervorrichtung mit zwei Trieben B und C, sowie auch den Trieb M für die Nachstellung der Kohlen und das Gelenk zum Umlegen; die

Kohlenhalter K und L entsprechen ebenfalls denen der anderen Lampe. Ein anderer Lampentypus, der in Amerika schon lange heimisch ist und sich bei uns einbürgert, weist eine wagerecht angeordnete Oberkohle auf, während die untere Kohle senkrecht steht wie in Fig. 81 oder schräg nach unten gerichtet ist. Die Nachstellung der Kohlen geschieht durch einen Trieb M. Bei Anwendung von Gleichstrom sitzt die positive Dochtkohle oben; der Krater erhält bei richtiger Anordnung beider Kohlen eine sehr günstige Lage und wirft sein Licht direkt gegen den Kondensor. Es ist beim Betriebe darauf zu achten, daß die Kohlenspitzen ihre richtige Stellung zueinander (obere Kohle etwas zurück gegen die untere) nicht verlieren. Brennt nämlich die untere Kohle etwas zu stark ab, so schiebt sich die obere allmählich zu weit vor und der Krater kommt nach unten; brennt umgekehrt die obere zu rasch ab, so stellt sich die untere Kohle nach und nach zu hoch und sie wirft dann Schatten. Damit man in solchen Fällen die Einstellung rasch korrigieren kann, ist die Lampe mit einer Vorrichtung versehen, mittels der sich die obere Kohle allein regulieren läßt; bei Fig. 81 wird dazu der Hebel H umgelegt, worauf der Trieb M die untere Kohle nicht mitbewegt. Die Triebe B und C dienen wiederum zum Zentrieren des Lichtpunktes.

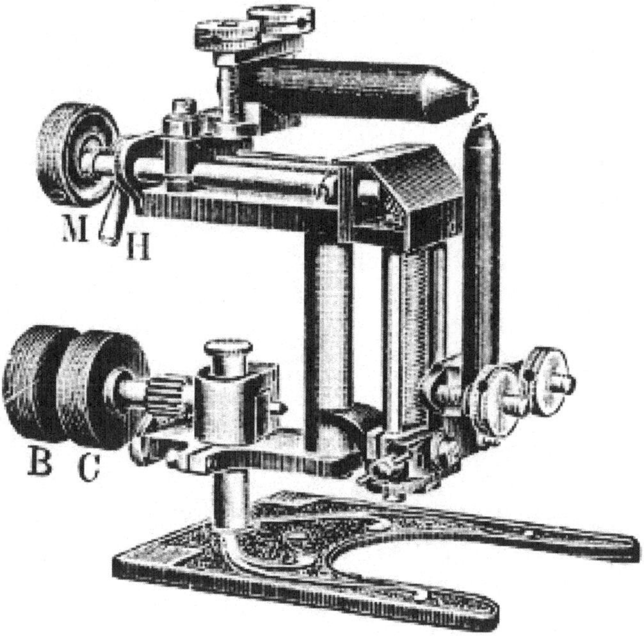

Fig. 81.

Diese Lampenform eignet sich vornehmlich für Stromstärken bis zu 30 Ampères; sie gibt auch mit Wechselstrom gute Resultate. Der Spannungsverbrauch ist hier höher als bei der anderen Lampenform (Fig. 79

u. 80) und man tut gut, bei Wechselstromnetzen mit 110 oder 120 Volt Spannung direkt mit Widerstand ohne Transformator zu arbeiten.

Der Widerstand.

Widerstände werden in verschiedenen Ausführungen angefertigt. Die Widerstände in Rollenform, die bei elektrischen Anlagen (Straßen-, Saalbeleuchtung etc.) zur Anwendung kommen, sind für unsere Zwecke meist zu schwach, indem dort stets zwei oder noch mehr Bogenlampen hintereinander brennen und mithin eine wesentlich geringere Spannung zu vernichten ist als bei Einschaltung einer einzigen Lampe. Wie man die Größe des Widerstandes, also seine »Ohmzahl«, berechnet, wurde oben ausgeführt. Es sei noch bemerkt, daß die darin »vernichtete« Elektrizität in Wärme umgewandelt wird; damit nun die Erhitzung der Drähte nicht eine zu starke wird und diese nicht zum Glühen kommen oder gar durchbrennen, müssen sie der Stromstärke entsprechend stark gewählt sein. Daher darf auch nicht ein für niedrige Stromstärke bestimmter Widerstand für eine hohe Ampèrezahl verwendet werden. Recht zweckmässig ist ein regulierbarer Widerstand, wie ihn z. B. die Abbildung Fig. 82 zeigt. Durch Drehen der Kurbel kann man Drahtspiralen ein- und ausschalten und dadurch die Stromstärke verändern; bei dieser Anordnung hat man es also in der Hand, den Bildern je nach Bedarf mehr oder weniger Licht zu geben. Das ist beispielsweise auch eine große Annehmlichkeit, wenn man zwischen den Films stehende Lichtbilder zeigt, die weniger Licht brauchen. Für Wanderunternehmungen, die immer mit verschiedenen Stromverhältnissen zu tun haben, empfiehlt sich die Beschaffung eines Universalwiderstandes, der auf verschiedene Netzspannungen gerichtet ist und beispielsweise einen Spielraum von 65 bis zu 250 Volt bietet.

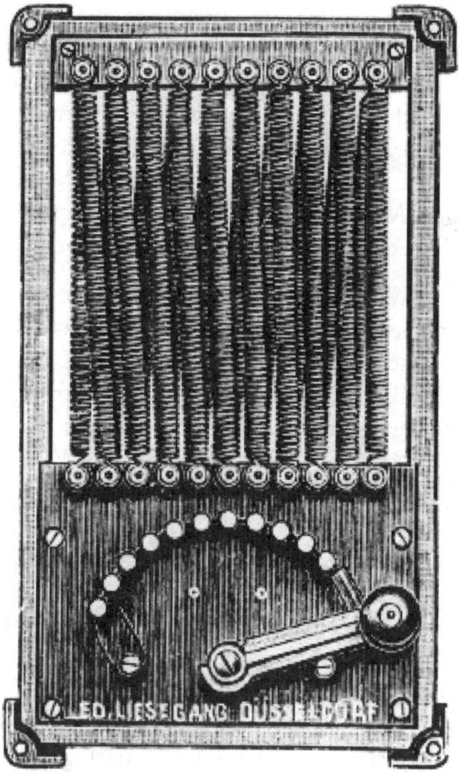

Fig. 82.

Der Widerstand muß von Zeit zu Zeit daraufhin nachgesehen werden, ob die Kontakte sauber und die Drahtspiralen fest angezogen sind.

Zuleitung und Sicherung.

Der Anschluß an die elektrische Leitung muß an einer Stelle geschehen, wo der Draht hinreichend stark ist, sodaß dort die genügende Anzahl Ampères entnommen werden kann. Als Anhalt mag dienen, daß man die Leitungsdrähte in folgender Weise beanspruchen darf: solche von 1,8 mm Durchmesser bis zu 10 Ampères, von 2,3 mm bis zu 15 Ampères, von 2,8 mm bis zu 20 Ampères, und solche von 3,6 mm Durchmesser bis zu 30 Ampères. Dabei ist ferner zu berücksichtigen, daß sowohl für die Hauptleitung wie auch für jede Zweigleitung auf der Schalttafel eine Sicherung vorgesehen ist, die zum Schutze der Leitung dient. Wenn nämlich einmal durch Unvorsicht zwei blanke Stellen der Drähte in Berührung kommen oder durch einen Metall-Gegenstand verbunden werden — der Techniker nennt das »Kurzschluß« — so wird infolge des geringeren Widerstandes plötzlich ein starker Strom durch die Leitung fließen, der bei andauerndem Kurzschluß den Draht übermäßig erhitzen und durchbrennen würde. Die Sicherung nun besteht aus einem Stück Blei- oder Silberdraht, der bei einer bestimmten Stromstärke durchschmilzt und dadurch den Strom öffnet, und zwar wird die Sicherung der Stärke der Leitung so angepaßt, daß eine Überbelastung der letzteren unmöglich gemacht ist. Die Ampèrezahl, welche die Sicherung durchläßt, ist darauf aufgeschlagen. Man braucht also nur die Sicherung nachzusehen, um festzustellen, ob die betreffende Leitung für den Anschluß stark genug ist.

Bei Gleichstrom und Wechselstrom hat man mit einer Zuleitung zu tun, die aus zwei Drähten besteht; an diese wird einfach angeschlossen. Bei Drehstrom (Mehrphasenstrom) gibt es hingegen drei Drähte, an deren zwei man anschließen muß, um einphasigen Wechselstrom zum Betrieb der Bogenlampe zu erhalten. Man setzt sich dieserhalb mit dem Elektrizitätswerk oder einem Elektrotechniker in Verbindung. Es kommt auch vor, daß Gleichstrom drei Leitungen besitzt; wir haben dann das sogenannte Dreileitersystem. Hier werden ebenfalls zum Anschließen nur zwei Drähte benutzt: Die Verwendung beider »Außenleiter« gibt die normale hohe Spannung des Netzes, z. B. 220 Volt, während der Anschluß an einen der Außenleiter und den »Innenleiter« (Nullpol) die Hälfte der Spannung, im obigen Beispiele also 110 Volt, liefert. Man wird wenn irgend möglich die letztere Anschlußweite benutzen; jedoch schreiben die Elektrizitätswerke in der Regel für Entnahme hoher Stromstärken die Benutzung der beiden Außenleiter vor, da sonst eine zu starke und einseitige Belastung des Netzes eintreten kann.

Die Schalttafel.

Bei ständigen Einrichtungen wird für den Apparat eine besondere Schalttafel angelegt, worauf der Widerstand bezw. Transformator, eine Sicherung, ein Ausschalter und ein Stöpselkontakt montiert sind; letzterer dient zum Anschluß der Lampe. Zur Vervollständigung bringt man zuweilen noch ein Ampèremeter und ein Voltmeter darauf an, zwei Instrumente, welche Stromstärke bezw. Spannung anzeigen. Für Kinematographen-Theater ist die Benutzung eines Ampèremeters zu empfehlen. Die Anordnung einer solchen Schalttafel mit daran angeschlossener Bogenlampe zeigt die beigegebene Abbildung (Fig. 83). Die Drahtleitung von der Schalttafel zur Bogenlampe muß entsprechend stark sein; in der Regel benutzt man dazu eine verflochtene Doppelschnurleitung. Ist die Lampe nicht in der Nähe der Schalttafel, so empfiehlt es sich, beim Apparat noch einen Ausschalter anzubringen.

Fig. 83.

Der Widerstand wird vielfach auch getrennt von der Schalttafel aufgestellt; es wird dann zweckmäßig auf der Tafel die Reguliervorrichtung angebracht, denn diese muß der Vorführer zur Hand haben. Man stelle den Widerstand, der beim Betriebe warm wird, nicht an einer Stelle auf, wo die Films damit in Berührung kommen könnten; auf jeden Fall muß er zum Schutze mit einem durchbrochenen Blech überdeckt sein. Man befolge ferner nicht die gelegentlich gemachte Empfehlung, den Widerstand draußen am Hauskamin, oben über dem Dache, anzubringen. Dieser Apparat sollte vielmehr an einen trocknen Ort kommen. Besser ist der Vorschlag, ihn (wenigstens im Winter) an einer Stelle unterzubringen, wo er mit seiner Wärme als Ersatz für einen Ofen dienen kann.

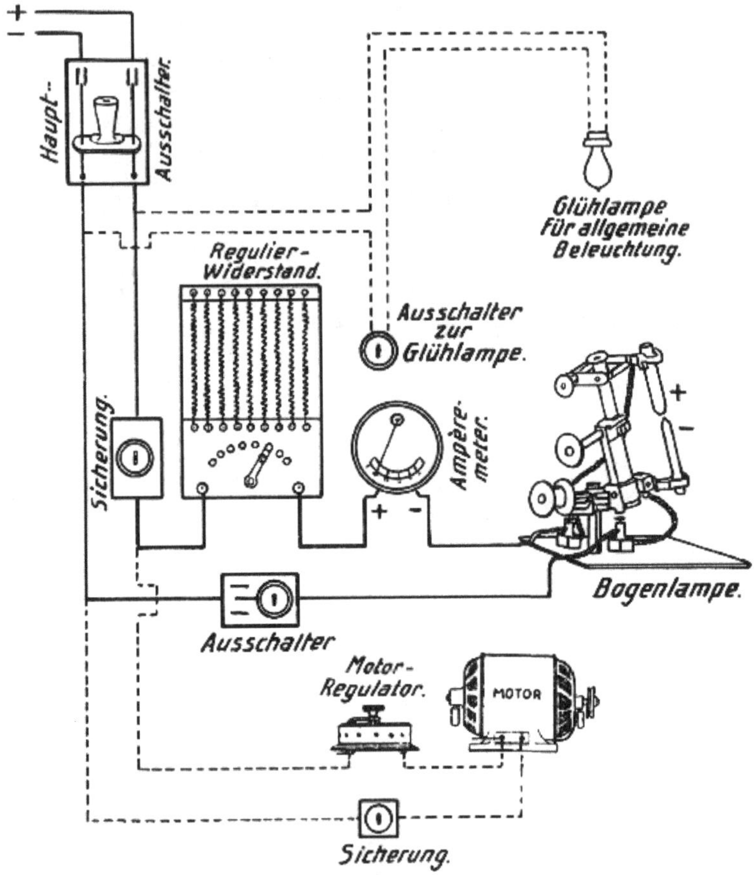

Fig. 83a.

Ein vollständiges Schema für den Anschluß zeigt Fig. 83a. Wir sehen da oben links einen Hauptausschalter, der gewissermaßen den ganzen Betrieb beherrscht. Von dort geht eine kräftige Leitung, welche Sicherung, Widerstand und auf der anderen Seite einen Ausschalter passiert, zur Bogenlampe. Eine punktierte Abzweigung speist eine Glühlampe zur allgemeinen Beleuchtung und eine zweite den Motor, welcher zum Antriebe des Kinematograph-Werkes

dienen soll; der Motor besitzt einen Regulator und er ist für sich gesichert.

Stromstärke und Helligkeit.

Wer die Anlage einer Bogenlampen-Einrichtung plant, muß sich darüber klar werden, welche Stromstärke er braucht, um zufriedenstellend helle Lichtbilder zu erzielen. Da mag zunächst die folgende Tabelle einen Anhalt bieten, worin die Lichtstärke in Normalkerzen bei verschiedenen

Stromstärken angegeben ist; die Helligkeit schwankt etwas mit der Qualität und Stärke der Kohlenstifte.

Ampères	3	4	6	8	10
Lichtstärke ca.	270	370	600	850	1100
Ampères	12	15	20	25	30
Lichtstärke ca.	1400	2000	5000	10000	15000

Aus dieser Tabelle kann man allerdings nicht ablesen, welche Ampèrezahl nun erforderlich ist, wenn es beispielsweise gilt, ein 3 Meter großes Lichtbild in einem 15 Meter langen Raum zu werfen. Da muß man schon die praktische Erfahrung reden lassen und die sagt folgendes. Angenommen, daß der Apparat an dem einen Ende des Saales steht und die Bilder über die Zuschauer hinweg zur andern Seite wirft und das Lichtbild in einer dem Räume entsprechenden Größe gehalten wird, muß man pro Meter Distanz mit je anderthalb Ampère Stromstärke rechnen; bei 20 Meter Entfernung kämen also z. B. 30 Ampères heraus. Diese Regel soll natürlich nur einen ungefähren Anhalt bieten; sie gilt ferner nur für Gleichstrom. Bei Wechselstrom, wo die Lichtausnutzung ja wesentlich schlechter ist, muß man eine mindestens um die Hälfte größere Ampèrezahl nehmen.

Die Kohlenstifte.

Über die Kohlenstifte ist folgendes zu bemerken. Um ein schönes, ruhiges Licht zu erzielen, muß man vor allem gutes oder lieber das beste Kohlenmaterial verwenden. Da ist es falsch, einige Pfennige zu sparen und eine billigere Sorte zu kaufen. Minderwertige Kohlen schlacken, machen durch ihre Verunreinigungen den Bogen unruhig und geben ein flackerndes Licht. Gute Kohlen haben einen metallischen Klang und sind ökonomisch, indem sie bei mäßigem Abbrand eine gute Lichtausbeute geben.

Wie oben bereits ausgeführt, kommen bei Gleichstrom zwei Kohlenstifte verschiedener Art und verschiedener Stärke zur Verwendung, und zwar benutzt man für die positive Seite eine Dochtkohle und für die negative eine Homogenkohle, welch' letztere $^2/_3$ so dick wie die Dochtkohle ist. Bei Wechselstrom braucht man oben und unten gleich dicke Dochtkohlen.

Die Dicke der Kohlenstifte richtet sich nach der Stromstärke; für Projektionszwecke habe ich die folgenden Abmessungen als zweckmäßig befunden:

Stromstärke in Ampères	für Gleichstrom positive Dochtkohle		negative Homogenkohle		für Wechselstrom beide Dochtkohlen	
5	9	mm	6	mm	9	mm
10	12	„	8	„	12	„
15	15	„	10	„	15	„
20	18	„	12	„	18	„
30	21	„	14	„	21	„
40	24	„	16	„	24	„
50	27	„	18	„	27	„
60	30	„	20	„	30	„

Dünnere Kohlenstifte liefern erfahrungsgemäß ein helleres Licht, aber sie brennen rascher ab; bei zu geringem Durchmesser brennen sie unruhig und zischen. Das Material spielt dabei eine große Rolle. Weiche Kohlen, welche mehr Ruß enthalten, geben mehr Licht und brennen schneller ab als die harten, mehr Graphit enthaltenden Sorten.

Bei der in Fig. 81 dargestellten Bogenlampenform mit wagerecht angeordneter Oberkohle empfiehlt es sich, Kohlenstifte von geringerem Durchmesser zu benutzen, z. B. für 20 Ampères 15 mm Dochtkohlen und 10 mm Homogenkohlen, bei 25 bis 30 Ampères 18 mm Dochtkohlen und 12 mm Homogenkohlen. Nimmt man Dochtkohlen mit Metalldocht, so kann die Stärke noch etwas geringer sein.

Handhabung der Bogenlampe.

Um die Bogenlampe in Betrieb zu nehmen, steckt man, nachdem die Kohlen eingespannt und die Drähte angeschlossen sind, den Stöpselkontakt ein, schließt den Ausschalter und setzt die Kurbel des Widerstandes auf den ersten Kontaktknopf. Bei der automatischen Bogenlampe stellt sich alsdann der Lichtbogen von selbst her; hat man hingegen eine Lampe mit Handregulation, so muß man die Kohlenstifte durch Drehen des Triebes kurz zur Berührung bringen und dann sofort wieder einige Millimeter auseinander drehen, worauf sich der Lichtbogen bildet. Alsdann stellt man die Kurbel des Widerstandes je nach Bedarf auf weitere Kontaktknöpfe.

Es ist nun, wenn man mit Gleichstrom zu tun hat, höchst wichtig, sich zu überzeugen, ob auch die Drähte richtig angeschlossen sind, das heißt, ob der positive Pol zur oberen und der negative Pol zur unteren Kohle geführt ist. Es gibt ein einfaches Mittel, dies zu erkennen. Nachdem die Lampe kurze Zeit gebrannt hat, muß sich nämlich in der oberen Kohle ein Krater bilden, während die untere spitzenförmig anwächst; dabei muß das Licht nach vorwärts geworfen werden. Ein weiteres Merkmal besteht darin, daß beim Ausschalten die obere Kohle infolge der stärkeren Erhitzung stärker und länger nachglühen muß, als die untere. Zeigt es sich nun, daß sich an der unteren Kohle ein Krater bildet und daß diese länger nachglüht als die obere, so ist die Verbindung falsch; man steckt alsdann den Stöpselkontakt umgekehrt ein oder wechselt die Drähte in den Polklemmen der Lampe. Wenn man bei Herstellung des Anschlusses nicht weiß, welches der positive und welches der negative Draht ist, so verbindet man auf gut Glück und prüft die Richtigkeit in der eben beschriebenen Weise. Nachher wird man dann gut tun, die Pole zu bezeichnen. Man kann übrigens auch den positiven Pol mit Hilfe von Lakmus-Papier (Polfinder-Papier) erkennen; dieses wird angefeuchtet und die blanken Drahtenden darauf gehalten, jedoch achte man ja darauf, daß sich die Drähte nicht berühren. Dasjenige Ende, welches das Papier rot färbt, ist der negative Pol. Für Wechselstrom hat dies natürlich keine Geltung; denn dort gibt es ja keine positiven und keine negativen Pole, sodaß man die Drähte nach Belieben anschließen kann. Neue Kohlen zischen anfangs; es müssen sich nämlich zunächst Krater und Spitze bilden, bis die Lampe ruhig brennt.

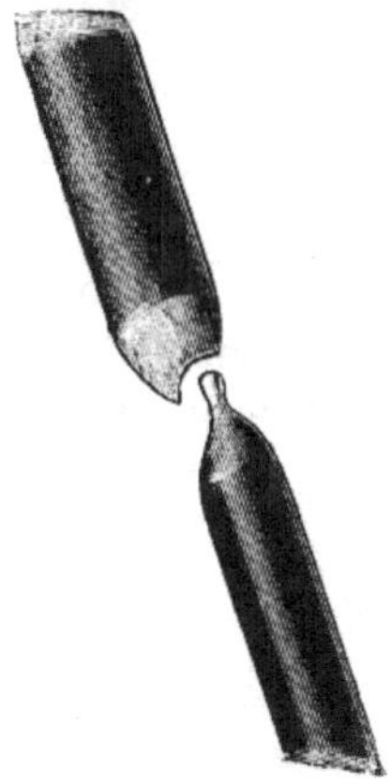

Fig. 84.

Bei Gleichstrom ist noch zu beachten, daß die obere Kohle gegen die untere etwas zurück stehen soll, wie es in Fig. 78 angedeutet ist. Dies geschieht, damit sich der Krater nach vorne bildet und das Licht gleichmäßig gegen den Kondensor wirft; doch darf die obere Kohle nicht soweit zurück stehen, daß die Spitze der unteren einen Schatten gegen die Linse gibt. Während des Betriebes muß man bei der Handregulationslampe alle paar Minuten die Kohlenstifte nachstellen. Wie weit die Kohlenspitzen voneinander entfernt sein müssen, das hängt von der Stromstärke und der Dicke der Kohlen ab. In der Praxis ergibt sich der richtige Abstand ganz von selbst; es zeigen sich nämlich bei zu kleinem und zu großem Abstand folgende fehlerhafte Erscheinungen. Wenn die Kohlen einander zu nahe sind, so macht sich ein lautes Zischen bemerkbar; die Spitze der unteren Kohle wird größer und wächst in den Krater der oberen hinein (vgl. Fig. 84), sodaß schließlich beide Kohlen zusammenbacken und nur noch rot glühen. Ist anderseits der Abstand der Kohlen zu groß (Fig. 85), so nimmt zunächst die Helligkeit des Lichtes ab, außerdem beginnt der Lichtbogen auf den Kohlenspitzen zu wandern und zu flackern, wobei schließlich das Licht auslöscht. Dieses Auslöschen erfolgt umso früher, je geringer die Spannung (Voltzahl) ist.

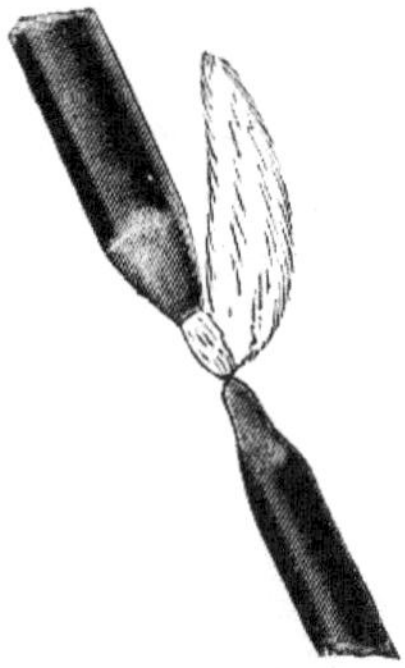

Fig. 85.

Bei der in Fig. 81 dargestellten Lampenform, wo die positive Dochtkohle wagerecht angeordnet ist, muß man ebenfalls dauernd darauf achten, daß die beiden Kohlenspitzen richtig zueinander stehen und eine günstige Lage des Kraters herbeiführen. Wenn nötig, ist zu korrigieren. Diese Anordnung der Kohlenstifte im rechten Winkel gegeneinander ist vorteilhaft bei Stromstärken bis zu 30 Ampères.

Die Wahl der richtigen Kohlenstärke — das gilt allgemein — ist von großer Wichtigkeit: sind die Kohlen zu dick, so erhält man kein ruhiges Licht, indem der Krater wandert; benutzt man zu dünne Kohlen, so muß man infolge starken Abbrennens häufig nachstellen, die Stifte glühen weit hinauf und entwickeln eine unnütze Hitze. Man spanne die Kohlen im Halter gut an.

Werden sie bei kalter Lampe lose eingesetzt, so fallen sie, nachdem die Lampe erhitzt ist, leicht heraus. Spannt man die Kohlen andererseits bei heißer Lampe zu fest an, so mögen sie beim Abkühlen der Halter brechen.

Während es bei Gleichstrom leicht ist, dauernd eine gute Lichtausnutzung zu erzielen, bietet dies bei Wechselstrom Schwierigkeiten. Die erfahrenen Vorführer arbeiten sich ihre Methode aus, mit der sie das beste Licht bekommen, und es ist wohl schwer zu sagen, welche Anordnung am besten ist; denn die Übung spielt dabei eine große Rolle. Vielfach stellt man die Kohlen senkrecht übereinander, sehr häufig findet man die Gleichstromstellung, wobei nur einer der beiden Krater zur Geltung kommt, angewandt, während andere wieder eine Winkelstellung der Kohlen bevorzugen. Der eine benutzt zwei Dochtkohlen, der andere zwei Homogenkohlen, der dritte findet es besser, wie bei Gleichstrom oben eine Docht- und unten eine Homogenkohle zu nehmen. Die Winkelstellung erscheint auf jeden Fall für hohe Stromstärken, etwa über 30 Ampères, weniger gut geeignet; der Lichtbogen ist schwerer ruhig zu halten und man verliert leicht die Kontrolle über den Krater. Bei der senkrechten Stellung der Kohlen muß man den Abstand der Spitzen ziemlich gering halten; andernfalls macht sich auf dem Schirm ein dunkler Streifen bemerkbar und außerdem neigt sonst der Lichtbogen dazu, herum zu tanzen. Macht man den Abstand zu gering, so leidet dadurch die Helligkeit. Man muß die Kohlen häufig nachstellen, denn es ist sehr wenig Spielraum im Abstände der Spitzen, und oft durch das Fensterchen kontrollieren. Wenn der Krater sich an falscher Stelle, z. B. nach rückwärts, bildet, so suche man durch Verstellung der oberen Kohle eine Besserung herbeizuführen. Die Triebverstellung sollte aber ganz langsam und vorsichtig, nicht stoßweise, erfolgen, denn der Lichtbogen ist äußerst empfindlich. Unter Umständen empfiehlt es sich, wenn der Krater verändert werden muß, den Lichtbogen auf einige Minuten länger zu machen. Auch bei neuen Kohlen lasse man den Bogen zuerst lang brennen. Viele Vorführer feilen die beiden Dochtkohlen auf einer Längsseite flach, wobei sie die Stifte in einen V-förmigen Ausschnitt eines Brettes legen, und bringen die flachen Seiten gegen den Kondensor. Das gleiche: Begünstigung der Kraterbildung nach vorne, erzielt man mit exzentrischen Dochtkohlen. Andere wieder arbeiten stets mit zugespitzten Kohlenstiften, um dadurch den Lichtbogen stabiler zu halten. Die Gleichstromstellung der Kohlen bietet eine leichtere Handhabung, sie gibt aber eine etwas geringere Lichtausnutzung und erfordert daher etwas mehr Strom. Auch hier muß man häufig nachstellen und den Abstand der Spitzen möglichst gleichmäßig halten.

Eingangs wurde darauf hingewiesen, daß man den Widerstand nicht von vornherein auf die volle zur Verwendung kommende Stromstärke stellen solle. Beim Zünden der Bogenlampe steigt nämlich die Stromstärke momentan sehr stark an — wenn z. B. in einem Netze von 110 Volt man den Widerstand auf 50 Ampères gestellt hat, so steigt sie über 100 Ampères — und dabei kann leicht die Sicherung durchschlagen. Also stets den Widerstand eingangs auf eine geringe Stromstärke einstellen, und erst nach dem Zünden weitere Kontakte einschalten! Bekommt man beim Zünden kein Licht, so ist irgendwo der Strom noch unterbrochen; man prüfe mit Ruhe und systematisch alle Drahtverbindungen und sehe die Sicherungen nach. Man halte Reservestöpsel für die Sicherungen vorrätig.

Die Bogenlampe muß hinreichend oft gereinigt werden. Auf die Zahntriebe gebe man besser Talk als Öl. Aufgelagerter Kohlenstaub kann über die Isolation hinweg die Bildung eines Lichtbogens veranlassen.

Das Kalklicht.

Das Kalklicht ist ein Glühlicht, und man kann es mit dem Gasglühlicht vergleichen, bei welch letzterem die mit Luft gemischte Leuchtgasflamme einen feinen Glühkörper, den Glühstrumpf, in Weißglut versetzt. Zum Unterschiede hiervon bedient man sich beim Kalklicht eines massiven Glühkörpers, des Kalkstückes, und an Stelle des luftgemischten Leuchtgases, das hier nicht kräftig genug ist, benutzt man eine Mischung von Leuchtgas und Sauerstoff (sozusagen »stickstoffreier Luft«), die im Kalklichtbrenner eine intensive Stichflamme liefert und, gegen das Kalkstück gerichtet, ein herrliches, blendend weißes Licht abgibt. Ich will hier nun zunächst einen Überblick über die Darstellungsweise geben, um nachher näher auf die Einzelheiten einzugehen.

Das Kalklicht wurde von Drummond im Jahre 1826 erfunden. Heute ist die Darstellung desselben bedeutend bequemer gemacht, indem man den Sauerstoff in Stahlflaschen verpackt bekommen kann, während man ihn früher selbst entwickeln mußte. Die Verwendung dieses komprimierten Sauerstoffes bietet noch den Vorteil, daß man damit ein viel kräftigeres Licht erzielen kann. Man läßt dazu den Sauerstoff unter ziemlich starkem Druck ($^1/_2$ bis 1 Atmosphäre oder noch mehr) in den »Starkdruckbrenner« blasen, wo er das von der anderen Seite zugeführte Leuchtgas ansaugt, sich damit mischt und nun eine Stichflamme von mächtiger Kraft erzeugt.

Eine solche Kalklicht-Einrichtung ist in der Abbildung Fig. 86 dargestellt. Man sieht da den Starkdruckbrenner, auf den ein zylinderförmiges, durchlochtes Kalkstück aufgesetzt ist, und die mit komprimiertem Sauerstoff gefüllte Stahlflasche, woran ein Druckreduzierventil und ein Inhaltmesser geschraubt werden. Der Sauerstoff ist nämlich unter einem Druck von 100-120 Atm. eingefüllt, und da er nur mit etwa $^1/_2$-1 Atm. in den Brenner zugelassen wird, muß der Druck zunächst reduziert werden, und dies geschieht durch das Druckreduzierventil. Dasselbe ist mit einem Manometer

A versehen, welches den Arbeitsdruck des Sauerstoffs anzeigt, und hat ferner ein Stellrad R zur Einstellung des Arbeitsdruckes: je weiter man das Stellrad R (rechtsum) dreht, desto stärker wird der Arbeitsdruck und desto intensiver gleichzeitig das Licht. So kann man die Helligkeit des Kalklichtes, auch während der Vorführung, innerhalb weiter Grenzen bequem regulieren. J ist der Inhaltmesser, mit dem man bestimmen kann, wieviel Sauerstoff die Flasche noch enthält, K der Verschlußhahn der Flasche, der beim Transport (nachdem Reduzierventil und Inhaltmesser abgeschraubt sind) durch eine übergeschraubte Eisenkappe geschützt wird. Bei H ist der Schlauch aufgesteckt, der zum Brennerhahn S geführt wird, während der linke Brennerhahn L mit der Leuchtgasleitung verbunden wird. Das Kalkstück läßt sich auf dem Brenner mit einem Triebe drehen, so daß man der Stichflamme, die nach und nach ein Loch hineinfrißt, von Zeit zu Zeit eine neue Angriffsfläche bieten kann. Ein zweiter Trieb gestattet die Entfernung des Kalkstückes von der Brennerspitze einzuregulieren.

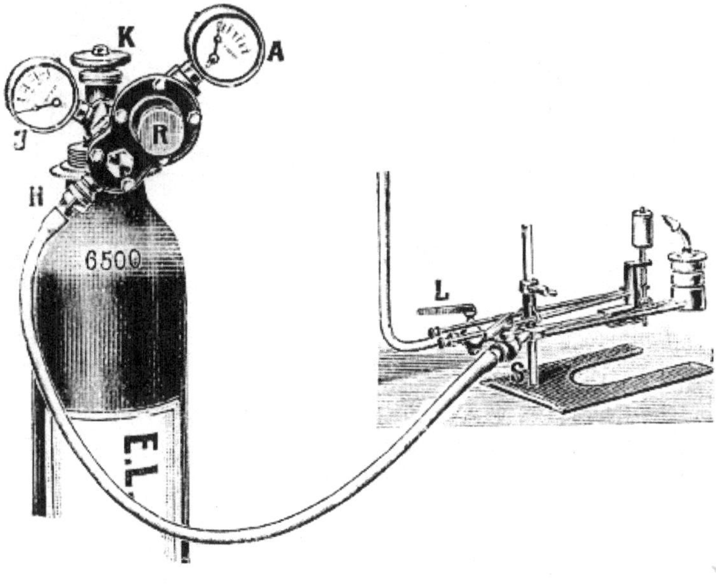

Fig. 86.

Was tut man nun, wenn kein Leuchtgas vorhanden ist? — Dasselbe wie bei Glühlicht: man nimmt eine Brennflüssigkeit und vergast sie. Jeder kennt das Spiritus-, Petroleum- oder Benzinglühlicht. So hat man auch Einrichtungen konstruiert, bei denen Spiritus, Alkohol oder Petroleum verdampft wird und, mit Sauerstoff gemischt, die Stichflamme für das Kalklicht gibt. Aber diese schwer flüchtigen Brennstoffe sind hier schlecht zu regulieren, sie arbeiten recht unzuverlässig und liefern außerdem kein besonders starkes Licht. Die Anwendung von Benzin ist nicht zu empfehlen, da dieses durch den

Sauerstoff zersetzt wird und ölige Bestandteile im Brenner zurückläßt, wenn nicht gar die Benutzung des Benzins durch Vermischung mit Sauerstoff gefährlich werden kann.

Sehr günstige Resultate erzielt man dagegen mit Äther, und zwar reinem Schwefeläther. Um den Äther in gasförmigem Zustande dem Brenner zuzuführen, muß man eine besondere Vorrichtung anwenden, und zwar hat man die Wahl zwischen zwei verschiedenen Apparaten: dem Gasator und dem Äthersaturator.

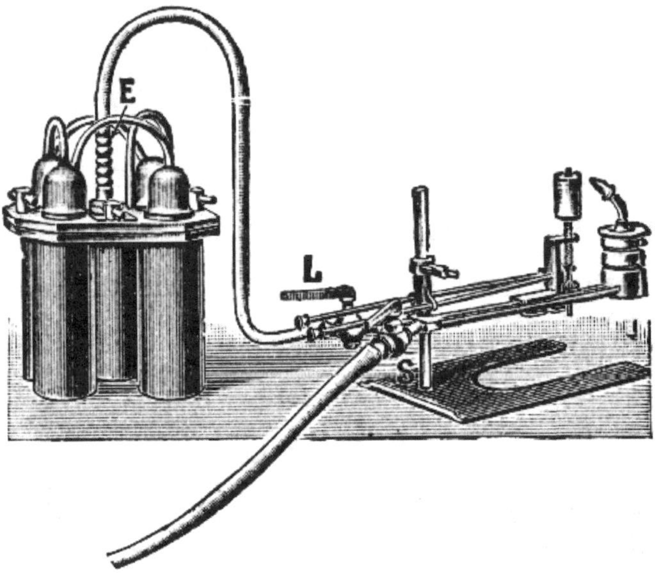

Fig. 87.

Der Gasator zunächst ist ein mehrteiliges Gefäß, das zu etwa $^3/_4$ mit Äther gefüllt und durch einen Schlauch mit dem linken Hahn (L) des Starkdruckbrenners verbunden wird, wie die Abbildung Fig. 87 zeigt. Wenn man nun durch den rechten Hahn (S) einen kräftigen Sauerstoffstrom einblasen läßt, so übt der Brenner auf den Gasator eine saugende Wirkung aus und dieser Apparat tritt dann von selbst in Tätigkeit. Unter der Wirkung der Saugkraft strömt nämlich durch eine kleine Öffnung Luft ein, streicht durch die verschiedenen Gefäße und sättigt sich mit Ätherdämpfen; das Gemisch, das man als »Luftgas« bezeichnet, wird noch getrocknet und gelangt dann durch den Schlauch in den Brenner, dort mit dem Sauerstoff zu einer intensiven Stichflamme sich vereinend.

Der Äthersaturator, der ebenfalls zur Darstellung von Kalklicht mit Hilfe von Ätherdämpfen dient, arbeitet in anderer Weise als der Gasator. Er besteht aus einem in mehrere Kammern geteilten Gefäß, das mit poröser

Masse gefüllt ist, sodaß der eingefüllte Äther darin aufgesaugt wird. Der Saturator hat zwei Hähne; einer wird mit dem linken Brennerhahn verbunden, während man durch den zweiten Hahn Sauerstoff in das Gefäß leitet; der Sauerstoff drückt nun die Ätherdämpfe, die sich schon bei gewöhnlicher Zimmertemperatur entwickeln, zum Brenner vorwärts, wo sie mit dem durch den rechten Brennerhahn eingeführten Sauerstoff gemischt werden. Da bei dieser Arbeitsweise der Brenner keine Saugkraft auszuüben braucht, kann man auch an Stelle des Starkdruckbrenners den sogenannten Mischbrenner benutzen; bei diesem Mischbrenner fällt die Injektor-Einrichtung, durch welche die Saugwirkung beim Starkdruckbrenner hervorgerufen wird, weg und die Gase werden einfach in eine Kammer zusammengeführt, von der sie gemischt durch ein Rohr zur Brennerspitze gelangen. Zur Erzielung eines möglichst kräftigen Lichtes versieht man den Brenner mit einer großen Kammer und bringt in letztere außerdem noch eine Einrichtung, die eine möglichst vollkommene Mischung der Gase gewährleistet.

Für das gleichmäßige Arbeiten des Saturators ist es eine wichtige Bedingung, daß er während des Betriebes keine zu starke Abkühlung erleidet, weil sonst die Vergasung nachläßt. Nötigenfalls, besonders im Winter, wenn der Apparat z. B. auf einer kalten Bühne steht, muß man dafür Sorge tragen, daß dem Saturator in entsprechendem Maße von außen Wärme zugeführt wird; man stellt ihn dazu neben die geöffnete Tür des Skioptikons oder schlägt ihn in ein vorher gut durchwärmtes, wollenes Tuch.

Welcher Äther-Apparat ist nun mehr zu empfehlen? wird der geneigte Leser fragen. — Nun, mit dem Saturator läßt sich eine noch höhere Lichtstärke erreichen, doch wird man den Gasator in der Regel vorziehen; denn er ist einfacher zu handhaben und das mit ihm erzielte Licht ist so stark, daß es in den meisten Fällen weitaus genügt.

Es ist noch zu bemerken, daß man auch komprimierten Wasserstoff bekommen kann, der einen vorzüglichen Ersatz für Leuchtgas bildet, ja dieses an Wirkung übertrifft. Zu einer solchen Einrichtung gehört dann eine weitere Stahlflasche mit Druckreduzierventil und Inhaltsmesser. Man wird den komprimierten Wasserstoff da anwenden, wo man unter allen Umständen die höchste Lichtstärke haben will, die sich mit Kalklicht erzielen läßt. Auch das Azetylengas läßt sich zur Darstellung von Kalklicht benutzen, nachdem es gelungen ist, einen geeigneten Brenner zu konstruieren; das erzielte Licht ist außerordentlich intensiv. Zur Darstellung des Azetylens ist ein zuverlässig arbeitender Entwickler erforderlich.

Eine wichtige Frage beim Arbeiten mit Kalklicht ist die, wie lange eine Sauerstofflasche ausreicht. Eine Stahlflasche von der gewöhnlichen Größe, die etwa 10 Liter Rauminhalt hat, enthält, wenn der Sauerstoff auf 120 Atm.

komprimiert ist, zirka 1200 Liter Gas; sie reicht, wenn man ein kräftiges Licht herstellt, durchschnittlich für 8 Stunden. Der Verbrauch ist geringer, wenn man den Sauerstoff unter schwächerem Druck zum Brenner läßt, wobei das Licht gleichzeitig weniger stark wird, und umgekehrt steigt der Verbrauch, wenn man durch Anwendung höheren Druckes ein intensiveres Licht erzeugt. Stahlflaschen mit 600 Liter Inhalt reichen also durchschnittlich für 4 Stunden und noch kleinere Flaschen, die 360 Liter fassen, für etwa 2 $^1/_2$ Stunden.

Wo der Bezug von komprimiertem Sauerstoff unmöglich oder durch große Entfernung zu sehr erschwert ist, wie z. B. in überseeischen Ländern, muß man den Sauerstoff selbst herstellen, wie dies früher allenthalben geschah. Man erhitzt dazu in einer Retorte eine Mischung von Braunstein und chlorsaurem Kali, führt das entwickelte Gas durch eine Wasserflasche und fängt es in einem Kautschuksack auf. Vereinfacht wird die Sauerstoffbereitung durch Verwendung eines Gasometers in Verbindung mit einem Sauerstoff-Generator, einer Einrichtung, welche den Gassack überflüssig macht und gestattet, auch während des Projizierens, ohne Störung der Vorstellung, Sauerstoffgas nachzuentwickeln, und zwar in beliebiger Menge. Man braucht dazu nur Braunsteinkuchen, die man sich selbst herstellt oder fertig bezieht, einzulegen und die Flamme im Generator zu entzünden.

Auf die Anwendung des Starkdruckbrenners wie auch des Gasators muß man hierbei verzichten, da hier bei weitem nicht der starke Druck des komprimierten Sauerstoffes zur Verfügung steht. Man bedient sich des sogenannten Sicherheitsbrenners, bei dem Leuchtgas und Sauerstoff erst in der Brennerspitze zusammengeführt werden, und wenn kein Leuchtgas vorhanden ist, des Äthersaturators in Verbindung mit dem Mischbrenner, dem man durch eine große Mischkammer eine möglichst intensive Wirkung gibt.

Interessant ist eine neuere Art der Sauerstoff-Bereitung mit Hilfe des Oxyliths (Sauerstoffstein), einer Masse, die bei Berührung mit Wasser Sauerstoff abgibt. Bei Verwendung des Oxyliths ist Vorsicht geboten, indem dieses sich bei Berührung mit organischen Substanzen, z. B. Brotkrumen, entzündet und dadurch leicht einen Brand veranlassen kann. Auch ist diese Art der Sauerstoff-Erzeugung verhältnismäßig teuer.

Die Stahlflasche.

Über das Arbeiten mit komprimierten Gasen ist zunächst folgendes zu bemerken. Stahlflaschen für Wasserstoff sind rot gestrichen und mit

Linksgewinde versehen; desgleichen haben dazu gehörige Druckreduzierventile und Inhaltsmesser Linksgewinde. Man hat dies vorgeschrieben, damit Verwechslungen mit den für Sauerstoff bestimmten Behältern und Instrumenten unmöglich gemacht werden. Alle Teile, mit denen der Sauerstoff in Berührung kommt, müssen gänzlich frei von Oel und Fett gehalten werden, weil dadurch eine gefahrbringende Zersetzung des Gases herbeigeführt werden kann; deshalb ist die Verwendung der gewöhnlichen Kohlensäureventile unter allen Umständen zu verbieten.

Die Stahlflaschen werden amtlich auf eine entsprechend höhere Atmosphärenzahl abgeprüft, und zwar wird diese Prüfung vorschriftsgemäß alle drei Jahre wiederholt; das betr. Datum findet man darauf eingeschlagen.

Die Flaschen sind mit einem Ventilhahn versehen, dessen seitliche Auslaßöffnung durch eine aufgeschraubte kleine Messingkappe verschlossen ist. Zum Schutze des Hahnes beim Transport dient eine große darüber geschraubte Kappe. Es sei noch bemerkt, daß in Deutschland gefüllte Sauerstoffflaschen jetzt auch als Eilgut zugelassen sind und daß leere Flaschen zum halben Frachtpreis befördert werden.

Das Druckreduzierventil.

Das Druckreduzierventil, welches den hohen Druck des Gases herabmindert, wird mittels der Mutter an die Flasche angeschraubt, wobei man den zugehörigen Schraubenschlüssel zum festen Anziehen benutzt. Es ist dabei folgendes zu beachten: In der Mutter liegt gegen das Rohrstück ein kleiner Ring aus Leder oder Vulkanfiber, der zur Abdichtung dient und nicht fehlen darf, da sonst an dieser Stelle Sauerstoff entweicht. Sollte der Ring einmal verloren gehen, so schneide man einen solchen aus einem Stückchen Leder oder wickle starken Bindfaden um das Rohrstück. Das Druckreduzierventil ist außer der Handstellschraube, welche den Arbeitsdruck reguliert, und dem Manometer, welches diesen Druck anzeigt, noch mit einem Sicherheitsventil versehen; dieses macht einen überstarken Arbeitsdruck unmöglich und ist so eingestellt, daß der Sauerstoff bei einem Druck über 1 $^1/_2$ Atmosphären selbsttätig abbläst. Zum Anschluß an den Brenner ist ein abschraubbarer Schlauchansatz vorgesehen, worauf man den Verbindungsschlauch am besten mit einem Drahte befestigt.

Inhaltsmesser und Inhaltsbestimmung.

Wenn ein Inhaltsmesser zur Verwendung kommt, was sehr zu empfehlen ist, so wird er zwischen Stahlflasche und Druckreduzierventil geschraubt, wobei vorherige Prüfung, ob der Dichtungsring in der Mutter vorhanden ist, und festes Anziehen mit dem Schraubenschlüssel nicht zu unterlassen sind. Der Inhaltsmesser ist ein kleines Manometer, das zwar nicht direkt den Inhalt angibt, sondern den Druck anzeigt, unter welchem sich der Sauerstoff in der

Flasche befindet. Daraus aber kann man den Inhalt leicht berechnen. Der Rauminhalt der meist gebrauchten Flaschen ist nämlich ungefähr 10 Liter; ist nun der Sauerstoff unter einem Druck von 120 Atmosphären angefüllt, so zeigt der Inhaltsmesser auf die Zahl 120 und der Inhalt beträgt $10 \times 120 = 1200$ Liter Sauerstoff. Wird nun Gas verbraucht und zeigt der Inhaltsmesser nach einiger Zeit beispielsweise auf 95, so wissen wir, daß noch $10 \times 95 = 950$ Liter Sauerstoff in der Flasche enthalten sind. Den genauen Rauminhalt findet man oben an der Flasche eingeschlagen; mit dieser Zahl hat man die angezeigte Atmosphärenzahl zu multiplizieren. Beim Arbeiten mit dem Inhaltsmesser ist der Ventilhahn der Stahlflasche langsam und vorsichtig zu öffnen, weil bei schneller Öffnung das Instrument durch den plötzlich eintretenden Gasdruck einen heftigen Stoß erhält und dadurch Schaden leiden kann.

Der Kalklichtbrenner.

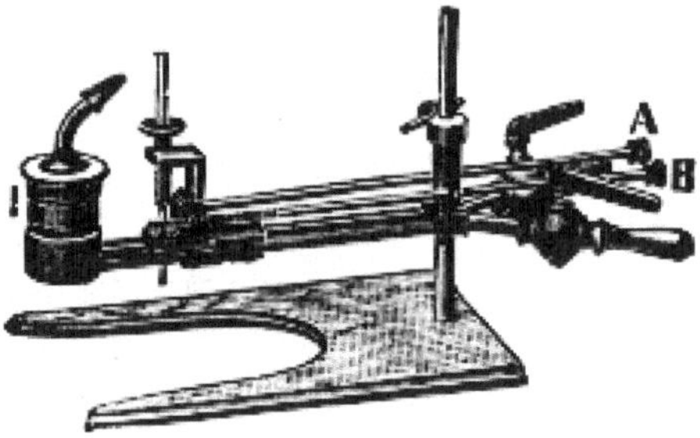

Fig. 88.

Der Starkdruckbrenner, welcher für das Arbeiten mit komprimiertem Sauerstoff insbesondere in Betracht kommt, da er bei höchster Leistung einfach zu handhaben ist, wird in Fig. 88 dargestellt. Bei diesem Brenner ist eine injektorartige Vorrichtung zur Anwendung gebracht, dank welcher der unter starkem Druck stehende Sauerstoff das brennbare Gas ansaugt und mit sich fortreißt. Die beiden Gase werden darauf nochmals in einer Mischkammer gemischt und gelangen dann durch das gebogene Rohr zur Mündung. Vor der Brennerspitze befindet sich ein Stift, worauf das durchbohrte Kalkstück gesetzt wird. Mittels des Triebes A kann man den Kalkstift heben, senken und drehen, während der Spindeltrieb B dazu dient, die Entfernung des Kalkes von der Brennerspitze zu regulieren.

Die Kalkstifte und Kalkscheiben.

Ueber die Kalkstifte ist noch folgendes zu bemerken. Man bekommt solche im Handel in zwei Größen; die größere Sorte, auch Kalkklötze genannt, ist für diejenigen Fälle bestimmt, wo man zur Erzielung möglichst kräftigen

Lichtes einen sehr hohen Arbeitsdruck aufsetzt; die dabei erzeugte größere Stichflamme wird dann besser ausgenutzt, als wenn man die gewöhnliche kleinere Sorte verwendet. Vielfach werden an Stelle der zylinderförmigen Stücke auch Kalkscheiben benutzt, die in einen Halter des Brenners eingespannt werden.

Fig. 89.

Da die Kalkstücke Feuchtigkeit anziehen und daher, an freier Luft liegend, leicht zerbröckeln, werden sie in luftdicht verschlossene Büchsen verpackt (vergl. Figur 89); auch müssen sie an einem nicht zu warmen Orte aufbewahrt werden, keinesfalls in der Nähe eines Ofens. Beim Gebrauch ist es sehr wichtig, den Kalk erst langsam anzuwärmen, also die Leuchtgasflamme erst einige Minuten allein brennen zu lassen, damit die Feuchtigkeit allmählich ausgetrieben wird. Würde man von vorneherein Sauerstoff zugeben und die intensive Stichflamme gegen den Kalkstift richten, so verwandelte sich das darin enthaltene Wasser plötzlich in Dampf und zersprengte den Kalk in Stücke. Während der Erwärmung muß der Stift von Zeit zu Zeit gedreht werden.

Wenn die Stichflamme eine Zeit lang auf den Kalk gewirkt hat, brennt sie ein Loch hinein und das Kalkstück muß alsdann gedreht werden, weil die angegriffene Stelle an Leuchtkraft verliert. Es empfiehlt sich, während der Projektion ein zweites Kalkstück bereit zu halten, damit Ersatz zur Hand ist, falls der aufgesetzte Stift zerstört werden sollte. Man unterscheidet vielfach noch zwischen weichen und harten Kalkstiften. Wenn man mit starkem Gasdruck arbeitet, sind unbedingt harte Stifte erforderlich; denn die weiche Sorte wird viel rascher zerfressen und hält der intensiven Stichflamme kaum Stand.

Das Arbeiten mit Leuchtgas und komprimiertem Sauerstoff.

Wenn uns Leuchtgas aus der Rohrleitung und komprimierter Sauerstoff aus der Stahlflasche zur Verfügung stehen, so ist folgendermaßen zu verfahren:

Zunächst werden an die Stahlflasche in der oben angegebenen Weise Inhaltsmesser und Druckreduzierventil angeschraubt und letzteres durch einen kräftigen Schlauch mit dem rechten Brennerhahn verbunden, wobei man die beiden Schlauchenden am besten mit Drähten befestigt. Der linke Brennerhahn wird mittels eines zweiten Schlauches an die Gasleitung angeschlossen.

Bevor man den Ventilhahn der Stahlflasche öffnet, wozu eine einmalige Umdrehung genügt, dreht man die Stellschraube des Druckreduzierventils (links herum) so weit heraus, daß sie keinen Druck mehr auf die dahinter befindliche Feder ausübt, was man sogleich fühlt; dadurch wird das Ventil geschlossen und der Sauerstoff einstweilen abgesperrt. Man setzt nun ein Kalkstück auf, und zwar derart, daß es einige Millimeter von der Brennerspitze absteht, läßt Leuchtgas zu und entzündet die Flamme, die man zunächst klein brennen läßt. Nachdem man das Kalkstück genügend vorgewärmt hat, öffnet man den Gashahn vollständig und stellt desgleichen den rechten Brennerhahn ganz offen, dann dreht man langsam die Stellschraube des Druckreduzierventils (rechts herum) hinein, und zwar so weit, bis eine Stichflamme entsteht, welche das Kalkstück an der getroffenen Stelle in kräftige Weißglut versetzt.

Nun dreht man den Leuchtgashahn am Brenner so weit ab, daß die rotgelbe Flamme um den Kalkstift bis auf eine kleine Spur verschwindet, und zwar sucht man diejenige Einstellung des Hahnes zu gewinnen, bei welcher das Licht am hellsten erscheint. Eine weitere Regulation der Hähne ist alsdann nicht mehr nötig; der Sauerstoffhahn bleibt überhaupt stets vollständig geöffnet.

Um die Leuchtkraft des Brenners zu steigern, braucht man nur die Stellschraube des Druckreduzierventils weiter hineinzudrehen, wodurch der Arbeitsdruck erhöht wird. Man hat es auf diese Weise in der Hand, die Helligkeit nach Bedarf zu variieren. Die Höhe des Arbeitsdruckes, den das Manometer anzeigt, schwankt in der Regel zwischen $^1/_4$ und 1 Atm., doch kann man auch bis zu 1 $^1/_2$ Atm. gehen; in letzterem Falle ist natürlich der Sauerstoffverbrauch entsprechend größer.

Will man das Licht abstellen, so sperrt man zunächst den Sauerstoff durch Herausschrauben der Stellschraube im Druckreduzierventil ab, schließt dann das Ventil der Stahlflasche und zuletzt den Leuchtgashahn.

Anwendung von komprimiertem Wasserstoff.

Wenn man an Stelle von Leuchtgas komprimierten Wasserstoff benutzt, so wird der linke Brennerhahn mit dem Druckreduzierventil der Wasserstoffflasche verbunden; nachdem die Anschlüsse gemacht sind, läßt man zuerst Wasserstoff zum Brenner und entzündet. In der Folge verfährt man geradeso wie beim Arbeiten mit Leuchtgas.

Das Arbeiten mit dem Gasator.

Den Anschluß des Gasators an den Starkdruckbrenner zeigt Fig. 90. Als Füllung für den Gasator wird reinster Schwefeläther (spezifisches Gewicht 0,72) benutzt. Auf Vorsicht mit diesem leicht entzündlichen Material sei besonders hingewiesen. An Stelle von Äther kann man auch Ligroin, Gasolin und leicht flüssiges Benzin verwenden; jedoch ist das, was man unter diesen Namen im Handel bekommt, in vielen Fällen zu schwer flüchtig und ungeeignet. Allerdings sind diese Materialien wesentlich billiger als Äther.

Der Gasator wird zu $^3/_4$ gefüllt und faßt dann etwa 450 ccm Äther. Der Verbrauch ist zwar pro Stunde kaum größer als etwa 100 ccm, jedoch erleichtert die starke Füllung die Vergasung, und da der Rest in die Flasche zurückgegossen wird, geht nichts verloren. Nach dem Füllen, was nicht bei offenem Licht geschehen darf, muß der Apparat wieder gut geschlossen werden.

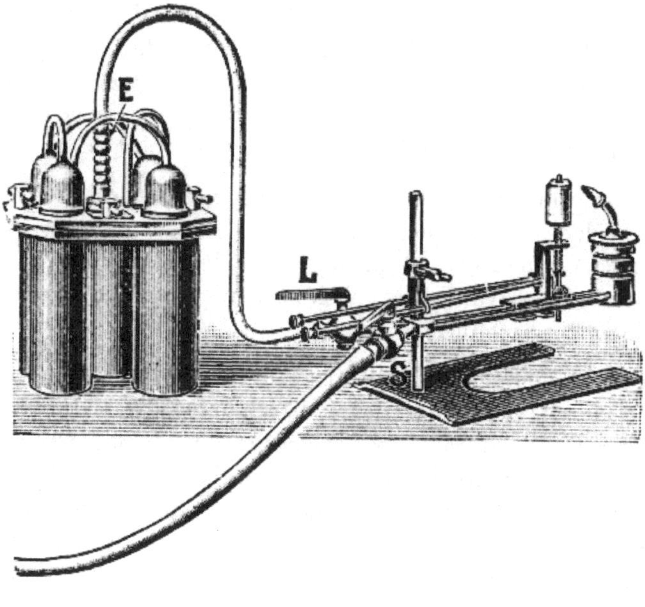

Fig. 90.

Um das Licht darzustellen, öffnet man beide Hähne des Brenners, dreht die Stellschraube des Druckreduzierventils langsam hinein, bis an der Brennerspitze ein schwaches Rauschen bemerkbar ist, und zündet dann nach einigen Augenblicken an. Die Stichflamme, welche dann entsteht, stellt man zunächst auf einige Minuten klein, um das Kalkstück vorzuwärmen; alsdann werden beide Hähne wieder geöffnet und die Stellschraube im Druckreduzierventil so weit hineingedreht, daß der Brenner das gewünschte Licht gibt, worauf man den Brennerhahn wie beim Arbeiten mit Leuchtgas einreguliert. Mit Hilfe der Stellschraube des Druckreduzierventils kann man auch hier die Helligkeit des Lichtes steigern und schwächen.

Das Auslöschen des Lichtes geschieht, indem man zuerst den linken Brennerhahn schließt und dann den Sauerstoff an der Stahlflasche absperrt. Der nicht verbrauchte Äther wird in die Vorratsflasche zurückgegossen.

Das Arbeiten mit dem Äthersaturator.

Über das Arbeiten mit dem Äthersaturator ist folgendes zu sagen: Als Füllung muß hier reinster Schwefel-Äther verwandt werden. Es empfiehlt sich, das Einfüllen eine oder mehrere Stunden vor dem Gebrauch vorzunehmen, weil der Äther dann Zeit hat, von dem porösen Material aufgesaugt zu werden, und weil dann von vorneherein eine bessere Vergasung garantiert ist. Nach dem Einfüllen wird die Füllschraube fest angezogen. Die Hähne des Saturators halte man bei Nichtgebrauch fest geschlossen, da der Äther außerordentlich leicht verdunstet. Abdichten der Hähne durch Fett oder dergleichen nützt nichts, da Äther diese Stoffe löst. Selbst bei kräftigem Verschluß wird, wenn der Apparat längere Zeit gefüllt steht, von dem Inhalte durch Ausdunsten etwas verloren gehen.

Wieviel Äther gebraucht wird, hängt von der Art des angewendeten Brenners ab und von dem Druck, unter welchem man den Sauerstoff zuführt; man wird im allgemeinen pro Stunde nicht mehr als 100 ccm verbrauchen; jedoch empfiehlt es sich, den Inhalt reichlich zu bemessen, da man während der Vorführung nicht nachfüllen kann.

Die Schlauchverbindung unterscheidet sich hier von der Anordnung beim Gasator dadurch, daß auch der Äther-Saturator mit der Stahlflasche verbunden wird. Der im Saturator entwickelte Ätherdampf soll nämlich zum Brenner vorwärts getrieben werden, und um dieses zu erreichen, läßt man einfach den Sauerstoffdruck darauf wirken. Man muß gutes Schlauchmaterial verwenden, da Äther den Gummi auf die Dauer angreift. Aus Fig. 93 (s. Seite 180) ist die Schlauchverbindung ersichtlich, nur ist dort an Stelle der Stahlflasche ein Sauerstoff-Gasometer verwandt.

Um das Licht darzustellen, verfährt man hier folgendermaßen: Man öffnet beide Hähne des Saturators sowie den linken Hahn des Brenners, während der rechte Brennerhahn einstweilen geschlossen bleibt. Dann dreht man, nachdem der Ventilhahn der Sauerstoffflasche geöffnet ist, langsam die Stellschraube des Druckreduzierventils hinein, bis sich ein schwaches Sausen an der Brennerspitze bemerkbar macht; der in den Saturator eintretende Sauerstoff drückt nun die Ätherdämpfe vorwärts und nach einigen Augenblicken kann man entzünden. Zunächst läßt man die Flamme einige Minuten klein brennen, um das Kalkstück vorzuwärmen, dann stellt man den linken Brennerhahn weiter offen, sodaß eine kräftige Flamme herausschlägt, und öffnet nun langsam den rechten Brennerhahn; alsbald entsteht eine Stichflamme und das Kalkstück wird an der getroffenen Stelle in Weißglut versetzt. Durch Einregulieren des linken Brennerhahnes sucht man den besten Lichteffekt zu erzielen.

Die Helligkeit des Lichtes kann auch hier durch Erhöhung des Arbeitsdruckes, der mittels der Stellschraube am Druckreduzierventil reguliert wird, gesteigert werden. Doch soll man dabei nur langsam vorgehen, denn eine schnelle Druckänderung hat in der Regel ein Zischen des Brenners zur Folge; sollte sich ein solches Zischen bemerkbar machen, so muß man den rechten Brennerhahn so weit schließen, bis das Zischen aufhört, und ihn dann langsam und vorsichtig wieder öffnen.

An Stelle des Starkdruckbrenners kann hier auch der sogenannte Mischbrenner verwendet werden, der sich von ersterem dadurch unterscheidet, daß die injektorartige Vorrichtung fehlt. Bei einem solchen Brenner muß außer dem linken Hahn auch der rechte Brennerhahn zur Erzielung des besten Lichtes einreguliert werden, während man diesen beim Starkdruckbrenner stets ganz offen stellt.

Um das Licht auszulöschen, schließt man zuerst den linken Brennerhahn und sperrt dann erst den Sauerstoff ab; wenn man in dieser Weise verfährt, wird sich beim Auslöschen niemals ein Knall bemerkbar machen, was sonst unter Umständen eintreten kann.

Während der Vorführung ist dafür Sorge zu tragen, daß der Äther gleichmäßig vergast. Namentlich bei niedriger Zimmertemperatur sowie bei stärkerem Ätherverbrauch ist es dazu notwendig, dem Saturator etwas Wärme zuzuführen; dieses geschieht, indem man ihn neben oder hinter die Projektionslaterne stellt oder in ein am Ofen gut erwärmtes großes wollenes Tuch wickelt. Eine zu starke Erhitzung des Saturators ist ebenso zu vermeiden wie eine zu starke Abkühlung: der Apparat soll handwarm bleiben. In der wärmeren Jahreszeit sowie beim Arbeiten mit schwächerem Gasdruck geht die Vergasung in der Regel ohne Wärmezuführung vonstatten.

Fehlerhafte Erscheinungen beim Äthersaturator.

Wenn man beim Inbetriebsetzen kein ordentliches Licht bekommt, so ist anzunehmen, daß der Äther zu schwach vergast. Der Grund muß dann gesucht werden in zu niedriger Temperatur oder in zu geringer Füllung oder in unbrauchbarem Äther. Kommt flüssiger Äther aus der Brennerspitze heraus, so ist übermäßig viel Äther in den Saturator gefüllt (der Überschuß muß dann abgeschüttet oder herausgeblasen werden) oder man hat den Sauerstoff unter zu starkem Druck aufgesetzt.

Macht sich ein wiederholtes Zucken des Lichtes bemerkbar, so hat sich wahrscheinlich etwas flüssiger Äther in der Schlauchleitung vom Saturator zum Brennerhahn gesammelt. Der Saturator ist in diesem Falle übermäßig erwärmt worden, was eine zu starke Vergasung und damit Niederschlagen des Überschusses an Ätherdämpfen im Schlauche zur Folge gehabt hat. Man stellt das Licht ab und entfernt den Äther aus dem Schlauche.

Läßt während der Vorführung die Helligkeit nach und muß man, um das Licht beizubehalten, den rechten Brennerhahn nach und nach abdrehen, so ist das ein sicheres Zeichen dafür, daß die Vergasung zu schwach geworden ist. Grund dafür: entweder zu niedrige Temperatur bezw. zu starke Abkühlung des Saturators oder aber die Ätherfüllung geht zu Ende.

Entsteht andererseits während des Projizierens um den Kalk eine rötlichgelbe Flamme, so vergast der Äther zu stark; zeigt sich diese Flamme trotz Nachregulierens des Hahnes wiederholt, so ist die Erwärmung des Saturators eine zu starke und man muß für Abhilfe sorgen.

Ein Knallen des Brenners, d. h. ein Auslöschen des Brenners, kann nur bei falscher Handhabung vorkommen, und zwar auch nur dann, wenn die Vergasung des Äthers zu schwach geworden ist — sei es infolge zu niederer Temperatur bezw. zu starker Abkühlung des Saturators oder weil die Ätherfüllung zu Ende geht. In diesem Falle dringt nämlich Sauerstoff durch den Saturator hindurch und statt reinen Ätherdampfes gelangt ein Äthersauerstoffgemisch zum linken Brennerhahn. Wenn man nun zum Auslöschen des Lichtes — entgegen der Regel — zuerst den rechten Brennerhahn schließt, so schlägt die Flamme unter einem kurzen, scharfen Knall zurück. Dieses Zurückschlagen kann jedoch niemals eintreten, solange der rechte Brennerhahn geöffnet ist, und man beachte streng die Vorschrift, stets zuerst den linken Hahn (Äther) zu schließen. Das Zurückschlagen der Flamme, wenn es in der eben beschriebenen Weise vorkommen sollte, ist übrigens mit keiner Gefahr, sondern lediglich mit einem mehr oder minder heftigen Knall verbunden.

Die Darstellung von Azetylen-Kalklicht.

Bei der Darstellung von Kalklicht macht in solchen Fällen, wo eine Leuchtgasleitung nicht zur Verfügung steht, das Azetylen dem Wasserstoff und Äther erfolgreich Konkurrenz, nachdem es gelungen ist, einen brauchbaren Azetylen-Kalklichtbrenner zu konstruieren, und zwar um so mehr, als der erzielte Lichteffekt ein sehr großer ist. Namentlich auf dem Lande findet man zuweilen in der Ortschaft oder in dem Gebäude eine Azetylen-Zentrale, der man das Azetylen gerade so wie Leuchtgas entnimmt, um es mit einem Schlauche dem Brenner zuzuführen. Andernfalls muß man sich das Azetylen selbst herstellen, was mittels der im Handel erhältlichen Apparate, die für Projektionszwecke gebaut werden, sehr einfach vonstatten geht. Es sei besonders hingewiesen auf die sogen. Beagidpatronen, die aus einem Gemenge pulverisierten Kalziumkarbids und Paraffin oder dergl. Material bestehen und welche die Darstellung des Gases bequemer machen als mit Kalziumkarbid.

Der Anschluß geschieht in der gleichen Weise wie beim Arbeiten mit dem Starkdruckbrenner: der rechte Brennerhahn wird durch einen kräftigen Schlauch mit dem Druckreduzierventil der Stahlflasche verbunden; in die Schlauchleitung, welche vom Azetylenapparat zum linken Brennerhahn führt, ist eine sogenannte Wolfsche Flasche einzuschalten, die etwa zu $^1/_2$ mit Wasser gefüllt wird. Diese dient auf alle Fälle zur Sicherung gegen einen Rückschlag der Flamme. Das Kalkstück stellt man so ein, daß es sich etwa 10 mm weit von der Brennerspitze befindet.

Zum Inbetriebsetzen läßt man zunächst Azetylen zu, zündet an und läßt nun sofort Sauerstoff zu; letzteres muß rasch geschehen, da das allein brennende Azetylen stark schwalcht. Den Sauerstoff setzt man von vornherein mit einem kräftigen Druck von mindestens $^1/_2$ Atm. auf. Mit geringerem Druck arbeitet der Brenner nicht gut. Das Azetylen verwendet man mit dem Druck, wie es aus der Leitung kommt; bei Anwendung eines kleinen Tauchapparates kann man ein kleines Gewicht auflegen, wodurch das Licht ein wenig gewinnt. Will man beim Anzünden das Schwalchen ganz vermeiden, so läßt man zunächst Sauerstoff zum Brenner zu, hält ein brennendes Zündholz vor die Brennerspitze und dreht nun den Azetylenhahn auf. Das Gasgemisch entzündet sich dann mit einem Puff. Es ist wichtig zu beachten, daß das Kalkstück in einem Abstand von 10 mm von der Brennerspitze gehalten werden muß. Wenn das Licht rot erscheint, so ist Azetylen im Überschuß vorhanden und man muß den Azetylenhahn etwas abstellen. Doch darf man den Hahn nicht zu weit zustellen, vielmehr soll sich stets eine gelbrote Flamme um das Kalkstück zeigen. Dreht man zuviel ab, so kann die Flamme ausknallen. Dies kann namentlich beim Anzünden vorkommen; es ist aber ohne Gefahr. Wenn die Flamme einmal zurückschlagen sollte, so überzeuge man sich, ob die Siebe im Brenner noch in Ordnung sind. Dazu schraubt man die Überfangmutter der Mischkammer ab, wodurch letztere freigelegt wird. Wenn die Siebe durchgeschlagen oder herausgefallen sein sollten, so kann der Brenner nicht gut funktionieren. Zum Auslöschen drehe man zuerst den Azetylenhahn zu und stelle dann erst den Sauerstoff ab.

Retorte zur Selbstherstellung von Sauerstoff.

Die Selbstherstellung von Sauerstoff geschieht mit Hilfe einer Retorte, in der eine Mischung von chlorsaurem Kali und Braunstein erhitzt wird, und einem Behälter zum Auffangen des dabei entwickelten Gases. Früher war es üblich, den Sauerstoff vor der Vorführung auf einmal herzustellen, und man benutzte dazu einen großen Gassack; auch heute wird zuweilen noch in dieser Weise gearbeitet, meist aber wendet man jetzt eine bequemere Art an, die gestattet, während der Vorführung selbst soviel Sauerstoff nachzuentwickeln, als man braucht. Dabei dient als Behälter ein Gasometer oder ein kleiner Gassack.

Wenn man allen Sauerstoff von vornherein herstellen will, so kommt eine eiserne Retorte zur Anwendung, in welche das Material pulverförmig eingefüllt wird. Die Form der Retorte spielt keine Rolle; vielfach macht man sie z. B. trichterförmig. Wichtiger ist es aber, daß sie eine Sicherheitsvorrichtung gegen zu starken Gasdruck besitzt. Eine solche besteht beispielsweise aus einem nicht zu fest eingesteckten und mit Waschleder überzogenen Kork oder sie wird in der Weise bewirkt, daß die Abdichtung des Retortendeckels mittels aufgekitteten Gipses geschieht, der bei starkem Druck nachgibt. Auch kann die Sicherheitsvorrichtung in einem federnden Verschluß bestehen, welcher den dicht aufpassenden Deckel niederhält. Ein zu starker Gasdruck mag beispielsweise eintreten, wenn die Retorte umfällt und das Pulvermaterial infolgedessen das Abzugsrohr verstopft; wenn dann keine Sicherheit vorhanden ist, kommt die Retorte in Gefahr, zu platzen.

Das Waschgefäß.

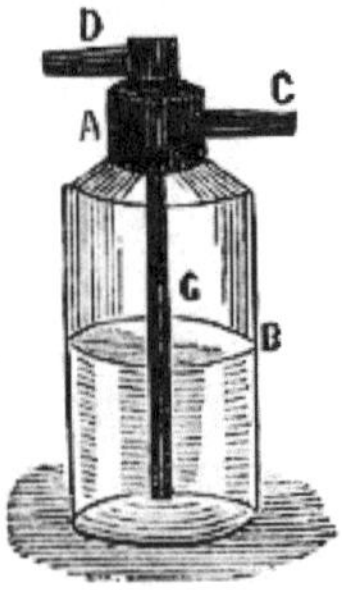

Fig. 91.

Aus der Retorte führt man den Sauerstoff mittels eines Schlauches zunächst in ein zum Teil mit Wasser gefülltes Waschgefäß, wie es die Fig. 91 zeigt, welches zum Kühlen und Waschen des Gases dient, und von diesem mit Hilfe eines zweiten Schlauches in den Gassack. Die Schläuche nehme man nicht zu eng und ziemlich dickwandig, um einem Verstopfen vorzubeugen; alle Verbindungen schnüre man mit Bindfäden fest. Die ganze Anordnung ist in der Abbildung Figur 92 skizziert. A ist die Retorte, die auf einem Kohlenfeuer oder Gasbrenner steht; sie ist durch einen Schlauch mit dem längeren Rohr C des mit Wasser halbgefüllten Waschgefäßes verbunden, und das kürzere Rohr D desselben wiederum mit dem Gassack E. Letzteren legt man etwas höher, damit die Einführung von Wasser in den Sack vermieden wird.

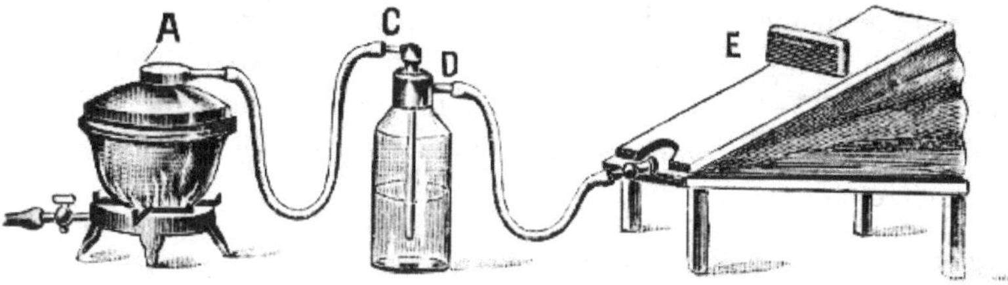

Fig. 92.

Material zur Sauerstoffentwicklung.

Zur Entwicklung des Sauerstoffes dient eine Mischung von 4 bis 5 Teilen chlorsaurem Kali mit 1 Teil Braunstein. Dabei ist ja zu beachten, daß der Braunstein keine Unreinigkeiten enthält. Vor allem befindet sich häufig Kohle darin, und dieses ist recht gefährlich; denn es bildet sich dann Kohlensäure in so großen Volumen, daß eine Explosion unausbleiblich ist. Ein einfaches Mittel, die Sauerstoffmischung auf ihre Gefahrlosigkeit zu prüfen, gibt die vom Verfasser bearbeitete zwölfte Auflage der »Projektionskunst« (Ed. Liesegangs Verlag, M. Eger, Leipzig), ein Werk, das zur näheren Orientierung über die Sauerstoffbereitung empfohlen sei. Es heißt dort: Wenn man eine frische Partie Braunstein kauft, mischt man etwa $^1/_2$ Gramm davon mit dem entsprechenden Verhältnis von chlorsaurem Kali, gebe die Mischung in ein Probiergläschen und halte dies über eine Gas- oder Lampenflamme. Ist das Material ziemlich rein, so zersetzt sich das Salz und das Gas entweicht rasch. Es mögen einzelne Lichtfunken über die Oberfläche der Mischung hinstreichen, die vielleicht von ganz geringen und unbedeutenden Beimischungen kohlenartiger Materie herrühren. Wenn jedoch eine hinreichende Menge von Kohle da ist, so daß eine Explosion zu befürchten steht, wird der ganze Inhalt des Glases in Form einer Flamme und brennender Teilchen hinausgeworfen, wie wenn eine Rakete abbrennt, aber viel heftiger. Ich brauche kaum zu sagen, daß man die Öffnung des Glases von sich abwenden muß; es ist dann mit der Probe auch nicht die geringste Gefahr verbunden.

Beim Abwiegen des chlorsauren Kalis sehe man darauf, daß keine Papierstücke, Stroh oder sonstige Stoffe organischer Natur hineinkommen;

jede brennbare Substanz könnte Störungen erzeugen, wenn auch in kleinem Maße, durch die Entwicklung von Chlorgas, das auf die Säcke allmählich zerstörend einwirkt.

Die eigentliche gasliefernde Substanz ist das chlorsaure Kali; man kann dieses auch allein verwenden, doch braucht man dazu eine viel stärkere Hitze; außerdem wird das Material flüssig, wobei es stürmisch kocht und spritzt, so daß dabei leicht das Abzugsrohr verstopft werden kann. Durch Zusatz von Braunstein wird eine gleichmäßigere Entwicklung herbeigeführt. Man ist dabei nicht gezwungen, ein bestimmtes Mischungsverhältnis einzuhalten; an Stelle des oben angegebenen Verhältnisses nimmt man vielfach z. B. eine Mischung von 3 Teilen chlorsaurem Kali mit 1 Teil Braunstein. An Stelle des Braunsteins kann man übrigens auch gut gereinigten Sand oder pulverisiertes Glas zusetzen.

Zuweilen fügt man außer Braunstein noch Kochsalz hinzu. Dieses bietet den Vorteil, daß man es dann in der Hand hat, durch Kleinermachen der Flamme die Entwicklung zu verlangsamen. Man nehme aber gut getrocknetes Tafelsalz und gebe den Zusatz erst bei Gebrauch, da das Salz Feuchtigkeit aus der Luft anzieht, wodurch ein Rosten der Retorte herbeigeführt wird. Rostbildung scheint sich bei dieser Methode überhaupt nicht vermeiden zu lassen. Es ist noch zu bemerken, daß bei Anwendung des Kochsalzzusatzes pulverisiertes Kali zugenommen wird, während man sonst kristallinisches vorzieht.

Zum Mischen breitet man das chlorsaure Kali auf einem großen, weißen Blatt Papier aus, prüft das Material auf Reinheit und streut den Braunstein darüber, worauf man beides mittels eines Papiermessers oder Holzstückes mengt. Da dieses eine schmutzige Arbeit ist, mischt man zweckmäßig eine größere Menge auf einmal und bewahrt das gemischte Material in kleinen Behältern auf, die jeweils soviel fassen, als für eine Vorführung nötig ist.

Als Anhalt mag dienen, daß 1 kg chlorsaures Kali, je nach Qualität und Reinheit des Salzes, 250 bis 275 Liter Sauerstoff liefert; in Wirklichkeit bekommt man etwas weniger, da man bei der Darstellung mit einigem Verlust zu rechnen hat. Der Braunstein kann übrigens immer aufs neue gebraucht werden, wenn man den in der Retorte verbleibenden Rückstand durch Auswaschen mit warmem Wasser von dem anhängenden Chlorkalium befreit und trocknet. Das öfter gebrauchte Material arbeitet sogar besser als frisches.

Die Selbstbereitung von Sauerstoff.

Wenn man die Mischung in die Retorte gebracht und diese ordnungsgemäß geschlossen hat, so verbindet man die Retorte zunächst, wie oben angegeben, mit dem Waschgefäß und beginnt sie dann auf einem Kohlenfeuer oder

Gasbrenner zu erhitzen. Durch die Schläuche blase man vorher durch, um sich zu überzeugen, daß sie auch nicht verstopft sind.

Die Schlauchverbindung zwischen Waschgefäß und Gassack stellt man erst her, nachdem die Gasentwicklung sich durch Aufsteigen von Blasen im Waschgefäß bemerkbar gemacht hat; zuerst aber läßt man noch etwas Gas entweichen, da dieses im Anfang noch Luft enthält. Mit Hilfe eines daran gehaltenen glimmenden Streichholzes, welches aufflammen muß, kann man erkennen, wann Sauerstoff kommt. Den Gassack muß man zuvor bei geöffnetem Hahn ausrollen, um die Luft daraus zu entfernen; im Winter tut man gut, ihn etwas vorzuwärmen, wodurch er geschmeidiger wird.

Erfahrungsgemäß soll man zunächst langsam und nicht zu stark anheizen. Wenn die Entwicklung in Gang kommt, dreht man die Retorte von Zeit zu Zeit auf dem Feuer, um sie gleichmäßig zu erhitzen. Wird die Entwicklung zu stürmisch, so stellt man die Flamme etwas kleiner oder nimmt die Retorte auf kurze Zeit vom Feuer; zuletzt aber erhitzt man stark, bis alles chlorsaure Kali zersetzt ist. In der Regel macht die Gasentwicklung zwischendurch eine Pause, um nach einigen Minuten verstärkt wieder einzusetzen; man warte dann ruhig oder stoße höchstens die Retorte einmal an. Wann die Gasentwicklung beendet ist, läßt sich daran erkennen, daß zum Schluß keine Blasen mehr durchs Wasser gehen; man schließt dann den Hahn des Gassackes. Bevor man aber die Retorte vom Feuer nimmt oder die Flamme löscht, ist es nötig, den Schlauch von der Retorte abzuziehen; denn es könnte sonst, wenn die Retorte kalt wird, infolge der Luftverdünnung aus dem Waschgefäß Wasser hineinsteigen und sie zum Platzen bringen. Die Retorte wird am besten gleich nach dem Kaltwerden mit Wasser gründlich gereinigt und durch Wärme getrocknet. Bei neuem Gebrauch muß sie kalt und trocken sowie ganz rein sein. Zeigt der Rückstand in der Retorte große, zusammengebackene Stücke, so hat man zu stark erhitzt und eine zu heftige Entwicklung herbeigeführt.

Zur Schonung des Gassackes gegen Abnutzung durch die chemische Wirkung des Gases ist es zweckmäßig, in das Waschwassergefäß einen Eßlöffel von doppelkohlensaurem Kali zu geben.

Der Sauerstoff-Generator.

Bei der eben beschriebenen Anordnung muß man alles Gas auf einmal entwickeln; es ist nun, wie oben schon angedeutet, in der Regel angenehm, wenn man während der Vorführung selbst nach Bedarf Sauerstoff nachentwickeln kann. Recht praktisch ist dazu die Konstruktion des Generators, der in Fig. 93 weiter unten zu sehen ist. Er besteht aus einem einerseits verschlossenen Eisenrohr, auf dessen anderes Ende ein genau aufgeschliffener Deckel paßt. Dieser wird durch einen übergreifenden Bügel geschlossen, welcher aber nicht direkt, sondern mittels einer Spiralfeder dagegen drückt. Dadurch ist eine Art Sicherheitsventil geschaffen; denn bei überstarkem Gasdruck gibt die Feder nach, der Deckel hebt sich und das Gas kann entweichen. In den Deckel ist das Austrittsrohr für den entwickelten Sauerstoff eingeschraubt. Die Retorte ruht in horizontaler Lage auf einem eisernen Gestell; zur Erhitzung dient ein darunter gesetzter Spiritus- oder Gasbrenner.

Herstellung und Verwendung von Braunsteinkuchen.

Zur Darstellung des Gases wird das gleiche Material wie oben verwandt, woraus man hier aber feste, zylinderförmige Kuchen formt. Diese sogenannten Braunsteinkuchen stellt man am besten aus einem Gemisch von 4 Teilen chlorsaurem Kali und 1 Teil Braunstein her. Es wird soviel Wasser zugesetzt, daß die Masse feucht, aber nicht naß wird. Nachdem alles gut gemischt ist, drückt man den Teig in das dem Apparat beigegebene Röhrchen, streicht das Überstehende ab und drückt den Kuchen mittels des zugehörigen Kolbens aus der Form heraus.

Das Trocknen der Kuchen geschieht bei gelinder Wärme oder an der Luft. Nach dem Trocknen werden sie in ein teigförmiges Gemisch von Wasser und Braunstein getaucht und nochmals getrocknet. Dies bewirkt, daß die Kuchen beim Gasentwickeln nicht am Metall festbacken. Die trockenen Kuchen sind reinlich in der Handhabung und hart wie Kohle. Wenn sie zur Gasentwicklung gebraucht sind und aus der Retorte genommen werden, haben sie noch ihre frühere Form; sie sind nur angeschwollen. Es darf auch hier nur reiner Braunstein, der keinerlei Verunreinigungen organischer Natur enthält, benutzt werden. Man achte ferner darauf, daß die Form recht sauber ist, damit keinerlei Oxydteile mit in die Kuchen gebracht werden.

Die Braunsteinkuchen steckt man nicht direkt in die Retorte, sondern legt sie zwischen zwei muldenförmige Bleche, welche zusammengelegt mit den darin befindlichen Kuchen eine Art Rohr bilden und in die Retorte hineinpassen. Hierdurch wird vermieden, daß die Hitze des Retortenmantels direkt auf die Kuchen übertragen wird. Man legt also die Kuchen, wie angegeben, zwischen die beiden Bleche und zwar derart, daß zwischen ihnen ein kleiner Abstand bleibt, und schiebt das Ganze dann in den Generator; je nach der Länge der Kuchen gehen 4 bis 6 Stück hinein. Durch diese Anordnung ist es möglich, die Gasentwicklung zu lokalisieren, und zwar wird jeweils nur derjenige Kuchen zersetzt, unter welchem sich der Brenner befindet. Bevor man die Retorte schließt, überzeuge man sich, daß die Abdichtungsfläche recht sauber ist, am besten geht man mit einem fettigen Lappen darüber.

Man verfährt nun in der Folge in der Weise, daß man die Flamme zunächst unter das Deckelende der Retorte bringt, und dann, durch Verschieben des

Brenners nach der anderen Seite hin, soviel Gas entwickelt, bis der Sauerstoffbehälter gefüllt ist. Dieses geschieht vor der Vorführung. Während der Vorführung entwickelt man in dem Maße Sauerstoff nach, als er verbraucht wird, indem man den Brenner weiterschiebt und einen Kuchen nach dem anderen zersetzt; sobald die ganze Füllung aufgebraucht ist, bringt man eine neue Ladung Kuchen in die Retorte.

Hat man mit großem Sauerstoffverbrauch zu rechnen, so ist die Verwendung zweier solcher Generatoren zu empfehlen, welche abwechselnd in Tätigkeit treten; man verbindet sie mit einem Umschalthahn, von wo aus das Gas in den Behälter geführt wird.

Zum Auffangen des Sauerstoffes dient hier ein kleiner Gassack oder ein Gasometer. Beim Gebrauch eines Gassackes entspricht die Anordnung der oben beschriebenen (Figur 92); es ist ebenfalls ein Waschgefäß einzuschalten. Damit man nun aber während der Vorführung ungestört nachentwickeln kann, muß das Einführungsrohr für den Sauerstoff mit einem Rückschlagventil versehen sein, weil sonst bei Neuladung der Retorte das Gas aus dem Sack entweichen würde. Zur Entnahme des Sauerstoffes für den Brenner ist ein besonderer Schlauchhahn am Gassack vorzusehen.

Sauerstoff-Gasometer mit Tauchglocke.

Vielfach wird der beschriebene Generator in Verbindung mit einem Gasometer benutzt, und zwar hat sich dafür die folgende Form in langjährigem Gebrauche bewährt. Es ist das eine Konstruktion, welche namentlich auch für die Reise sehr zweckmäßig ist, weil sie sich wie ein Koffer zusammenpacken läßt (Figur 94).

Das Gasometer ist aus verzinktem Eisenblech konstruiert. Es besteht im wesentlichen aus einem Behälter, dessen unterer Teil mit Wasser gefüllt wird, und einer Glocke. Der Sauerstoff wird unten in das Wasser geleitet, steigt auf und sammelt sich unter der Glocke, die dadurch gehoben wird. Ein besonderes Waschgefäß ist hier nicht erforderlich.

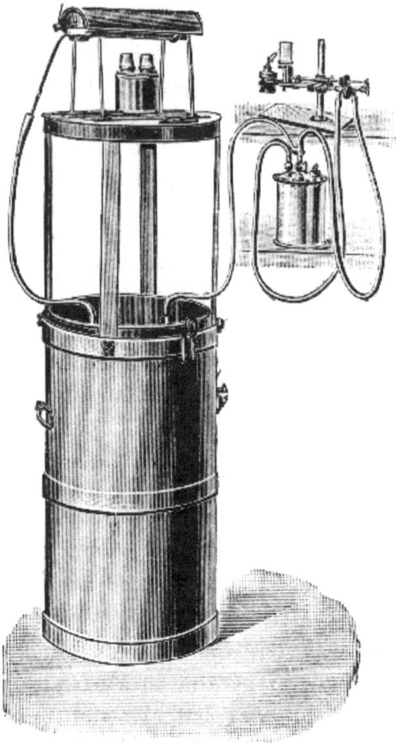

Fig. 93.

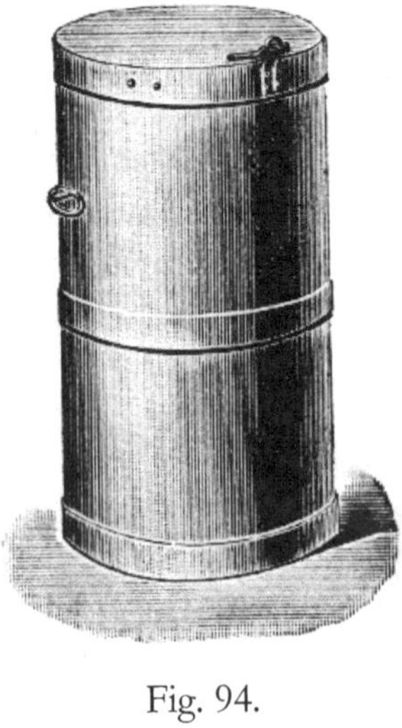

Fig. 94.

Damit nicht zu viel Wasser gebraucht wird, ist das Gasometer mit einer zylinderförmigen »Seele« versehen, welche etwa bis zur Mitte der Höhe des Behälters reicht. Der Raum, der dadurch gewonnen wird, und der im übrigen stets trocken bleibt, kann sehr gut zum Verpacken von Apparatteilen benutzt werden; unten ist er durch einen Deckel geschlossen.

Der zylinderförmige Mantel der Glocke ist nach oben hin fortgesetzt und bildet hier einen runden Kasten, der ebenfalls zum Verpacken von allerhand Gegenständen verwandt werden kann. Der obere Deckel des Gasometers ist mit vier Stangen versehen und bildet mit diesen eine Art Tisch. Die Stangen sind unten durch einen Ring verbunden. Wenn der Apparat aufgestellt ist, ragt dieses Tischchen oben heraus; der untere Ring ist dann mit vier Flügelschrauben an der Wandung des Behälters befestigt (vergl. Fig. 93). Ist der Apparat verpackt, so liegt der Deckel fest auf dem Behälter und die Stangen ruhen zwischen den Wandungen des Behälters und der Glocke (siehe Fig. 94).

Zum Gebrauche nimmt man zunächst den oberen Deckel sowie die Glocke heraus und füllt den unteren Teil des Behälters mit Wasser bis etwa 3 cm unter den Boden der »Seele«. Man braucht dazu meist nicht mehr als einen Eimer Wasser. Dann setzt man die Glocke ein und läßt sie ganz heruntersinken; dazu muß der Schlauchhahn geöffnet werden, damit die Luft entweichen kann. Das Einfüllen von Wasser kann auch durch eine Verschlußschraube in der Glocke geschehen. Das obere Gestell (Tischchen) wird angeschraubt, der Sauerstoffgenerator darauf gesetzt und alsdann durch einen Gummischlauch mit demjenigen Rohre (ohne Hahn) innerhalb des Kastens verbunden, welches bis unten in das Wasser herunterreicht.

Beim Gebrauch des Gasometers werden in diesen Kasten die Gewichte zum Beschweren der Glocke gebracht; man kann anstatt solcher auch Wasser einfüllen.

Vor der Vorführung entwickelt man in der oben beschriebenen Weise soviel Gas, bis der innere Blechkasten etwa noch eine Hand breit von der Platte des oberen Gestelles absteht. Man löscht dann die Flamme im Generator aus und kann, falls einige Zeit übrig bleibt, die hierzu gebrauchten Kuchen noch durch neue ersetzen. Bei Beginn der Vorstellung zündet man den Brenner unter der Retorte wieder an und läßt die Flamme klein brennen, so daß die Gasentwicklung, dem Verbrauch entsprechend, zunächst langsam vor sich geht.

Zur Ableitung des Sauerstoffes aus dem Gasometer befindet sich in dem inneren Blechkasten ein zweites Rohr mit Hahn, welches mit dem Kalklichtbrenner durch einen Schlauch verbunden wird.

Wasserdruck-Gasometer.

Es gibt noch eine andere Form von Gasometer, die vornehmlich für ständige Einrichtungen, wie Theater und sonstige Etablissements oder Institute, recht zweckdienlich erscheint. Dieses Gasometer besteht aus einem zylindrischen, allseitig geschlossenen, starken Behälter, der, wie die Abbildung Fig. 95 zeigt, folgendermaßen ausgerüstet ist. Unten sind drei Hähne angebracht: einer, A, zum Einführen des Wassers, der zweite, B, zum Ablaufen des Wassers und der dritte, C, zum Einführen des Sauerstoffes, während sich oben ein vierter Hahn, D, zur Entnahme des Sauerstoffes befindet. M ist ein Manometer, welches den Druck angibt, und W ein Wasserstandsmesser. Die beiden Wasserhähne werden mit der Wasserleitung bezw. Kanalisation verbunden, und zwar am besten durch eine feste Rohrleitung.

Man arbeitet mit dem Apparat in folgender Weise: Zunächst läßt man den Behälter ganz voll Wasser laufen, wozu man den Hahn A sowie auch den Hahn D öffnen muß, und bereitet inzwischen die Darstellung von soviel Sauerstoff vor, als zur Vorführung erforderlich ist. Die Retorte stellt man wenn möglich etwas höher als das Gasometer, damit nicht, wenn man fälschlicherweise bei offenstehenden Hähnen die Retorte öffnet, das Wasser in dieselbe hereinlaufen kann. Nachdem das Gasometer gefüllt ist, was sich am Wasserstandsmesser leicht erkennen läßt, schließt man beide Hähne, verbindet die zur Entwicklung des Sauerstoffes fertiggestellte Retorte durch einen Schlauch mit dem Gaseinführungshahn C und entzündet den Brenner; man darf nun fernerhin ja nicht vergessen, den Wasserablaufhahn B zu öffnen, damit der eintretende Sauerstoff Platz bekommt. Versehen in dieser Hinsicht sind ausgeschlossen, wenn man die beiden Hähne B und C in einem Schalthahn vereinigt, der, ähnlich wie der Sicherheitshahn beim Gasbadeofen, Gaszufuhr und Wasserablauf gleichzeitig kontrolliert.

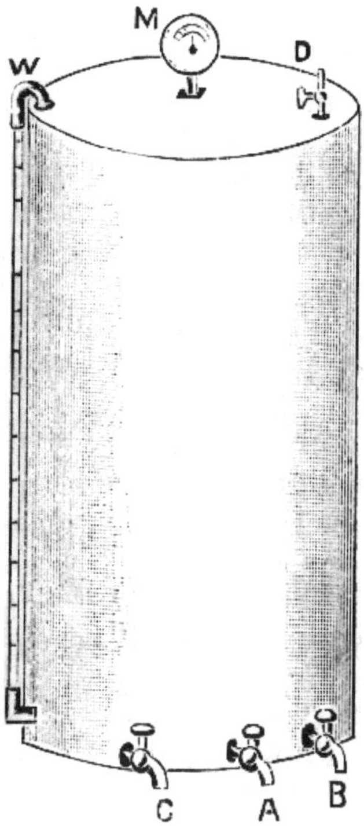

Fig. 95.

Wenn die Entwicklung beendet ist, schließt man die Hähne. Bevor man nun Sauerstoff aus dem Gasometer entnimmt, öffnet man den Hahn A und läßt so lange Wasser einlaufen, bis das Manometer M denjenigen Druck anzeigt, mit welchem man arbeiten will. Der Hahn D wird darauf mit dem Kalklichtbrenner verbunden, und nachdem das Licht dargestellt ist, öffnet man den Ventilhahn A wiederum, und zwar muß man ihn derart einregulieren, daß der vom Manometer angezeigte Druck konstant bleibt; läßt der Druck nach, so ist der Hahn etwas weiter zu öffnen und umgekehrt. Die Arbeit des Einregulierens wird hierbei erspart, wenn in das Wasserzulaufrohr ein automatisch wirkendes Reduzierventil eingeschaltet ist, das man auf den gewünschten Druck einstellt; der Sauerstoff tritt dann in gleichmäßig starkem Strome aus dem Gasometer zum Brenner.

Man kann auch so verfahren, daß man den vollen Druck der Wasserleitung auf das Gas wirken läßt und letzteres beim Ausströmen aus dem Gasometer durch ein Reduzierventil führt. Dazu wird der Hahn A von vorneherein ganz offen gestellt und man wartet mit der Gasentnahme, bis das Manometer die Atmosphärenzahl der Wasserleitung anzeigt und nicht mehr steigt; auch beim Betriebe bleibt der Hahn A dann völlig geöffnet.

Das Gasometer muß so groß sein, daß es genügend Sauerstoff faßt, als für eine Vorführung notwendig ist. Wo der Bedarf an Sauerstoff ein anhaltend großer ist, empfiehlt es sich, zwei solcher Gasometer nebeneinander aufzustellen, welche durch Umschalthähne miteinander verbunden sind und die man abwechselnd füllt und in Betrieb nimmt. Der Wasserstandsanzeiger gibt darüber Aufschluß, wieviel Gas jeweils im Gasometer enthalten ist. Man ist übrigens bei der Verwendung zweier Gasometer in der Lage, einen derselben vor der Vorführung unter so starkem Druck mit Gas zu füllen, als es die Atmosphärenzahl der Wasserleitung gestattet, indem man dazu das zweite Gasometer als Pumpe gebraucht. Man verfährt dabei folgendermaßen: man füllt beide Gasometer in der oben angeführten Weise mit Sauerstoff, stellt dann den Umschalthahn, welcher die beiden oberen Teile miteinander verbindet, offen, sodaß eine Verbindung geschaffen ist, und läßt in das eine Gasometer Wasser laufen, und zwar so lange, bis sämtliches Gas in das andere Gasometer herübergedrückt ist. Darauf schließt man die Hähne, läßt das Wasser aus dem ersten Gasometer ablaufen, füllt dieses aufs neue mit Sauerstoff und führt diesen wiederum in den anderen Behälter über, indem man Wasser einströmen läßt. Dieses Verfahren kann man so lange wiederholen, bis der Sauerstoff auf diejenige Atmosphärenzahl zusammengepreßt ist, unter welcher die Wasserleitung steht. Hat die Wasserleitung beispielsweise einen Druck von 5 Atmosphären, so kann man in einem Gasometer von 50 Liter Inhalt 250 Liter Sauerstoff aufspeichern.

Ist keine Wasserleitung vorhanden, so benutzt man zur Herstellung des Wasserdruckes ein mehrere Meter hochgestelltes großes Gefäß, das man durch eine Rohr- oder Schlauchleitung mit dem Wassereinführungshahn des Gasometers verbindet. Je höher man das Gefäß stellt, desto stärker wird der Druck; dabei mag als Anhalt dienen, daß jedes Meter Höhe einem Druck von $^1/_{10}$ Atm. entspricht. Es bietet auch hier keine Schwierigkeit, den Sauerstoff unter so starken Druck zu setzen, daß man mit dem Starkdruckbrenner arbeiten kann. An Stelle des Federmanometers wird bei dieser Anordnung ein Quecksilbermanometer angebracht; ein Druckreduzierventil ist hier nicht erforderlich, zweckmäßig ist es aber, die Gasentnahme durch einen Ventilhahn erfolgen zu lassen, der eine feinere Regulierung gestattet.

Das Wasser, das man beim Einführen des Sauerstoffes in das Gasometer ablaufen läßt, kann man zum Füllen des oberen Behälters benutzen, was bei stationären Anlagen am besten durch sofortiges Heraufpumpen geschieht.

Auf einen Punkt ist noch hinzuweisen. Beim Betrieb läßt hier der Druck, unter welchem der Sauerstoff steht, in gleichem Maße nach, wie das Gas entnommen wird. Das kommt dadurch, daß der Druck durch den Abstand der Wasserspiegel in den beiden Behältern bedingt ist und daß dieser Abstand immer kleiner wird, weil das Wasser oben sinkt und unten steigt. Damit sich nun dieses Nachlassen des Druckes nicht auf den Brenner und das Licht überträgt, darf man den Hahn D von vorneherein nicht ganz öffnen, sondern muß ihn so einstellen, daß man genügend nachregulieren kann, um den Sauerstoffstrom in gleicher Stärke zu erhalten.

Dieses Nachlassen des Druckes läßt sich übrigens, wenigstens zum großen Teil, durch folgende Vorrichtung vermeiden: Es wird oben in das Gasometer und zwar dicht unter die Decke ein kleines offenes Gefäß eingesetzt, in welches man das vom oberen Behälter kommende Rohr münden läßt; nun läuft das Wasser zunächst in dieses Gefäß und der Druck rechnet sich nach dem Abstand desselben vom Wasserspiegel oben, woraus ersichtlich ist, daß er in wesentlich geringerem Maße als vorher abnehmen wird. Damit das Wasser aus dem kleinen Gefäß nicht herunter plätschert, wird eine Rohrleitung bis zum Boden des Gasometers vorgesehen.

Wenn das Gasometer mit einem abschraubbaren, dicht schließenden Deckel vorgesehen wird, so eignet sich die Einrichtung besser für die Reise. Man kann dann den Behälter, nachdem er innen gut getrocknet ist, für den Transport als Koffer benutzen und mit Apparatteilen verpacken. Der zweite Behälter wird dann zweckmäßig so weit gemacht, daß sich der andere hineinstecken läßt; man kann sich übrigens mit einem hinreichend großen Waschkübel behelfen, das man durch einen Saugheber und Schlauch mit dem Gasometer verbindet.

Da der Druck bei dieser Anordnung nicht so groß ist, als daß ihn der aus der Retorte kommende Sauerstoff nicht überwinden könnte, so bereitet es hier keine Schwierigkeit, während des Betriebes Gas nachzuentwickeln. Wenn man so verfährt, kommt man mit einem wesentlich kleineren Gasometer aus, was für die Reise eine große Annehmlichkeit bereitet.

Eine andere Methode, den Sauerstoff unter starken Druck zu setzen, besteht darin, daß man ihn zunächst in einen Gassack oder Gasometer bringt und dann in einen starken, allseitig geschlossenen Behälter pumpt.

Die Selbstbereitung von Wasserstoff.

Wasserstoff erzeugt man auf kaltem Wege durch Zersetzung von Wasser, indem diesem Schwefelsäure und metallisches Zink zugesetzt wird. Man bedient sich dabei einer Retorte aus Glas oder besser Blei und leitet das entwickelte Gas in einen Sack; dabei ist die Einschaltung eines Waschgefässes zu empfehlen, weil sonst die Verunreinigungen des Wasserstoffes auf den Kautschuksack zerstörend einwirken würden.

In die Retorte, durch deren Deckel ein kupfernes Rohr mit Trichteransatz geht, wirft man etwa 250 gr Zinkstücke und gießt dann durch den Trichter verdünnte Schwefelsäure ein. Diese wird zuvor in einem irdenen Gefäß mit 5 Liter kaltem Wasser bereitet, dem man unter ständigem Umrühren mit einem Glasstab in kleinen Portionen 600 ccm Schwefelsäure zusetzt; vor Gebrauch muß diese Mischung erst erkalten.

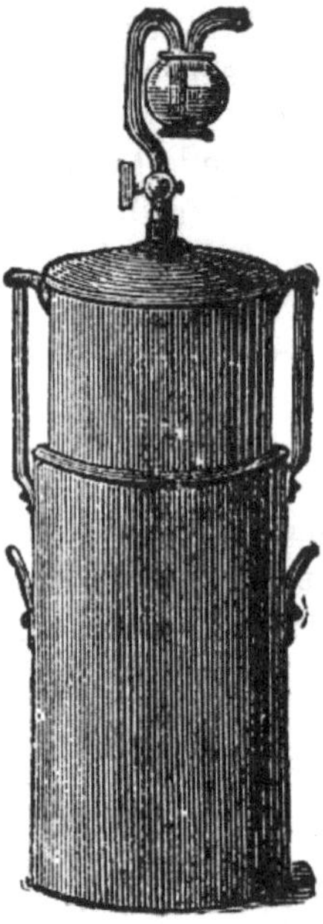

Fig. 96.

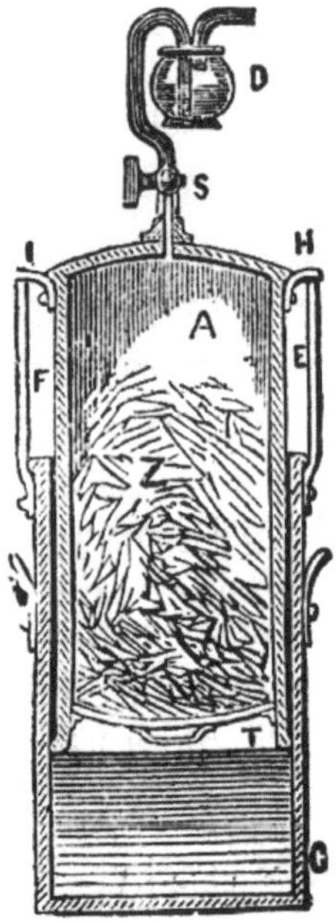

Fig. 97.

Das erste Gas, welches noch mit Luft versetzt ist, läßt man durch das zuvor mittels Schlauches verbundene Waschgefäß entweichen; nach 1-2 Minuten schließt man auch den Gassack an, nachdem man aus diesem durch Ausrollen möglichst alle Luft entfernt hat; man vergesse nicht, den Hahn des Sackes zu öffnen.

Den Sack muß man nach jedesmaligem Gebrauch bei offenem Hahn wieder gut ausrollen, um allen Wasserstoff daraus zu entfernen. Da man ungefähr doppelt soviel Wasserstoff als Sauerstoff gebraucht, nehme man gleich einen genügend großen Sack.

Ein Wasserstoffentwickler, bei dessen Verwendung kein Gassack erforderlich ist und welcher während der Vorführung nach Maßgabe des Verbrauches Gas entwickelt, ist in den Abbildungen Fig. 96 und 97 dargestellt. Dieser ganz aus Kupferblech gefertigte Apparat besteht aus einem äußeren Behälter C mit 2 Handhaben B und einem inneren Zylinder A, welcher sich mittels zweier Haken I und H in C auf- und niederheben läßt.

Wenn der Zylinder gehoben ist, läßt er sich, wie die Abbildung es zeigt, auf 2 Stangen E und F feststellen. In den Behälter C wird Wasser gegossen, das mit Schwefelsäure angesäuert ist, während man in den Zylinder A Zinktafeln und Abfälle bringt, die dann auf dem durchlöcherten Boden T ruhen. Soll der Apparat in Wirksamkeit treten, so läßt man den inneren Zylinder herunter; es entwickelt sich alsbald Wasserstoff, der durch ein Bleirohr S abgeleitet wird. D ist eine Waschflasche.

Der Apparat wird direkt mit dem Kalklichtbrenner durch einen Schlauch in Verbindung gesetzt, da er während der Vorführung selbsttätig soviel Gas liefert, als verbraucht wird. Bei starkem Gebrauch sinkt nämlich die Glocke tiefer und es kommt mehr Zink in die Säure, während bei geringem Gebrauch die Glocke steigt und das Zink aus der Säure heraushebt, wodurch die Entwicklung unterbrochen wird. Auf diese Weise reguliert sich der Apparat ganz von selbst.

Zur Füllung braucht man etwa 8 Liter Wasser mit einem Zusatz von ungefähr 2 1/4 Liter roher Schwefelsäure (stets die Säure in das Wasser gießen, nicht umgekehrt!). Es empfiehlt sich, reichlich Zink zu nehmen, damit der Vorrat nicht ausgeht; es wird dadurch nicht mehr verbraucht. Wenn der Druck nicht hinreichen sollte, so hängt man oben an die Glocke A ein entsprechendes Gewicht an.

Es ist ja zu beachten, daß man an das Wasserstoffgasometer nicht mit einem Licht herankommen darf.

Die Darstellung des Kalklichtes bei Anwendung von Gasometer oder Gassack.

Wenn man zur Darstellung des Sauerstoffes eine Einrichtung zur Verfügung hat, bei welcher das Gas unter genügend starken Druck gesetzt wird, wie dieses namentlich bei dem vorher beschriebenen Gasometer mit Wasserleitungsanschluß der Fall ist, so geschieht die Darstellung des Kalklichtes in gleicher Weise wie bei Anwendung von komprimiertem Sauerstoff. Als Brenner kommt dann ebenfalls in erster Linie der Starkdruckbrenner in Betracht; man benutzt ihn sowohl, wenn Leuchtgas zur Verfügung steht, wenn man Wasserstoff in dem eben angeführten Apparat entwickelt, wie auch, wenn man mit dem Gasator arbeiten will. Bedient man sich eines Äthersaturators, so kann auch der Mischbrenner zur Verwendung kommen. In allen diesen Fällen ist dank des starken Gasdruckes die Erzielung eines intensiven Lichtes ermöglicht.

Anders liegt die Sache, wenn der Sauerstoff unter geringem Druck aufgespeichert und zum Brenner geliefert wird, wie namentlich bei Anwendung des Gasometers mit Gasdruck. Hier ist die Benutzung des Starkdruckbrenners ausgeschlossen, und man ist, wenn Leuchtgas aus der

Rohrleitung oder Wasserstoff aus dem Gasometer entnommen wird, auf den sog. Sicherheitsbrenner angewiesen, während bei dem Arbeiten mit dem Äthersaturator der Mischbrenner erforderlich ist. Letzterer kann auch zur Anwendung kommen, wenn man Sauerstoff und Wasserstoff in Gassäcken darstellt oder das Leuchtgas ebenfalls in einen Gassack füllt und dann beide Säcke gleich stark belastet; dieser Brenner erfordert nämlich, daß beide Gase unter gleichem Druck stehen. Dafür gibt aber der Mischbrenner, insbesondere in der Form mit großer Mischkammer, ein wesentlich besseres Licht, als es der Sicherheitsbrenner zu liefern vermag. Das ist in der Konstruktion begründet: beim Sicherheitsbrenner werden nämlich die beiden Gase in getrennter Rohrleitung bis zur Brennerspitze geführt und ihre Mischung findet erst in der Flamme statt. Wo es auf große Intensität ankommt, muß man daher zusehen, den Mischbrenner zur Anwendung zu bringen. Meist braucht man ihn in Verbindung mit dem Äthersaturator, da der Betrieb damit einfacher erscheint, als die Selbstdarstellung von Wasserstoff.

Die Handhabung des Äthersaturators und Mischbrenners ist hier dieselbe, wie sie oben bei Anwendung komprimierten Sauerstoffes beschrieben wurde. Es sei nochmals betont, daß man zum Auslöschen des Lichtes stets zuerst den linken Brennerhahn abstellen muß und daß man dann erst den Saturator absperren darf. Wenn man so verfährt, wird die Flamme nicht zurückknallen, wie dieses unter ungünstigen Verhältnissen (bei niedriger Temperatur oder zu geringer Füllung) eintreten kann. Ferner gilt auch hier, daß das Licht um so heller wird, je stärker man den Arbeitsdruck des Sauerstoffes macht, je mehr Gewicht man also auf den Gassack oder das Gasometer legt. Der gewöhnliche Mischbrenner läßt allerdings nur geringen Druck zu, weil er sonst anfängt zu zischen. Für starken Druck und hohe Leuchtkraft muß man den eben erwähnten Brenner mit großer Kammer nehmen. Die ganze Anordnung bei Anwendung des Sauerstoff-Generators und Gasometers ist weiter oben in Fig. 93 dargestellt.

Wenn man mit Leuchtgas oder Wasserstoff arbeitet und dieses ebenso wie den Sauerstoff aus einem Gassack entnimmt, so kann, wie bereits oben gesagt, ebenfalls der Mischbrenner benutzt werden. Es ist hier aber darauf zu achten, daß die beiden Gassäcke stets unter gleichem Druck sind; denn sonst kann es vorkommen, daß der Inhalt des mehr beschwerten Sackes sich in den anderen ergießt, wodurch sich eine gefährliche explosive Gasmischung bilden würde. Einen ziemlich gleichmäßigen Druck erhält man, wenn man die beiden Säcke aufeinander zwischen zwei Bretter legt und beschwert. Immerhin empfiehlt es sich, in die beiden Gasleitungen je eine Sicherheitsvorrichtung einzuschalten, die ein Zurückschlagen der Flamme verhindert, und zwar möglichst nahe beim Brenner. Die einfachste Vorrichtung dieser Art ist das in Fig. 98 abgebildete Sicherheitsrohr, dessen mittlerer, weiterer Teil mit Bimsstein gefüllt ist, während ihn nach beiden Seiten hin feine Drahtnetze abschließen. Vor Gebrauch überzeuge man sich durch Hindurchpusten, ob sich auch der Bimsstein nicht festgestopft hat und den Gasdruck schwächt. Sollte dieses der Fall sein, so schüttelt man, und wenn das nicht hilft, so schraubt man das Rohr auseinander, lockert die Stückchen und schüttet, wenn nötig, etwas davon ab.

Fig. 98.

Über die Darstellung des Lichtes ist hier folgendes zu bemerken: Nachdem die Wasserstoff- bezw. Leuchtgasflamme entzündet und das Kalkstück vorgewärmt ist, läßt man den Sauerstoff langsam zu, bis das Mischungsverhältnis zum Wasserstoff das richtige zu sein scheint. Das anfangs unruhige Licht wird nach einigen Minuten ganz ruhig und regelmäßig. Um das reinste Licht zu erhalten, ist etwas Übung erforderlich. Man öffnet beide Hähne vollständig, dann schließt man den Wasserstoff- (resp. Leuchtgas-) Hahn so weit, bis das Licht intensiv und rein ist. Schließlich versucht man, ob man etwas Sauerstoff absperren kann, ohne daß das Licht leidet. Zuviel von dem einen oder anderen Gas erzeugt Zischen, was nicht stattfinden darf. Zuviel Wasserstoff erkennt man an einer reichlichen roten Flamme um das Kalkstück, während sich Überschuß von Sauerstoff an der Abwesenheit der roten Flamme und mangelhaftem Licht bemerkbar macht. Man merke sic

h ja, daß hier zum Auslöschen stets zuerst der Sauerstoffhahn geschlossen werden muß.

Bezüglich des Druckes, unter welchen man die Gase stellt, gilt dasselbe, was soeben über das Arbeiten mit dem Äthersaturator gesagt wurde. Eins ist noch zu beachten: In dem Maße, wie die Gassäcke sich leeren, läßt auch der Druck nach. Man tut daher gut, die Hähne der Säcke nach und nach weiter zu öffnen und wenn sie halb leer geworden sind, ein weiteres Gewicht von einem Viertel des ursprünglichen darauf zu stellen.

Beim Sicherheitsbrenner, den man benutzt, wenn Leuchtgas aus der Rohrleitung oder Wasserstoff aus dem Gasometer entnommen wird, verfährt man in gleicher Weise. Das Zustandebringen des schönsten, reinsten Lichtes hängt auch hier ab von der richtigen Regulierung der Hähne, von dem Druck, unter welchem die Gase stehen, und von der richtigen Entfernung zwischen Spitze des Brenners und Kalkstück. Falsche Einstellung macht sich beim Sicherheitsbrenner leicht durch einen schwarzen Fleck im Lichte bemerkbar; wenn sich ein solcher zeigt, muß man den Sauerstoffhahn etwas abstellen. Bei Benutzung von Leuchtgas kann zuweilen ein Nachregulieren am linken Brennerhahn notwendig sein, wenn sich nämlich der Druck in der Gasleitung ändern sollte. Eine solche Druckveränderung macht sich besonders bemerkbar, wenn die Rohrleitung eng ist und in der Nähe mehrere Gasflammen angezündet oder ausgedreht werden.

Erfolgreich wird auch Azetylen-Kalklicht unter Verwendung des Sauerstoff-Gasometers oder Gassacks hergestellt. Es wird dabei ein Spezial-Brenner benutzt, der dem Sicherheitsbrenner ähnlich ist und bei dem sich die Gase erst außerhalb der Brennerspitze treffen. Auch hier ist in die Schlauchleitung, die vom Azetylenapparat zum Brenner führt, eine Wolfsche Flasche einzuschalten. Das erzielte Licht ist sehr kräftig.

Die Einstellung der Lichtquelle.

Auf eine genaue Einstellung der Lichtquelle ist der größte Wert zu legen. Die Lampe muß so im Apparat stehen, daß auf der Wand ein schönes, gleichmäßig weißes Bildfeld erscheint, wenn kein Film oder Bild eingesetzt ist. Bei falscher Einstellung zeigen sich blaue Flecken oder ein gelbroter Rand, fehlerhafte Erscheinungen, über welche die untenstehende Abbildung Fig. 99 Aufschluß geben mag. Bei 1 steht die Lampe zu weit rechts, 2 zu weit links, 3 zu hoch, 4 zu tief, 5 (gelbroter Rand) zu weit vom Kondensor, 6 und 7 (blauer Flecken) zu nahe am Kondensor und bei 8 richtig. Als allgemeine Regel kann man sich folgende merken: Wenn rundum ein blauer Ring sich zeigt, steht die Lampe zu nahe am Kondensor, zeigt sich ein roter Ring, steht sie zu weit; zeigt sich ein sichelförmiger Schatten, so muß man die Lampe immer in entgegengesetzter Richtung bewegen, also ist beispielsweise der Schatten oben, so muß man das Licht etwas senken.

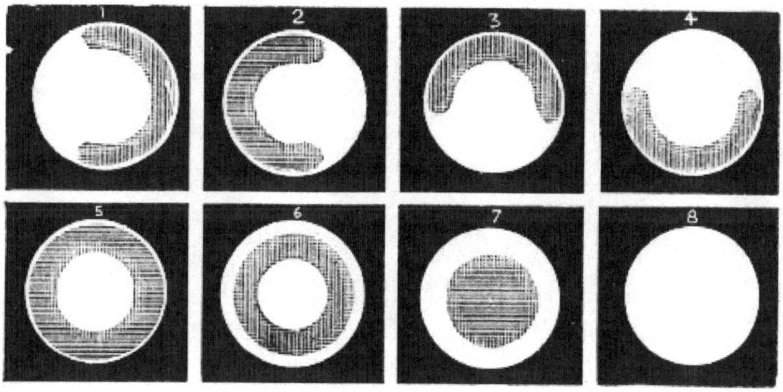

Fig. 99.

Man gebe sich beim Einstellen nicht mit halber Arbeit zufrieden, sondern zentriere recht sorgsam; es ist Sache einiger Augenblicke und lohnt durch schöne, klare Bilder.

Manche Kinematograph-Mechanismen haben eine Einstellvorrichtung für das Filmbild, die darin besteht, daß sich der Rahmen, in dem das Bild sitzt, heben oder senken läßt. Wenn man nun während der Projektion diese Vorrichtung benutzt, so wird es leicht vorkommen, daß sich nach der Verstellung des Rahmens in den beiden oberen oder unteren Ecken ein gelbroter Schatten zeigt. Diese Erscheinung ist darauf zurückzuführen, daß man die Rahmenöffnung aus dem Beleuchtungsfelde herausgebracht hat; um sie zu vermeiden, ist es erforderlich, beim Zentrieren der Lichtquelle den Rahmen nach oben und unten zu verstellen und die Lampe so einzurichten, daß das Bildfeld dabei stets ganz weiß bleibt. Wenn dies nicht geht, so muß man sich nötigenfalls dadurch helfen, daß man bei jeder Verstellung des Rahmens die Lichtquelle nachzentriert und so die roten Ecken beseitigt.

Kann man kein gleichmäßig beleuchtetes Feld erzielen, so gilt es zu prüfen, woran der Fehler liegt. Auf jeden Fall ist dann die optische Anordnung des Apparates nicht richtig. Entweder ist der Kinematograph-Mechanismus zu nahe oder zu weit vom Kondensor oder aber die Brennweite des Kondensors paßt nicht zu derjenigen des Objektives. In beiden Fällen muß Abhilfe geschaffen werden, wenn man ein gutes Resultat erzielen will. Ist der Apparat mit einer Einrichtung zur Projektion stehender Lichtbilder ausgerüstet, so muß die Einstellung der Lampe auch für diese Projektionsart stimmen.

Ausrüstungs-Gegenstände und Aufstellung des Apparates.

Das Stativ.

Das Stativ, worauf der Apparat zur Vorführung gestellt wird, muß recht kräftig und stabil sein, damit der Kinematograph beim Hantieren nicht ins Zittern gerät, wodurch ein unangenehmes Vibrieren des Lichtbildes verursacht würde. Aber nicht nur das: Der Apparat muß auch fest auf seiner Unterlage stehen, wenn nötig, darauf verschraubt werden. Ein hohler Kasten als Untersatz ist zu vermeiden, da er das unvermeidliche Geräusch des Bewegungs-Mechanismus verstärkt.

Zuverlässig ist ein stark gebautes Stativ in Tischform, wie es z. B. die Abbildung Fig. 100 zeigt; es wird mit einem Bort zum Auflegen von Sachen versehen, worauf ev. der Elektromotor zum Antrieb des Werkes kommt, während Regulierwiderstand und Schalter für den Motor an der Seite angebracht werden. In Kinematographen-Theatern verwendet man vielfach eiserne Stative. Für die Reise baut man zusammenlegbare Tischstative, die transportabel und doch völlig fest sind.

Die Projektionswand.

Kinematographische Lichtbilder werden meistens in der Aufsicht gezeigt, seltener durch einen transparenten Vorhang geworfen, wie dies vielfach bei der Glasbilder-Projektion geschieht. Zum »Aufwerfen« bedient man sich eines weißen, möglichst undurchsichtigen und glatten Schirmes, wie man solchen, in geeigneter Weise präpariert, unter der Bezeichnung »Reflexwand« bekommt. Schirting oder Leinwand sind ebenfalls recht brauchbar, doch sind diese Stoffe mehr oder minder lichtdurchlässig und sie werfen daher nur einen Teil der Strahlen zurück. Durch Bestreichen mit weißer Farbe, welche die Poren schließt, kann man die Reflexionsfähigkeit erhöhen, und zwar wird dazu empfohlen Zinkweißleimfarbe oder Stärkekleister mit einem Zusatz von Magnesia, während man von Oelfarbe absehen muß, da der Auftrag brüchig wird. Für die Reise sind solche präparierten Wände unbequem, weil sie sich nur rollen, nicht aber zusammenfalten lassen; man nimmt da lieber einen waschbaren, weißen Stoff, wenn er auch etwas weniger stark reflektiert. Sehr schön erscheinen die Bilder auf einer mit Zinkweiß gestrichenen oder mit Gips ausgespachtelten Mauerwand des Vorführungsraumes.

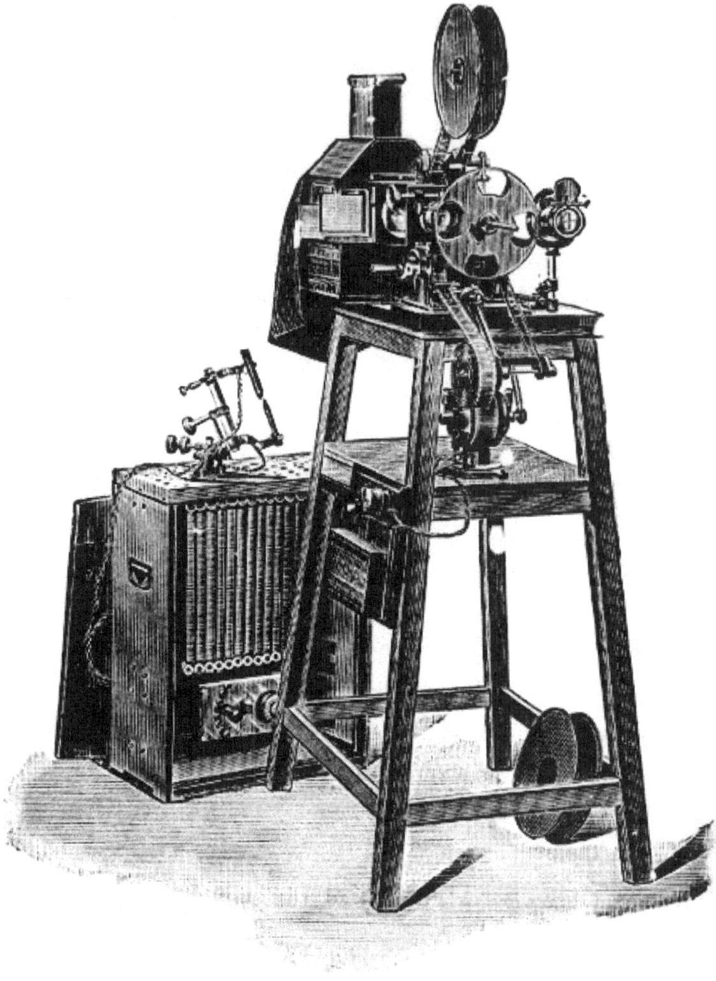

Fig. 100.

Neuerdings hat man Projektionsschirme in den Handel gebracht, deren Reflexionskraft durch einen Auftrag von Aluminiumbronze in Verbindung mit einem geeigneten Bindemittel wesentlich erhöht wird; sie sind unter dem Namen Silberschirme oder Totalreflexwände bekannt. Der Lichtgewinn ist ein ganz bedeutender. Er ist besonders hoch bei sehr glatter Ausführung der Oberfläche; doch ist bei starkem Glanz der Abfall der Helligkeit nach der Seite hin ein größerer, so daß seitlich sitzenden Zuschauern das Lichtbild weniger gut beleuchtet erscheint. Andererseits erhält man auf matteren Wänden dieser Art, deren Reflexionskraft geringer ist, ein Lichtbild, das innerhalb eines größeren Winkels in ungeschwächter Helligkeit erscheint. Während für schmale, lange Räume ein glatter, stark reflektierender Totalreflexschirm brauchbar ist, muß für breitere Räume eine entsprechend mattere Wand genommen werden. Infolge des großen Lichtgewinns bieten diese Schirme den Vorteil, daß man mit einer weniger intensiven Lichtquelle auskommt, daß man also erheblich an elektrischem Strom oder Sauerstoff sparen kann. Fernerhin gelangen auf der silbernen Oberfläche farbige Lichtbilder schöner und lebhafter zur Wiedergabe.

Wenn man die Lichtbilder in der Durchsicht zeigt, wobei der Apparat hinter dem Schirm steht, kommt es darauf an, daß der Vorhang gut transparent ist; ferner sollte der Stoff möglichst ohne Naht sein. In der Regel wird hier Schirting benutzt, den man in nahtlosen Stücken bis zu 5 Meter Breite bekommt. Will man aber ein zusammengenähtes Tuch zur Verwendung bringen, so empfiehlt es sich, die Naht quer zu nehmen, da sie so weniger stört, als wenn sie von oben nach unten durchs Bild geht. Der Schirting wird zum Durchwerfen des Bildes kräftig angefeuchtet, da er in trockenem Zustand zuviel Licht verschluckt. Es ist aber nicht zu vergessen, daß die Wand während der Projektion trocknet, namentlich in einem warmen Raum, wodurch die Bilder mit der Zeit an Klarheit verlieren. Man tut dann gut, eine Pause einzulegen und die Wand von neuem anzufeuchten. Setzt man dem Wasser etwas Glyzerin zu, so trocknet der Stoff weniger rasch auf. Zum Anfeuchten bedient man sich einer kräftigen Spritze oder eines Schwammes, der auf eine Stange gesteckt wird. Für ständigen Betrieb ist eine Berieselung des Schirmes praktisch. Das Wasser tritt aus einer Reihe von Öffnungen in einem Rohre aus, das oben längs der Wand läuft; unten wird es in einer Ablaufrinne aufgefangen.

Für die Durchprojektion kommen ferner auch Mattglasscheiben oder in geeigneter Weise präparierte Spiegelglasplatten in Betracht, die man auch gebogen hergestellt hat; sie sind allerdings in größeren Abmessungen sehr kostspielig. Pauspapier, das ebenfalls geeignet ist, kann man nur bis zu anderthalb Meter Breite erhalten, so daß seine Verwendung auf kleinere Vorführungen beschränkt bleibt. Man kann Schirtingwände in Art des Pausleinens dauernd transparent machen durch Bestreichen mit reinem Paraffinöl. Über den Lichtfleck, der sich bei der Durchprojektion leicht zeigt, ist Näheres in dem nächstfolgenden Abschnitt über die Aufstellung des Apparates gesagt.

Die Projektionswand wird auf einen Holzrahmen aufgespannt, und zwar faltenfrei. In Kinematographien-Theatern sieht man zuweilen geschickt angeordnete und geschmackvolle Dekorationen, welche die Wand umrahmen und die Illusion hervorrufen, als spiele sich die bewegte Szene auf einer Bühne ab. Wo der Projektionsschirm nur zeitweilig zur Benutzung kommt und anderen Darbietungen Platz machen muß, wie in Spezialitäten-Theatern, wendet man eine Aufrollvorrichtung an. Für die Reise ist ein aus Bambusstäben zusammengesetztes Rahmengestell recht praktisch, das sich für den Transport nebst dem Tuch in einem Kasten verpacken läßt. Wie die

Abbildung (Fig. 101) es andeutet, kann ein solches geeignetes Gestell von einer einzigen Person ohne Zuhilfenahme einer Leiter aufgerichtet werden.

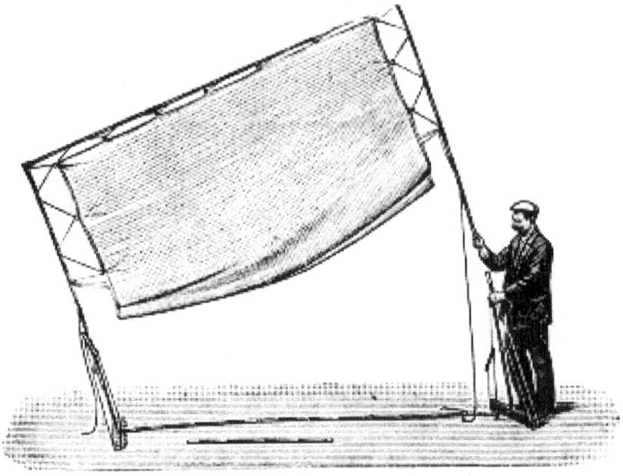

Fig. 101.

Ein anderes, namentlich auch auf der Reise zuweilen zweckmäßiges Verfahren, den Projektionsschirm aufzuspannen, zeigt Fig. 102. An der Decke werden zwei Rollen c und d angebracht und im Boden zwei Haken e und f. Nun befestigt man in den Ecken a und b der Wand zwei kräftige Stricke, die über die Rollen laufen, zieht die Wand hoch und verknotet die Stricke in den Haken e f. Mit Hilfe von dünneren Schnüren, die abwechselnd durch die Ringe des Tuches und um die Stricke geschlungen werden, spannt man die Wand beiderseits stramm an, um schließlich die Enden der Schnüre an den Haken zu befestigen.

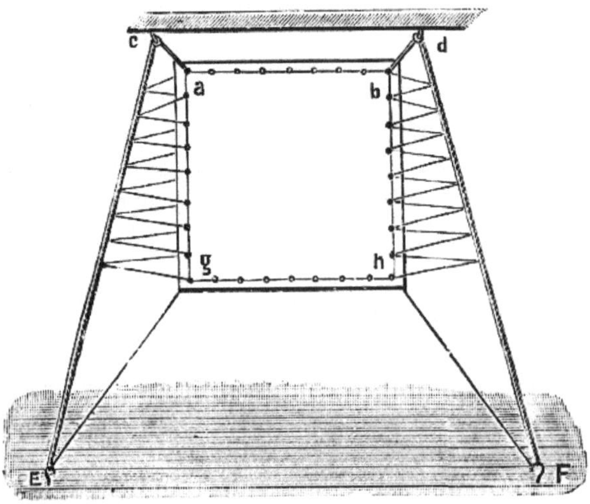

Fig. 102.

Der dunkle Raum.

Wenn die Vorführung am Tage stattfindet, so muß man für gehörige Verdunklung des Raumes Sorge tragen. Handelt es sich um ein ständig für Projektionszwecke einzurichtendes Lokal, wie ein Kinematographen-Theater, so wird man die Fenster beispielsweise durch eingepaßte Rahmen, die mit dichtem Stoff bespannt sind, abdichten. Bei vorübergehender Benutzung des Raumes muß man sich, wenn kein besseres Mittel zur Verfügung steht, mit Blenden oder Vorhängen behelfen. Läßt sich dabei »falsches Licht« nicht vermeiden, so sorge man vor allem dafür, daß es nicht auf den Projektionsschirm und möglichst auch nicht in die Augen der Zuschauer fällt; eventuell schütze man den Schirm dagegen durch ein seitlich aufgehängtes Tuch. Auch das Notlicht, das bei öffentlichen Vorführungen vorgeschrieben ist, muß man so anbringen und abblenden, daß es in keiner Weise stört.

Eine gute allgemeine Beleuchtung des Saales für die Zeit vor und nach der Vorführung sowie für Pausen darf man nicht vernachlässigen. Bei ständigen, theatermäßigen Einrichtungen empfiehlt es sich, nahe beim Apparat einen Schalter anzubringen, der gestattet, im richtigen Augenblick sofort hell oder dunkel zu machen. Wo eine solche Bequemlichkeit nicht vorhanden ist, sollte man für eine rasche und unauffällige Verständigung mit dem »Beleuchtungsmann« sorgen. Für öffentliche Vorführungen ist eine solche Verständigung mancherorts polizeilich vorgeschrieben, damit bei Feuersgefahr sofort hell gemacht werden kann.

Projektion bei Tageslicht.

Dieses Stichwort hat man in neuerer Zeit viel gehört. Es wurde mancherlei erfunden und patentiert. Der Sturm hat sich bald wieder gelegt, und was die praktische Verwertung anbelangt, sind unsere Kenntnisse dieselben wie früher. Das Publikum kann im erhellten Räume oder auch im Freien sitzen, wenn man nur dafür Sorge trägt, daß kein falsches Licht auf den Projektionsschirm gelangt. Handelt es sich um direktes Tageslicht, so deckt man dieses durch Vorhänge gegen den Schirm ab oder bringt diesen in den Hintergrund eines schwarz ausgeschlagenen, großen, tunnelartigen Kastens. Dienen Glühlampen zur Erhellung des Raumes, so versehe man diese nach vorne mit Blendschirmen. Jedes falsche Licht, das auf die Projektionswand fällt, verschleiert das Lichtbild, dieses wird weniger kräftig und plastisch — der Versuch ist leicht zu machen. Um einigermaßen einen Ausgleich zu schaffen, muß man eine kräftigere Lichtquelle verwenden, die das störende Licht überwindet. Von Wichtigkeit ist es fernerhin, daß die Zuschauer nicht durch das Licht, das zur Beleuchtung des Raumes dienen soll, geblendet werden. Bei der Durchprojektion ist es nach einer Erfahrung, die schon vor Jahrzehnten gemacht wurde, auch zulässig, daß ein mäßiges Nebenlicht auf den transparenten Schirm fällt, vorausgesetzt, daß dieser gut transparent ist. Es fällt dann nämlich die Hauptmenge dieses Lichtes durch den Schirm hindurch und gelangt nicht in die Augen des Publikums.

Aufstellung des Apparates und Anordnung der Zuschauerplätze.

Die Aufstellung des Apparates richtet sich in erster Linie darnach, ob die Bilder im auffallenden oder im durchfallenden Lichte gezeigt werden sollen. Wie oben schon erwähnt, pflegt man mit dem Kinematographen in der Regel »aufzuwerfen«; der Apparat steht dann vor dem Schirm, zwischen oder hinter dem Publikum. Bei der Wahl des Platzes muß nun der Vorführer nicht nur an sich, sondern hauptsächlich auch an die Zuschauer denken. Der Apparat soll ihnen nicht die Aussicht versperren, er soll nicht durch »falsches Licht« ihre Augen blenden und durch das unvermeidliche Geräusch ihre Ohren irritieren; auch soll der Vorführer nicht durch seine Hantierungen die Aufmerksamkeit auf sich lenken. Je weniger vom Apparat und vom ganzen Projektionsvorgang zu merken ist, desto besser. Eine Vorführung ist eigentlich erst dann als völlig gelungen zu bezeichnen, wenn das Publikum ungestört im Genüsse der Lichtbilder aufgehen kann.

Bei öffentlichen Vorführungen, insbesondere bei ständigen, theatermäßigen Einrichtungen sind die Sicherheitsbestimmungen zu beachten, welche die Polizei zum Schutze gegen Feuersgefahr erlassen hat. Da ist, in Deutschland wohl allenthalben, ein feuersicheres Häuschen vorgeschrieben, das sich hinter dem Zuschauerraum in einem mehr oder minder großen Abstand von der letzten Reihe befindet. Der Kinematograph wird darin aufgestellt und wirft das Licht durch eine Öffnung hinaus, die im Falle eines Brandes verschlossen werden kann. Diese Anordnung bietet gleichzeitig den Vorzug, daß der Apparat dem Publikum verborgen bleibt.

Solche Eisenhäuschen werden in transportabler Form gebaut, derart, daß die Wände aus je 2 Feldern bestehen, die mittels Keilen zusammengehalten werden. In der Rückwand ist eine Tür angebracht, während die Vorderseite außer einer oder zwei Projektionsöffnungen zwei Beobachtungsfensterchen besitzt. Um eine ausreichende Ventilation zu erzielen, wird die rückwärtige Hälfte der Decke aus Drahtgeflecht hergestellt. Ein solches Häuschen ist etwa 2 Meter hoch bei 2 Meter Breite und 2 Meter Länge.

Wenn man durchprojiziert, so gilt es nicht minder, für verdeckte Aufstellung des Apparates Sorge zu tragen. Der Schirm selbst bietet hier zwar eine gute Deckung, doch genügt diese nicht immer: man muß, wenn nötig, den freien Raum rechts und links vom Schirm verhängen, da sonst leicht die seitlich sitzenden Zuschauer einen freien Ausblick gegen den Apparat haben und durch den Lichtschein gestört werden. Der Vorführer tut gut, seine Anordnung hieraufhin vom Zuschauerraum aus zu prüfen.

Genau genommen sollte der Apparat so hoch gestellt werden, daß das Objektiv senkrecht gegen die Mitte des Schirmes gerichtet ist. In Wirklichkeit ist aber eine geringe Neigung auf- oder abwärts sowie auch in seitlicher Richtung durchaus zulässig. Unter stärkerem Winkel gegen die Wand zu projizieren, muß indessen vermieden werden, weil das Lichtbild dann mehr oder minder verzerrt erscheint und teilweise nicht scharf wird.

Beim Durchwerfen des Bildes zeigt sich zuweilen in der Mitte ein störender, greller Lichtfleck. Man kann diesen Übelstand vermeiden, indem man dafür sorgt, daß die Strahlen, die vom Objektiv gegen die Mitte des Schirmes gerichtet sind, in ihrer Verlängerung über die Köpfe der Zuschauer hinweggehen. Dazu braucht man nur den Apparat, wenn er in gleicher Höhe mit dem Publikum steht, etwas aufwärts zu neigen. Wenn der Apparat in einen starken Winkel gestellt werden muß, wird es erforderlich sein, den Schirm entsprechend nach rückwärts zu neigen.

Nun noch einige Worte über die Zuschauerplätze. Bei deren Anordnung sei das Prinzip maßgebend, daß jeder das Lichtbild gut sehen soll; es ist verfehlt, wenn man darauf ausgeht, nur recht viele Sitze in dem Saale unterzubringen. Die erste Reihe darf nicht zu nahe an die Projektionswand gerückt werden; denn zum Überblicken des Bildes ist ein gewisser Abstand erforderlich. Zweckmäßig ist es, die Sitzreihen amphitheatralisch ansteigen zu lassen, wie es in Hörsälen üblich ist; wenn dies nicht geht, so bringe man den Schirm hinreichend hoch an, damit die Vorderleute nicht mit ihren Köpfen die Aussicht versperren.

Daß bequeme Sitze dem Publikum lieber sind als enge, unbehagliche Bänke, versteht sich von selbst; desgleichen dürfte es selbstverständlich sein, daß der Eindruck einer noch so guten Vorführung leiden wird, wenn die Ausstattung zu wünschen übrig läßt.

Die Vervollständigung der Ausrüstung.

Was zu einer kinematographischen Einrichtung gehört und welcherlei Anordnungen zu treffen sind, haben wir im großen und ganzen erfahren. Einige weitere Ausrüstungsgegenstände, welche der Vorführer eines Unternehmens nicht entbehren kann, werden wir weiter unten noch kennen lernen; insbesondere eine Umrollvorrichtung und das Material zum Kleben von Films. Ferner darf ein Werkzeugkasten nicht fehlen, der die zu Reparaturen erforderlichen Instrumente, wie Hammer, Universalzange, Feilen, Schraubenzieher, Bohrer, Reibahlen, Stemm- und Schabeisen sowie diverse Schrauben enthält. Als Ergänzung dazu dient das Material zur Instandhaltung des Apparates, wie Oelkännchen, Bürste, Pinsel und Putzlappen, spitze Stäbchen zur Entfernung von Schmutz aus dem Werk, Poliermasse zum Putzen der Metallteile, mit denen der Film in Berührung kommt, und weicher Lederlappen zum Reinigen der Linsen.

Fig. 103.

Die ganze Einrichtung sollte derart getroffen werden, daß der Vorführer die beim Betriebe erforderlichen Gegenstände und Instrumente bequem zur Hand hat. So müssen Schalter und Widerstand für Bogenlampe, Regulator für den Elektromotor sowie der Schalter zum Erleuchten des Raumes vom Standpunkte des Vorführers aus leicht erreichbar sein. Den anderen Sachen, die zur Instandhaltung des Apparates und zur Pflege der Films gehören, ist ein bestimmter Platz zu geben.

Für die Reise bedarf man transportabler Einrichtungen, wie wir sie schon verschiedentlich erwähnt haben. Den Apparat bringt man unterwegs in einem kräftigen Kofferkasten (Fig. 103) unter, der mit Fächern für einzelne Teile versehen und ev. auch als Stativ verwendbar ist. Zum Mitnehmen der wertvollen, auf Spulen gewickelten großen Filmrollen gibt es verschließbare Kästen, wie sie Fig. 104 veranschaulicht.

Fig. 104.

Das Arbeiten mit dem Kinematograph.

Handhabung des Mechanismus.

Die Handhabung des Kinematographen ist im großen und ganzen recht einfach; doch sollte man es deshalb nicht versäumen, alle Teile des Apparates genau kennen zu lernen und sich mit der Bedienung durchaus vertraut zu machen, bevor man daran geht, eine eigentliche Vorführung zu veranstalten.

Nachdem der Apparat aufgestellt ist, muß zunächst die Lichtquelle, über die wir vorher bereits gesprochen haben, in Betrieb gesetzt und so eingestellt werden, daß auf dem Projektionsschirm ein gleichmäßig beleuchtetes Bildfeld erscheint, ohne blaue Flecken und ohne gelbrote Ränder. Dann gilt's den Film einzuspannen. Wenn der Apparat kein Kühlgefäß und keine automatische Feuerschutz-Einrichtung besitzt, so muß man beim Einspannen eine Vorsichtsmaßregel treffen, damit nicht die Strahlen während dieser Zeit den Film beschädigen oder gar entzünden. Recht zweckmäßig und einfach ist folgendes Verfahren. Man bringt in die Bildbühne des Apparates einen Bildhalter und setzt in eine der Schieberöffnungen ein Stück Mattglas, während die andere Oeffnung frei bleibt. Aus Fig. 50 ist diese Anordnung ersichtlich. Man schiebt nun das Mattglas vor den Kondensor, wodurch die Strahlen zerstreut und derart geschwächt werden, daß sie dem Film nichts mehr antun können. Gleichzeitig kommt das zerstreute Licht, das alle Teile des Mechanismus beleuchtet, beim Einspannen des Film sehr zu statten. Zuweilen wird statt dessen eine am Apparat angebrachte Verschluß-Vorrichtung verwandt, die dann aber alles Licht abschneidet. Empfehlenswert ist auch die weiter oben erwähnte Einschaltung eines Drahtnetzes.

Der Film wird aus der Büchse genommen und auf die Spule gesteckt, die, wie ich weiter oben beschrieb, in der Regel zweiteilig ist und sich auseinandernehmen läßt. Wenn der Film zu eng aufgewickelt war, so daß er nicht auf die Spule geht, so stecke man den Zeigefinger der rechten Hand in die Öffnung der Rolle und drehe den Film mit der linken Hand von außen her zurück; dadurch lockert sich die Rolle und die Öffnung kann allmählich erweitert werden.

Nachdem die Spule auf den dafür bestimmten Halter gesetzt und festgemacht ist, zieht man ein Stück Film herunter, um es in den Mechanismus einzuspannen. Es ist dabei folgendes zu beachten. Der Film muß stets »umgekehrt«, d. h. die Köpfe der Bilder nach unten, durch den Apparat laufen. Ferner muß die Schichtseite, das ist die matte Seite, die beim aufgerollten Film nach innen ist, dem Kondensor zugekehrt sein; nur wenn man die Lichtbilder »durchwirft«, wenn man also einen transparenten Schirm benutzt, soll die Schicht nach der anderen Seite, nach dem Objektiv hin, zeigen, weil sie sonst auf dem Lichtbilde seitenverkehrt (rechts und links vertauscht) erscheint. Auf einen Punkt muß ich noch aufmerksam machen. Man stecke die Filmrolle derart auf die Spule, daß der Film (von der Türe des Apparates aus gesehen) von oben her über die Spule kommt und nicht unter der Spule her in den Mechanismus läuft. In letzterem Falle kann der Film leicht in einer Schlaufe herunterhängen und je nach der Konstruktion des Apparates ist er dann mehr oder weniger der Gefahr ausgesetzt, durch die Blendflügel beschädigt zu werden.

Bevor man den Film einspannt, überzeuge man sich, ob auch alle Teile, mit denen er in Berührung kommt, recht blank und sauber sind, damit er beim Durchlaufen keine Beschädigungen erleidet. Beim Einspannen, das ich hier im einzelnen nicht beschreiben kann, weil ja die Handgriffe bei den verschiedenen Konstruktionen mehr oder minder voneinander abweichen, achte man besonders darauf, daß der Film mit seiner Perforation gut auf die Zahntrommeln zu liegen kommt, daß die Zähne schön in die Löcher eingreifen und die dagegen drückenden Rollen richtig anliegen. Wenn der Apparat mit einer Vorschubtrommel (oberhalb der Türe) versehen ist, so vergesse man ja nicht, zwischen ihr und der Türe einen Bausch zu bilden. Man mache jedoch den Bausch nicht zu groß, denn ein großer Bausch schlägt hin und her, wodurch nicht nur der Film leiden mag, sondern auch eine Abnutzung der Zahntrommel herbeigeführt werden kann.

Einen weiteren Bausch muß man dem Film geben bei Apparaten mit ruckweise bewegter Trommel, wie z. B. beim Maltesersystem, indem unten eine zweite Zahntrommel angebracht ist, welche den Film der Aufrollvorrichtung gleichmäßig zuführen soll, und zwar gehört der Bausch zwischen diese beiden Trommeln (vergl. Fig. 28). Auch hier heißt es: den Bausch nicht größer machen, als es ein glatter Transport des Filmbandes erfordert.

Es empfiehlt sich, die Einrichtung, die zur Nachstellung des Film dient, wenn das Bild nicht genau in der Oeffnung sitzt, also den verstellbaren Rahmen in der Türe oder die verstellbare Rolle, oder welcher Art diese Einrichtung sonst auch sei, von vorneherein auf die Mitte zu stellen, so daß nach beiden Seiten hin gleich viel Spiel zum Nachregulieren bleibt. Zweckmäßig ist es fernerhin, wenn man an der Transporttrommel des Bewegungs-Mechanismus und am Film selbst Marken anbringt, die beim Einspannen als Anhalt dienen und ein Nachregulieren überflüssig machen. Man macht dazu auf dem Filmband an einer kurzen Strecke im Anfange desselben die Linien zwischen den einzelnen Bildern, also Fuß- und Kopfende derselben, leicht kenntlich, beispielsweise durch eingestochene Löcher, und versieht die Transporttrommel mit entsprechenden Strichmarken, die sich mit obigen Zeichen decken müssen, wenn der Film richtig in der Türöffnung sitzen soll.

Bei erstmaliger Benutzung des Film schiebe man ihn in der Türe auf und ab und prüfe, ob er gut dadurch geht; denn es könnte vorkommen, daß ein Film zu breit ist und sich in der Türe klemmt. Nachdem die Türe geschlossen und der Film über die Transporttrommeln gespannt ist, klemmt man den Anfang des Bandes hinter der Feder der Aufrollspule fest. Ist eine solche nicht vorhanden, so stelle man vor den Apparat einen Behälter, und zwar so, daß der Film glatt hineinlaufen kann, ohne daß er unterwegs Widerstand findet. Wenn der Film nämlich nach dem Austreten aus dem Apparat aufgehalten wird, so bauscht er sich infolge der Stockung hoch und es besteht dann die Gefahr, daß er das Objektiv verdeckt und eventuell auch daß der Blendflügel ihn zerschlägt. Zum Auffangen des Filmbandes benutzt man einen Kasten, Korb oder Sack; sehr empfohlen wird auch ein Metallkasten mit abnehmbarem Deckel, in dem sich ein Schlitz zum Einführen des Film befindet. Ein solcher Kasten bietet besseren Schutz gegen Beschädigung und vor allem gegen Entzündung des Bandes, wie sie beispielsweise durch ein leichtsinnig zu Boden geworfenes glimmendes Streichholz oder Zigarre hervorgerufen werden könnte. Heutzutage sind übrigens auch die billigeren Apparate meistens mit einer Aufrollvorrichtung versehen.

Nun ist alles zur Vorführung bereit. Hat man sich beim Einspannen des Film zur Zerstreuung der Strahlen eines Mattglases bedient, so schiebe man in dem Augenblick, wo man zu drehen beginnt, mit der linken Hand den Bildhalter herüber, sodaß die freie Öffnung vor den Kondensor kommt und das Licht ungehindert passieren kann. Der Anfänger tut gut, zunächst ein paarmal langsam zu drehen und sich zu überzeugen, ob auch der Film allenthalben gut sitzen bleibt und glatt durch den Apparat läuft.

Der Vorführer muß sich alsdann durch einen Blick auf die Wand überzeugen, daß der Film richtig in der Türöffnung steht und daß das Lichtbild scharf eingestellt ist; wenn nötig muß er rasch nachhelfen. Die genaue Einstellung des Objektives besorgt man am besten vor dem Einspannen des Filmbildes, indem man dazu von einem Film ein kleines Stückchen abschneidet und dieses in die Türe einsetzt.

Die Geschwindigkeit, mit welcher die Kurbel des Apparates zu drehen ist, ergibt sich von selbst, wenn man dabei das Lichtbild beobachtet: die Bewegungen müssen natürlich erscheinen. Namentlich ein zu schnelles Drehen sollte man möglichst vermeiden; abgesehen davon, daß der Film dann rascher durchgelaufen ist, wirken die überhasteten und überstürzten Bewegungen höchst unangenehm. Lieber etwas langsam drehen als zu schnell! Ja es wird empfohlen, so langsam zu drehen, als es die Bildwirkung eben zuläßt. Allerdings ist unseren obigen Ausführungen zufolge zu beachten, daß bei größerer Geschwindigkeit das Flimmern geringer wird; ein starkflimmernder Apparat wird also, wenn man langsamer dreht, diesen Übelstand in erhöhtem Maße zeigen. In der Regel wird zu schnell gedreht.

Während der Vorführung muß der Operateur das Lichtbild im Auge halten; doch darf er nicht versäumen, auch den Durchlauf des Filmbandes durch den Apparat zu überwachen.

Über den Antrieb des Werkes mittels eines Elektromotors ist nur weniges zu sagen. Der Elektromotor muß für Spannung und Stromart des Leitungsnetzes eingerichtet sein und wird an letzteres direkt angeschlossen. In die Zuleitung kommen eine Sicherung, ein Ausschalter und ein Regulierwiderstand. Dieser Widerstand dient dazu, die Geschwindigkeit des Motors derart zu regeln, daß die dargestellte Lichtbilderszene natürliche Bewegungen zeigt. Die Verwendung des Motorantriebs bedeutet für den Vorführer eine nicht zu unterschätzende Entlastung, wenn es sich wie in Kinematographen-Theatern um ständige Vorführungen handelt; denn das Drehen mit der Hand ist auf die Dauer immerhin recht ermüdend.

Aufrollen und Umrollen des Filmbandes.

Hat man das Filmband in einen Behälter laufen lassen, so muß es nach der Vorführung wieder aufgerollt werden. Dabei ist nun zu beachten, daß das Ende des Film zuerst genommen wird. Ein einfaches und sicheres Verfahren, »das richtige Ende« zu finden, ist folgendes. Man greift in den Behälter, in welchen man das Band hat laufen lassen, nimmt irgend eine Schlaufe daraus hoch und sieht zu, nach welcher Seite die Fußenden der Filmbildchen zeigen. In dieser Richtung ziehe man den Film durch die Hand, bis man zu seinem Ende kommt, und nehme nun beim Aufrollen dies Ende zuerst.

Die Abbildung Fig. 105 zeigt einen Film-Aufwinder, welcher die Arbeit des Aufrollens sehr erleichtert. Auf die Achse desselben wird die Filmspule gesteckt und das Filmende hinter deren Feder geklemmt. Infolge der starken Übersetzung geht das Aufwinden rasch von statten. Man kann sich auch ohne ein solches Instrument behelfen, indem man die Spule auf dem Halter des Apparates beläßt, den Film darin fest macht und nun die Spule mit der Hand herumschlägt oder durch eine aufgesteckte Kurbel dreht.

Fig. 105.

Wenn der Apparat eine Aufrollvorrichtung besitzt, wie es jetzt in der Regel der Fall ist, muß der Film umgerollt werden, bevor man ihn wieder vorführt, denn beim Aufrollen ist hier der Anfang des Film, der zuerst durch den Apparat laufen soll, innen gekommen und das Ende außen. Zum Umrollen bedient man sich einer Umrollvorrichtung, wie sie Fig. 106 zeigt, oder man besorgt es mit Hilfe des Kinematograph-Mechanismus, wobei man folgendermaßen verfahren kann. Die Spule mit dem aufgerollten Film wird oben auf den Filmhalter gesteckt, während die leere Spule unten auf die Achse der Aufrollvorrichtung kommt. Man zieht nun das Ende des Film direkt von der oberen Spule (nicht durch das Werk hindurch, sondern davor her) zur unteren Spule, klemmt es darauf fest und dreht die Kurbel. Die untere Spule, die dabei vom Werk angetrieben wird, läuft mit und der Film wird umgerollt. Das ist ein Notbehelf, der nur da angebracht ist, wo der Kinematograph gelegentlich gebraucht wird; ein ständig arbeitendes Unternehmen kann natürlich eine ordentliche Umrollvorrichtung nicht entbehren.

Fig. 106.

Beim Aufwinden und Umrollen ist die Schichtseite des Film stets nach innen zu nehmen. Um eine gut gewickelte Rolle zu bekommen, legt man eine Hand auf und übt damit eine ganz leichte Bremsung aus. Ein festes Aufspulen ist zu vermeiden; denn man läuft dabei Gefahr, Schmutzteilchen, die daraufsitzen sollten, in den Film hineinzupressen. Durch ein nachher umgelegtes Gummiband hält man die Rolle zusammen.

Verwendung endloser Films.

An dieser Stelle sei auch die Verwendung der »endlosen Films« besprochen. Es sind das Filmbänder von etwa ein Meter Länge, deren Enden miteinander verklebt sind, sodaß man sie »endlos« durch den Kinematograph drehen kann. Dabei wiederholt sich die darauf dargestellte Szene im Kreislauf immerwährend; denn die Aufnahmen sind in geschickter Weise so gemacht, daß das Schlußbild in den darauf folgenden Anfangsbildern wieder eine natürliche Fortsetzung findet, daß sie also scheinbar ohne Anfang und ohne Ende sind. Diese Films sind natürlich für große Schaustellungen nicht verwendbar; sie eignen sich als billiger Ersatz für größere Films namentlich zu Demonstrationen, beispielsweise in Lehranstalten, wo es darauf ankommt, das Prinzip des Kinematographen praktisch zu erläutern, und sie lassen sich auch sonst bei kleineren Vorführungen zur Ergänzung eines andern Programms gut anbringen.

Nicht jeder Apparat ist zur Projektion von endlosen Films zu benutzen. Denn das Werk muß so gebaut sein, daß man das geschlossene Band in geeigneter Weise einspannen kann; auch ist ein verstellbarer Spulenhalter erforderlich. In der Regel sind die teueren, zu großen Schaustellungen bestimmten Modelle nicht dafür eingerichtet.

In welcher Weise der endlose Film in den Mechanismus eingespannt wird, hängt von dessen Konstruktion ab. Bei Apparaten mit Malteserkreuz, deren Türe sich wie gewöhnlich nach rückwärts öffnet, läßt man das Band hinter der Türe wieder hochgehen. Der Film wird über die Spule gelegt, sodaß er hinten herunterhängt, und dann in die Türe und über die Transporttrommel gespannt. Den hochgehenden Teil des Bandes legt man in einen seitlich angebrachten Bügel damit er den Lichtstrahlen nicht den Weg versperrt. Nun muß man noch den Spulenhalter, der hier verstellbar ist, so hoch stellen, daß der Film, ohne stramm gespannt zu sein, sich glatt durch den Mechanismus drehen läßt.

Die Abbildung Fig. 107 zeigt einen Mechanismus mit Schläger; hier läuft der Film vorne, neben dem Objektiv, wieder hoch. Das Einspannen erfolgt in entsprechender Weise. Bezüglich Einstellung des Filmbildes gilt dasselbe, was weiter oben gesagt wurde, und es ist natürlich auch hier zu beachten, daß der Film »verkehrt«, Kopf nach unten, durch den Apparat laufen muß.

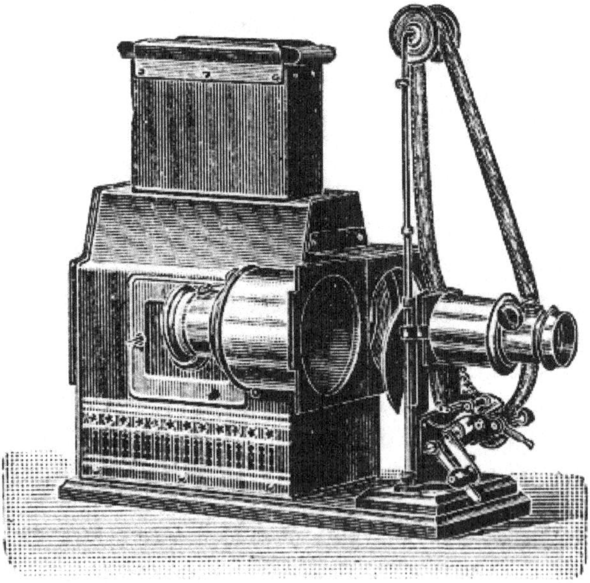

Fig. 107.

Die endlosen Films sind, wenn man sie aus der Dose nimmt, mit mehr oder minder starken Knicken und Falten versehen, welche den glatten Durchlauf durch den Mechanismus stören können. Man beseitigt sie dadurch, daß man den Film über einen Stab oder ein hinreichend breites Zwirnröllchen hängt und in die Schlaufe unten ein zweites Röllchen bringt, woran man ein Gewicht befestigt; nach ein bis zwei Stunden ist dann der Film glatt.

Das Flimmern und Mittel zur Behebung bezw. Minderung des Übels.

Als eine unangenehme Beigabe der kinematographischen Lichtbilder wird das Flimmern empfunden, eine Erscheinung, deren auch der beste Apparat nicht ganz Herr zu werden vermag. Das Flimmern ist eben in der Natur des Kinematographen begründet; es hat seine Ursache in der sprungweisen Aufnahme und Wiedergabe und dem hierdurch veranlaßten Wechsel zwischen hell und dunkel. Was sich durch geeignete Konstruktion des Bewegungs-Mechanismus und Formung der Apparate tun läßt, um das Flimmern möglichst zu verringern, habe ich oben eingehend dargetan. Wenn nun auf Grund dieser Erfahrungen der Apparat auf einen hohen Grad der Vollkommenheit gebracht ist, so liegt es am Vorführer, das »Überbleibsel« vom Flimmern durch geeignete Maßregeln möglichst gering zu halten. Diese Forderung mag unverständlich erscheinen, aber nur deshalb, weil die Gesichtspunkte, die ich jetzt erörtern will, wenig oder garnicht beachtet werden. Der Vorführer hat es tatsächlich vielfach in der Hand, dem Lichtbild eine größere Ruhe zu geben, und wenn er sich die Mühe nicht verdrießen läßt, in dieser Hinsicht zu wirken, so kann er der Dankbarkeit des Publikums sicher sein; denn gerade das Flimmern ist es, welches das Auge des Beschauers ermüdet.

Dem aufmerksamen Beobachter wird es nicht entgehen, daß sich bei ein und demselben Apparat und bei gleicher Beleuchtung das Flimmern einmal in stärkerem, einmal in schwächerem Grade zeigt, und er wird finden, daß der Unterschied im Film liegt; bei dem einen Film flimmert das Lichtbild schlimmer als beim andern. Die unangenehme Erscheinung tritt stärker auf bei Bildern mit ausgedehnten, ganz weißen Flächen, z.B. mit großem, hellen Himmel, während sie sich bei Szenen mit durchweg dunklem Hintergrund weitaus geringer bemerkbar macht. Das ist leicht erklärlich. Das Flimmern ist eine Folge des steten Wechsels von hell und dunkel; je heller nun das Bild ist, desto schärfer wird der Gegensatz zwischen hell und dunkel und desto störender wird der Wechsel auf das Auge. Am deutlichsten zeigt sich dies, wenn man den Film entfernt und, die Kurbel in richtiger Geschwindigkeit drehend, das weiße Gesichtsfeld beobachtet: da wird das Flimmern auffallend stark sein, weil wir jetzt dem Auge besonders intensive Lichteindrücke geben, denen stoßweise die dunkle Pause folgt.

Was soll nun der Vorführer tun, wenn er ein Bild mit großen, weißen »Flecken« hat? Wie kann er hier das Flimmern reduzieren? — Da steht zunächst ein Weg frei: dem Bild weniger Licht geben! Dadurch wird der

Gegensatz im Wechsel hell-dunkel geschwächt und das Flimmern auffallend geringer. Daß umgekehrt ein Zuviel an Licht das Flimmern fördert, läßt sich durch Prüfung leicht feststellen; damit stimmt auch die Beobachtung überein, daß ein kleines Lichtbild, mit gleichem Licht projiziert, stärker flimmert als ein großes Bild, indem ersteres wesentlich heller ist. Die Schwächung des Lichtes läßt sich natürlich nur dann und nur soweit durchführen, als das Bild in seinen dunkeln Teilen nicht darunter leidet. Ist der Film sehr hart gedruckt und verlangen die Schattenpartien viel Licht, so mag dies Verfahren unter Umständen mehr schaden als nützen. Jedenfalls ist aber als Regel festzuhalten: dem Film soll nicht mehr Licht gegeben werden, als nötig ist!

Eine weitere Beobachtung zeigt, daß ein gefärbter Film in geringerem Maße flimmert. Man kann dieses z. B. bei dem bekannten Feuerfilm sehen, der in seinem ersten Teil, Anfahrt der Feuerwehr etc., mehr oder minder stark flimmert, während die folgende Szene, die den Brand des Hauses darstellt, und bei welcher der Film rot gefärbt ist, wesentlich ruhiger erscheint. Da hätten wir also ein zweites Mittel, das darin besteht, den Film zu tönen. Der Vorführer braucht sich nun nicht mit Färberei-Versuchen zu befassen: er kann vielmehr eine ähnliche oder gleiche Wirkung mit Hilfe von Farbscheiben erzielen, die in den Strahlengang eingeschaltet werden. Von dem Effekt kann man sich sehr gut eine Vorstellung machen, wenn man den Apparat, ohne einen Film einzusetzen, dreht und die beleuchtete Projektionsfläche betrachtet: das zuerst weiße und stark flimmernde Feld wird ruhiger, sobald man eine farbige Scheibe in den Strahlengang bringt. Der Einfluß der verschiedenen Farben auf das Flimmern ist übrigens keineswegs gleich: gelb hilft wenig oder so gut wie gar nichts, rot dagegen dämpft das Flimmern außerordentlich stark, gleichfalls violett und blau, in noch etwas geringerem Maße grün; die Tiefe des Farbtons spielt dabei eine große Rolle: je dunkler die Farbe, desto stärker die beruhigende Wirkung.

Recht zweckdienlich ist zum Tönen des Bildfeldes eine mit verschiedenen Farbfeldern versehene und drehbar angeordnete Scheibe, welche hinter der Türe in den Mechanismus eingesetzt wird. Die Farbscheibe gehört nämlich zwischen Kondensor und Film; wenn man sie vor dem Objektiv anbringt, leidet das Bild leicht an Klarheit. Der Vorführer soll sich nun nicht verleiten lassen, eine solche Scheibe aufs Geratewohl zu benutzen. Ihre Verwendung bei dem einen oder andern Film muß vorher sorgsam studiert und probiert werden, wenn man nicht in Übertreibungen und Geschmacklosigkeiten verfallen will. Es ist durchaus nicht meine Absicht, die Farbscheibe als Allheilmittel gegen das Flimmern zu preisen und zu empfehlen, ich wollte vielmehr nur auf die vielfache Möglichkeit ihrer Verwendung hinweisen und Anregung zur häufigeren Benutzung geben.

Wer sich für die Bearbeitung und Färbung der Films selbst interessiert, findet darüber Näheres weiter unten; dort sind auch einige Mitteilungen über das Kolorieren von Films gemacht, ein Verfahren, durch welches man aus gleichem Grunde eine Minderung des Flimmerns erzielt.

Wissenschaftliche Untersuchungen über das Flimmern sowie auch über das Bewegungssehen sind neuerdings durch Prof. Dr. Marbe, Direktor des Physiologischen Instituts der Universität Würzburg, ausgeführt worden. Die Resultate sind niedergelegt in einer Schrift »Theorie der kinematographischen Projektionen« (Leipzig 1910), welche Interessenten empfohlen sei.

Das Flickern.

Zuweilen gewahrt man auf der Projektionswand ein heftiges »Flickern«, und zwar macht es sich namentlich in hellen Stellen des Bildes bemerkbar, wie z. B. in den Teilen, welche den Himmel darstellen. Diese Erscheinung rührt her von Kratzen und Schrammen im Film, sowie auch von Löchern in der Bildschicht; dies Übel ist oft viel schlimmer und störender als das geringe »Überbleibsel« vom Flimmern eines guten Apparates.

Ein paar einzelne Fehler im Film, selbst größere, bringen wenig Schaden, sie sind rasch vorüber. Aber die Menge kleiner Kratzen und Flecken ist schlimm; sie erscheint dem Auge wie ein Gewirre tanzender Mücken. Warum, ist leicht erklärlich. Die rasch nacheinander gezeigten Bilder gehen, wie wir wissen, in einander über und die Verschiebungen in den Bildern geben sich unserem Auge als Bewegung kund. Normaler Weise verlaufen diese Bewegungen glatt und ununterbrochen; wenn aber in zwei aufeinander folgenden Bildern eine starke Verschiebung eintritt, so gibt es einen Sprung. Das ist beispielsweise der Fall, wenn aus einem Film eine Anzahl beschädigter Bilder herausgeschnitten ist; an der Klebestelle bekommen wir dann eine plötzliche Versetzung, die sich als heftige Bewegung der Person oder des Gegenstandes unangenehm bemerkbar macht. So ist es auch mit den Flecken. Würde eine Anzahl aufeinander folgender Bilder je einen Fleck an derselben Bildstelle haben, so wäre dieser Fehler nicht schlimmer, als ein Fleck bei einem stehenden Lichtbild; würden diese Flecken in der Reihenfolge der Bilder nach und nach sich gegeneinander verschieben, indem sie beispielsweise von Bild zu Bild immer nach oben säßen, so nähme das Auge eine Bewegung des Fleckens nach aufwärts wahr, die gewiß schon recht störend sein würde. Wenn aber der Flecken einmal hier, einmal dort im Bilde sitzt, so bekommen wir bei der Projektion den Eindruck, als ob er hin und her tanzt; denn unser Auge nimmt ja die sprungweisen Verschiebungen als heftige Bewegungen wahr. Bei einem strapazierten Film ist es nun in Wirklichkeit noch viel schlimmer. Da gibt's auf jedem Bild nicht einen, sondern viele Flecken und Kratzen an beliebigen Stellen, und von jedem Bild zum nächsten sind sie regellos gegeneinander verschoben. Wie soll sich da unser armes Auge zurecht finden! Getreulich sucht es in all diese Verschiebungen Sinn zu bekommen und Bewegungen daraus zu konstruieren. Und was es da kombiniert, kann nichts anderes sein als ein tolles Hin- und Herspringen, so recht dazu angetan, um wirre zu machen und zu ermüden.

Häufig wird dies unangenehme Flickern mit dem Flimmern verwechselt und ungerechterweise dem Apparat die Schuld dafür gegeben. Tatsächlich kann gegen diesen Fehler, der ja im Film zu suchen ist, der beste Apparat nicht helfen. Wer sich davor bewahren will, muß gute Films verwenden und diese gut pflegen und schonen.

Die Projektion stehender Lichtbilder.

In den meisten Fällen wird der Kinematograph mit einer Vorrichtung zur Projektion stehender Lichtbilder versehen. Die verschiedenen Ausführungsarten desselben habe ich schon weiter oben besprochen. Es erübrigt sich hier darauf hinzuweisen, daß zum Einbringen und raschen Auswechseln der Glasbilder ein Bildhalter erforderlich ist, der in die Bildbühne dicht vor den Kondensor gebracht wird. Man hat vielerlei Arten von Bildhaltern konstruiert; am einfachsten ist und bleibt der Rahmen mit Doppelschieber, der zwei Bilder aufnimmt und durch Herüberschieben ein rasches Auswechseln ermöglicht. Wo man mit hoher Lichtstärke arbeitet und der Bildhalter in Gefahr kommt, sehr heiß zu werden, sei die Anwendung einer ganz aus Metall ausgeführten Konstruktion empfohlen.

Glasbilder bekommt man im Handel in großer Auswahl; es sei bemerkt, daß sie in zwei verschiedenen Formaten geliefert werden, nämlich $8\,^1/_4 \times 8\,^1/_4$ und $8\,^1/_2 \times 10$ cm. Man tut daher gut, sich einen Bildhalter zu beschaffen, der beide Bildgrößen durcheinander aufnimmt, wie ihn die Fig. 55 zeigte. Das innere Maß der beiden Formate ist übrigens in der Regel nicht größer als 7×7 cm, so daß eine Kondensorgröße von 10 bis 11 cm zur Beleuchtung ausreicht.

Der Bildhalter kann, worauf schon hingewiesen wurde, auch gute Dienste als Verschluß für den Kinematograph leisten, indem man in eine der Schieberöffnungen eine Blechscheibe oder ein Mattglas setzt.

Für die kinematographische Projektion ist ein stärkeres Licht erforderlich als zur Vorführung von Glasbildern. Wenn man daher zwischendurch stehende Bilder zeigt, so empfiehlt es sich, dafür die Helligkeit der Lampe etwas zu mindern, vorausgesetzt, daß die Beleuchtungs-Vorrichtung dieses zuläßt.

Die Behandlung und Pflege der Films.

Die Fürsorge für die Films spielt bei der kinematographischen Projektion eine große Rolle und sie darf nicht außer Acht gelassen werden, wenn man an ihnen längere Zeit Freude haben will. Zunächst gilt es, schon bei der Aufbewahrung der Films Vorkehrungen zu treffen, damit das Material in seiner Qualität keine Einbuße erleidet. Man muß es namentlich vermeiden, die Films an einem warmen und trocknen Platz aufzuheben; denn das Celluloid verliert dadurch an Geschmeidigkeit und wird auf die Dauer spröde und brüchig. Auch das Abspringen der Schicht wird durch Aufbewahrung an einem ungeeigneten Platz befördert. Am besten hält sich das Material an einem kühlen und feuchten Ort, und wo ein solcher nicht zur Verfügung steht, sollte man sich einen gut schließenden Zinkkasten verschaffen. In den Kasten kommt ein Einsatz mit einer durchlöcherten Platte, worauf die Films gelegt werden, und in den Raum darunter bringt man ein angefeuchtetes Stück Filz oder einen feuchten Schwamm, der die Films vor dem Eintrocknen bewahrt. Nach Bedarf muß der Filz oder Schwamm wieder angefeuchtet werden. Zuviel Feuchtigkeit kann schädlich wirken, indem dadurch die aus Gelatine bestehende Bildschicht in Gefahr kommt, schimmelig zu werden.

Über die schonende Behandlung des Filmbandes im Apparat haben wir oben schon gesprochen; es war dort davon die Rede, wie der Mechanismus gebaut sein muß, damit der Film beim Durchlauf keinen Schaden leidet. Es genügt nun nicht, wenn der Apparat in der angegebenen Weise konstruiert ist: er muß auch in entsprechendem Zustande gehalten werden. Und dazu gehört in erster Linie: Sauberhalten aller Teile, mit denen der Film in Berührung kommt. Das Celluloid setzt nämlich (namentlich bei neuen Films) infolge der Reibung bei der großen Geschwindigkeit einen Staub ab, der sehr hart ist und sich zu einer Kruste verfestigt. Diese Kruste aber bildet ein ganz ausgezeichnetes Schleifmittel, das nicht nur den Film verarbeitet, sondern auch die betreffenden Apparatteile angreift. Darum ist es dringend notwendig, die Auflageflächen in der Türe und auf den Trommeln und Rollen hinreichend oft sorgfältig zu reinigen; wenn möglich, geht man jedesmal, nachdem ein Film durchgelaufen ist, mit einer Bürste darüber. Auf keinen Fall darf man es unterlassen, die Teile zum Schluß gründlich zu reinigen.

Am meisten wohl werden in der Praxis die Films durch darauf geschmiertes Öl verdorben. Die Apparate werden vielfach zu stark geölt, ohne darnach gereinigt zu werden; das Öl verbreitet sich über die Teile, mit denen der Film in Berührung kommt, und nun erhält der Film einen klebrigen Schmierüberzug. Staub und Schmutz, der darauf liegt, bleibt haften und wird dann in der Aufrollvorrichtung fest darauf gepreßt. Es ist zu beachten, daß der Film infolge von Reibung leicht elektrisch wird und daß er alsdann Staub anzieht. Damit die Staubentwicklung im Raume eine möglichst geringe ist, trage man für häufige, gehörige Reinigung Sorge. Ferner empfiehlt es sich, die Films nicht zu fest auf- und umzurollen. Bei festem Aufrollen wird der daran haftende Staub geradezu in den Film eingepreßt, denn der Druck der Filmlagen aufeinander ist ein ganz gewaltiger. Besonders schädlich ist es dabei, wenn an dem Film körnige Schmutzteilchen sitzen, da diese zu Kratzen Anlaß geben.

Eine sachgemäße Behandlung der Films verlangt fernerhin, daß man das Band nach erfolgtem Durchlauf daraufhin nachsieht, ob es bei der Vorführung irgendwie gelitten hat, und daß man schadhafte Stellen, die sich zeigen sollten, ausbessert. Diese Prüfung kann man meist zweckmäßiger Weise beim Auf- oder Umrollen des Filmbandes vornehmen; man läßt dazu den Film durch die Hand gleiten, wobei man die Finger gegen die Kanten legt und so Einrisse leicht auffindet. Es empfiehlt sich, dabei auf den Tisch ein reines, weißes Tuch zu legen und Staub möglichst fernzuhalten. Zum Reinigen des Filmbandes von Staub läßt man es durch einen Lederlappen laufen; anhaftende Schmutzteilchen und Ölschmiere entfernt man mit einem Benzinlappen. Wenn man es versäumt, Beschädigungen, wie Risse und schlechte Klebstellen, rechtzeitig zu reparieren, so leidet der Film immer mehr, und ein beschädigter Film, der ungepflegt bleibt, ist in kurzer Zeit völlig ruiniert und unbrauchbar.

Am stärksten leiden erfahrungsgemäß Anfang und Ende des Filmbandes; bei öfters benutzten Films kündigt sich der Schluß meist durch cin hässliches »Regnen« an. Dieser Übelstand läßt sich in der Weise vermeiden, daß man vorne und hinten einige Meter Blankfilm — am besten schwarzen Film — anklebt; dann bleibt der eigentliche Bildfilm geschont.

Verknitterte Films macht man glatt, indem man sie über heißen Wasserdampf, der aus einem Kessel kommt, hält und dabei mit der Hand glatt streicht.

Das Verkleben und Ausbessern der Films.

Das Zusammenkleben von Films geht bei richtiger Handhabung und bei Anwendung geeigneten Klebstoffes leicht von statten. Das Celluloid läßt sich so schön kleben, daß ein Klebstreifen von 3 mm Breite vollkommen genügt; bei einiger Übung kommt man mit einem noch kleineren Stücke aus. Es ist zu berücksichtigen, daß der Film an der Klebstelle dicker und steifer ist und daß er dort also beim Durchlauf durch den Apparat einen gewissen Widerstand findet; aus diesem Grunde ist es vorteilhaft, wenn die Klebstelle recht klein gemacht wird.

Die Gelatineschicht muß auf einem der beiden Filmstücke an der Stelle, welche verklebt werden soll, völlig entfernt werden; denn man erhält nur dann eine feste Verbindung, wenn Celluloid auf Celluloid kommt. Ein Punkt, der ferner beim Verkleben beachtet werden muß, ist die Innehaltung der Perforation. Nicht nur muß der Abstand der Löcher an der Klebstelle genau gewahrt bleiben, sondern man muß auch zusehen, daß dort keine Verschiebung in der Reihenfolge der Bilder eintritt. Wenn man beispielsweise aus dem Film ein eingerissenes Stück durch Herausschneiden entfernen will, so ist es erforderlich, ein Stück in Größe eines ganzen Bildes (mit beiderseits vier Löchern) oder, falls der Riß darüber hinaus geht, in Größe zweier oder mehrerer Bilder wegzunehmen. In dieser Hinsicht das Richtige zu treffen, bietet keine Schwierigkeit, wenn man die Klebstelle auf das Fuß- bezw. Kopfende der Bilder verlegt: es müssen sich dann also dort genau zwei Bilder treffen. Die Schnittstelle sollte aber nicht auf ein Loch fallen, sondern am besten mitten zwischen zwei Löcher gelegt werden.

Gilt es zwei Films zusammenzukleben und befindet sich am Ende des einen Film ein mehr oder minder langes blankes oder schwarzes Stück (ohne Bilder), so muß man zunächst feststellen, ob dies Stück so lang ist, daß genau eine Anzahl Bilder (gleichgültig wie viele) darauf geht. Da auf jedes Bild vier Löcher kommen, braucht man dazu nur die Löcher zu zählen; ihre Zahl muß, wenn die Verbindung richtig werden soll, ein vielfaches von vier sein. Macht man hierbei einen Fehler, so wird bei der Vorführung der angeklebte zweite Film mit seinen Bildern nicht richtig in der Türöffnung sitzen. Die richtige Länge des blanken Stückes läßt sich auch leicht durch Messen von dem mit Bildern versehenen Filmteil kontrollieren.

Es kann nun beim Zusammenkleben zweier Films vorkommen, daß ihre Perforation in der Anordnung zu den Bildern verschieden ist, indem bei dem einen Film die Löcher etwas höher am Bilde sitzen als beim andern. Wenn man da genau Bild an Bild klebt, wird an dieser Stelle der Lochabstand zu groß oder zu klein sein; macht man anderseits die Verbindung derart, daß die Entfernung der Löcher richtig ist, so tritt eine kleine Verschiebung der Bilder ein. Es ist aber notwendig, beim Verkleben den Lochabstand möglichst genau einzuhalten, weil sonst der Transport des Bandes eine Störung erleidet; die Verschiebung des Bildes, die sich dann beim Übergang vom ersten zum zweiten Film zeigt, muß man hier daher mit in Kauf nehmen und durch die betreffende Vorrichtung des Apparates korrigieren.

Als Klebstoff benutzt man ein Lösemittel für Celluloid, und zwar bewährt sich sehr gut Amylacetat, dem man etwas Celluloid zuzusetzen pflegt; auch lassen sich Aceton und Eisessig verwenden. Übrigens werden jetzt für Films geeignete Klebmittel im Handel vielfach angeboten. Man muß die Flasche gut verkorkt halten, da die Substanzen stark verdunsten und dadurch an Wirksamkeit verlieren; eine praktische Anordnung zeigt Fig. 108. Gummi, Kleister und dergl. andere Stoffe sind hier nicht zu brauchen.

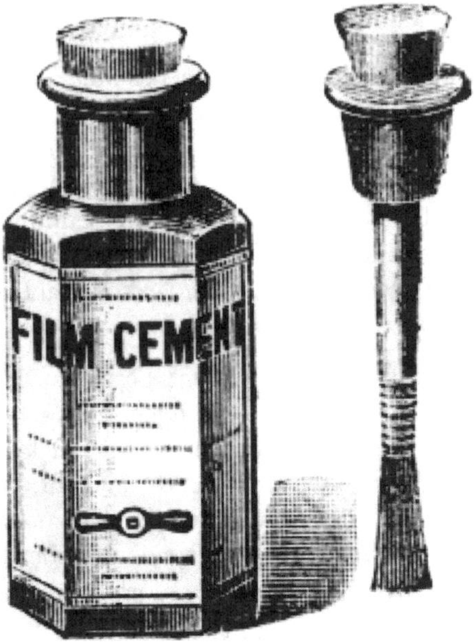

Fig. 108.

Um einen beschädigten Film zu reparieren, verfährt man nun folgendermaßen. Wenn der Film einen starken Einriß zeigt, so schneidet man ihn genau auf der Linie, welche das nächste Bild von dieser Stelle trennt, mit einer scharfen Scheere oder mit einem Messer und Lineal durch und schneidet von dem einen Ende den beschädigten Teil in der Nähe des daranstoßenden Bildes ab, derart, daß ein Streifen von etwa 3 mm Breite übrig bleibt, der zum Ankleben an das andere Filmende dient. Von diesem Klebstreifen schabt man mit einem scharfen Messer die Gelatineschicht sorgfältig ab, was besser vor sich geht, wenn man die Gelatine zuvor mit etwas Wasser aufweicht. Man überzeugt sich, daß man beim Aufeinanderlegen den richtigen Lochabstand erhält, und bringt mittels eines feinen Pinsels eine dünne Lage des Klebstoffes darauf; desgleichen bestreicht man die betreffende Stelle auf der Rückseite des andern Filmendes mit der Klebmasse. Wenn man nun die beiden Teile mit Ruhe und Vorsicht aufeinander legt und recht fest zusammendrückt, so hat man in ganz kurzer Zeit eine tadellose Verbindung. Altes, brüchiges Filmmaterial klebt nicht so gut.

Man kann sich diese Arbeit noch etwas erleichtern durch Benutzung einer Klemmvorrichtung, wie sie in Fig. 109 abgebildet ist. Sie besteht sozusagen aus einer dreiteiligen Presse, deren Mittelstück durch einen Riegel verschlossen werden kann. Die untere Platte ist mit zwei Reihen Zähnen versehen, die genau der Perforation des Filmbandes entsprechen, während die seitlichen Deckelplatten entsprechende Löcher haben. Zum Verkleben bringt man die beiden Filmenden auf diese Platte, derart, daß die zu verklebenden Stücke aufeinander liegen, und klappt die Deckel rechts und links herunter, wodurch ein Verschieben der Enden verhindert wird. Alsdann bestreicht man die Klebstellen mit der Klebmasse und schließt den mittleren Bügel, sodaß die Filmstücke fest aufeinander gepreßt werden. Durch das Eingreifen der Zähne in die beiden Filmenden wird der genaue Abstand der Löcher an der Klebstelle garantiert und ferner bietet dieses Einklemmen den Vorteil, daß hier ein Verrutschen der Klebstücke aufeinander ausgeschlossen ist.

Fig. 109.

Es ist noch eines zu beachten. Die Filmenden sollten derart zusammengeklebt werden, daß beim Durchlaufen durch die Türe an der Klebstelle die Kante des oben angeklebten Stückes nach vorne, dem Objektiv zu, zeigt. Andernfalls könnte diese Klebkante, wenn sie nicht tadellos aufsitzt, gegen die Türe stoßen und sich lockern. Da die Schichtseite des Film dem Kondensor zugekehrt ist, erhält man eine richtige Klebweise, wenn man das etwa 3 mm breite Klebende, das von der Schicht befreit wird, an demjenigen Filmstück anbringt, wo es an die Kopfseite, oberhalb eines Filmbildchens zu liegen kommt. Manche Vorführer machen die Klebstelle schräg über den Film herüber; hierbei ist das oben gesagte ebenfalls zu beachten.

Stellen im Filmbande, die stark verkratzt sind und sich bei der Projektion unangenehm bemerkbar machen, schneidet man am besten heraus, und zwar verfährt man dazu genau so, wie eben beschrieben wurde. Wenn der Film am Rande einen kleinen Einriß hat, so genügt es, ein entsprechend großes, blankes Filmstück dagegen zu kleben, nachdem man wenn nötig die Einrißstelle zuvor ausgeschnitten hat. Diese kleinen Einrisse zeigen sich meist an den Löchern; das aufzuklebende Stück muß daher mit einem Loch versehen sein und die Löcher müssen genau zur Deckung gebracht werden. Damit die Teile gut aufeinander haften, darf man nicht versäumen, sie nach Aufstreichen des Klebstoffes kurze Zeit recht fest aufeinander zu pressen. Ein ev. überstehendes Stückchen an der Klebstelle schneide man ab. Auch hier beachte man, daß beim Kleben stets Celluloid auf Celluloid liegen muß.

Nun kommt die Prüfung der Klebstellen! Man kontrolliere dabei, ob die Stücke richtig aufeinandersitzen und ob die Ränder bis in die Ecken fest ankleben. Die Ränder selbst schabt man, wenn nötig, mit einem Radiermesser oder mit Sandpapier ab, damit der Film an dieser Stelle glatt wird und nicht Gefahr läuft, beim Durchlauf durch das Werk irgendwo hängen zu bleiben.

Eine Nachprüfung des geflickten Film ist sehr zu empfehlen; man tut gut, das Band bei dieser Gelegenheit durch einen Lederlappen laufen zu lassen, der darauf sitzende Schmutzteilchen entfernt. Allerdings muß man berücksichtigen, daß starke Reibung das Filmmaterial elektrisch macht, wodurch es die Neigung bekommt, Staubteilchen anzuziehen. Verschmierte Films reinigt man vorsichtig mittels Benzin. Zeigt der Film auf der Celluloidseite Kratzen und Schrammen, so streicht man mit einem Filzstreifen Zaponlack darüber; man kann dadurch, wenn auch nicht immer ganz, so doch zum Teil Abhilfe schaffen. Bei Kratzen, Löchern und sonstigen Fehlern in der Schicht gibt es kein anderes Mittel als Retusche. Stark verkratzte Stellen schneidet man, wie oben gesagt, am besten aus.

Nun noch eines! Was tut der Vorführer, wenn während der Vorführung der Film zerreißt? Rasche Abhilfe ist dringend notwendig, wenn die Störung nicht noch schlimmer werden soll. Das einfachste Mittel besteht darin, die beiden Enden mit einem Stück Heftpflaster zusammen zu kleben; wenn solches fehlt, tut's auch Freimarkenpapier. Man klebe aber das Pflaster nur auf die Celluloidseite, nicht auf die Schicht; denn letztere würde darunter leiden und man müßte beim nachträglichen ordnungsgemäßen Verkleben diese Stücke fortschneiden. Ein Zusammenheften der Filmenden mit einer Nadel ist nicht zu empfehlen. Wenn man aber mangels anderer Hilfsmittel eine Nadel nehmen muß, so lege man in der Aufrollvorrichtung ein Stück Papier oder Stoff unter und über die Flickstelle, damit die Filmlagen unter und über der Nadel nicht beschädigt werden. Die durchstochenen Stellen müssen nachher fortgeschnitten werden und infolgedessen hat man bei diesem Verfahren mehr Verlust als bei der Benutzung eines Pflasters.

Die Instandhaltung des Mechanismus.

Es wurde schon darauf hingewiesen, daß alle Teile des Apparates, mit denen der Film in Berührung kommt, recht sauber gehalten werden müssen, weil sich dort Celluloidstaub und Gelatinekörner absetzen, die sich nach und nach zu einer harten Kruste verfestigen und die dann auf Film wie Apparat schädlich wirken. Namentlich neue Films neigen dazu, in der Türe, dort wo der Film aufliegt, eine feste, harte Masse anzusetzen, und es kommt vor, daß der Film dann mit einem pfeifenden Geräusch durch den Apparat läuft. Man muß eine solche Kruste sofort nach Durchlauf des Film entfernen; sie sitzt so fest, daß ein hartes Instrument, z. B. ein meißelartig zugeschärftes Stahlplättchen, das die Breite des Film hat und in die Türe paßt, dazu erforderlich ist. Dies Ansetzen einer harten Kruste bei neuen Films wird vermieden, wenn man die Schienen, worauf der Film läuft, um eine Spur — den Bruchteil eines Millimeters — schräg feilt, sodaß der Film nach innen ein wenig mehr Spiel hat. Ferner empfiehlt es sich, auf die Teile der Türe, worauf der Film schleift, etwas Vaseline zu geben, aber nur sehr wenig. Man reibt die Vaseline darüber und nimmt den Überschuß ab: der Hauch, der darauf bleibt, genügt. Jedesmal, wenn eine Filmrolle durch den Apparat gelaufen ist, gehe man mit dem Finger über die Türe und überzeuge sich, daß die Schienen bezw. Federn noch vollkommen glatt sind.

Auch die übrigen Teile des Werkes müssen regelmäßig sorgfältig gereinigt und gepflegt werden, wenn der Apparat nicht mit der Zeit »auf den Hund« kommen soll, wie das leider durch Vernachlässigung nicht selten geschieht. Sämtliche Läger der Trommeln und Räder sind zu ölen, desgleichen die Achsen oder Führungen des automatischen Feuerschutzes. Dabei gebe man nicht zu viel Öl auf und beachte, daß sich das Öl nicht über den Mechanismus verbreite. Malteserkreuz-Apparate, die für Dauerbetrieb bestimmt sind, werden jetzt mit einem Ölbehälter versehen, in dem Malteserkreuz und Eingriffscheibe laufen. Bei zu starker Füllung spritzt das Öl heraus. Es ist gut, wenn der Behälter einen Ablauf hat, der überflüssiges Öl fortholt. Gerade durch das Apparatöl geschieht den Films der meiste Schaden.

Bei der Wahl des Öles sei man nicht gleichgültig. Ein Öl, das sich verdickt, ist untauglich. Man benutze ein dünnflüssiges, vor allem säurereines Öl, wie es z. B. für die Gasmotore gebraucht wird. Durch einen geringen Zusatz von Schweineschmalz oder Knochenöl (aber reinem!) wird die Schmierfähigkeit gehoben. Gutes Öl ist sparsamer im Gebrauch als minderwertiges. Von Zeit zu Zeit — bei Dauerbetrieb jeden Tag — ist das Öl nebst dem darin angesetzten Staub durch Petroleum auszuwaschen; man gebe das Petroleum mit einem Ölkännchen ein und putze die herauslaufende Schmiere sofort mit einem Lappen ab. Besonders bei neuen Maschinen, an denen noch von der Fabrikation her Metallstaub haftet, ist ein sorgfältiges Auswaschen wichtig.

Auf die Zahnräder gibt man kein Öl. Man mag die Zähne mit Vaseline einschmieren, dem ein kleiner Graphitzusatz beigegeben ist. Auch Bienenwachs wird empfohlen, wenn die Zahnräder durch langen Gebrauch etwas ausgearbeitet sind; hier heißt es ebenfalls, das Überflüssige mit einem Lappen entfernen. Unter keinen Umständen darf der Drahtspiralzug, der vielfach benutzt wird, um die Aufrollvorrichtung anzutreiben, geschmiert werden; denn dann gleitet er auf den Scheiben und transportiert nicht; man halte den Spiralzug vielmehr trocken, damit eine kräftige Reibung entwickelt wird. Bei Friktionsantrieb lege man von Zeit zu Zeit die Lederscheibe, wenn eine solche benutzt wird, in Benzin, um das darauf gekommene Öl herauszuwaschen. Zur Verhütung von Rostbildung gehe man über die anderen Apparatteile mit einem fettigen Lappen, ohne sie dabei zu verschmieren.

Wenn der Apparat dem Dauerbetrieb ausgesetzt ist, wie er im Kinematographentheater statt hat, so werden verschiedene Teile der Abnutzung unterlegen sein. Da ist für rechtzeitigen Ersatz Sorge zu tragen. Man habe Obacht auf die Zahntrommeln, namentlich auf die kleine, ruckweise bewegte Zahntrommel des Malteserkreuzapparates. Die Zähne schleißen aus; sie werden mit der Zeit hakenförmig und reißen dann in den Film ein. Dieses Aushöhlen der Zähne zeigt sich besonders bei der Gabel des Greiferapparates. Auch die übrigen Teile des Bewegungsmechanismus müssen unter Kontrolle gehalten und wenn nötig ersetzt werden. Besondere Aufmerksamkeit widme man ferner der Türe; die Druckfedern werden mit der Zeit verschleißen und Ersatz bedingen. Beim Einsetzen neuer Federn beachte man, daß diese den Film nicht zu fest, aber doch hinreichend fest andrücken. Wenn der Druck zu schwach ist, vibriert der Film und das Bild tanzt innerhalb der Einrahmung auf und ab. Bei zu starkem Druck wird der Film und namentlich seine Perforation strapaziert.

Es empfiehlt sich, das Werk von Zeit zu Zeit Teil für Teil einer sorgsamen Prüfung zu unterziehen und zu kontrollieren, ob alles noch richtig arbeitet, ob die Rollen richtig und gerade gegen die Zahntrommeln sitzen usw. Diese Mühe macht sich reichlich bezahlt; wer sich ihr unterzieht und etwa auftretenden Mängeln rechtzeitig abhilft, hat stets einen gut laufenden Apparat zur Hand und ist davor gesichert, daß durch schlechtes Funktionieren die Films verdorben werden.

Über die Feuersgefahr bei kinematographischen Vorführungen.

Eine Reihe von Unfällen, namentlich aber das entsetzliche Brandunglück auf dem Pariser Wohltätigkeitsbasar im Jahre 1897, lenkten die Aufmerksamkeit auf die Frage: wie steht es mit der Feuersgefahr bei kinematographischen Vorführungen? Insbesondere interessierten sich für diese »brennende« Frage die Behörden, denen es obliegt, für die Sicherheit des Publikums bei öffentlichen Vorstellungen Sorge zu tragen, und sie ordneten Sicherheitsmaßregeln an, um weitere Unfälle zu verhüten.

Es ist nun ebenso falsch, eine Gefahr bei kinematographischen Vorführungen grundsätzlich zu verneinen, wie das verschiedentlich geschehen ist, als andrerseits den Kinematograph als ein äußerst gefahrbringendes und womöglich explosives Teufelsinstrument hinzustellen, wenn er auch dem Außenstehenden, der nur die Unglücksberichte in den Zeitungen liest, als solches erscheinen mag. Mit der Gefahr verhält es sich hier gerade so wie bei vielen anderen Sachen: bei Vorsicht ist sie fern, aber sie naht, wenn man unachtsam ist. Millionen von Menschen brauchen tagtäglich Leuchtgas, Petroleum und Streichhölzer, und keinem fällt es ein, dabei an Gefahr zu denken. Und doch — wie oft liest man von Leuchtgas-Explosionen und von explodierten Petrollampen, stets Folgen von Unachtsamkeit. Wieviel Unglück ist schon angerichtet worden durch achtlos beiseite geworfene, noch glimmende Zündhölzer!

Ebenso ist es auch lediglich die Unachtsamkeit, die bei kinematographischen Vorführungen Unfälle herbeiführte. Welches sind hier nun die Gefahrquellen? — Sie sind, wie schon früher erwähnt wurde, in dem leicht entflammbaren Material der Films zu suchen. Aber in manchen Fällen boten diese gar nicht den Anlaß zum Brand; so ist namentlich bei dem großen Pariser Unglück die Entstehung des Feuers auf eine andere Ursache zurückzuführen. Als Lichtquelle wurde dort eine Äther-Kalklichtlampe benutzt, und es steht fest, daß die Lampe während der Vorführung anfing schlecht zu brennen. »Der Vorführer« — heißt es in dem Bericht — »nahm nun eine mit Äther gefüllte Flasche, um dem Saturator neuen Brennstoff zuzuführen, und bat seinen Gehilfen, ihm zu leuchten, da die Lampe inzwischen ausgegangen war. Der Gehilfe zündete ein Streichholz an und im Nu stand alles in Flammen«. — Das war ein unsagbarer Leichtsinn, der nicht ohne furchtbare Folgen bleiben konnte. Denn der Äther sucht die Flamme selbst auf ziemliche Entfernung hin, er zieht sie an wie ein Magnet. Dazu kommt, daß der Ätherdampf schwer ist und zu Boden sinkt, was ihn doppelt und dreifach gefährlich macht. Gegen solch leichtsinnige Handlungen gibt's nur die eine Hilfe, daß man an den Apparat zuverlässige Leute stellt, die gut unterrichtet sind und sich der Verantwortung ihres Amtes bewußt sind.

Ich will hier nicht alle die Möglichkeiten durchgehen, wann sonst ein Brandunglück durch wer weiß welchen Leichtsinn entstehen kann, sondern mich zu den besonderen Gefahren wenden, welche der Betrieb des Kinematographien mit sich bringt, und diese sind, wie bereits gesagt, in dem leicht entflammbaren Filmmaterial begründet. Wodurch kann nun eine Entzündung der Films veranlaßt werden? — Da müssen wir zunächst an die intensive Hitze des Strahlenbündels denken, welches aus der Laterne austretend das Filmband beleuchtet, um von ihm ein stark vergrößertes Lichtbild auf den Projektionsschirm zu werfen. Nun, solange der Film durch das Werk läuft, können ihm die Strahlen nichts anhaben; doch wenn der Film ruhig im Apparat steht, vermögen sie eine Entzündung herbeizuführen — vorausgesetzt allerdings, daß der Vorführer leichtfertig ist und den Fehler macht, die Strahlen ungehindert einige Zeit auf den Film wirken zu lassen. Erhöht wird in solchem Falle die Gefahr durch eine falsche und ungünstige Einstellung der Lampe. Bei richtiger Zentrierung befindet sich nämlich die Spitze des Strahlenkegels, welchen die Laterne nach vorne wirft und der das Filmbild kreuzt, im Objektiv oder vor demselben. Steht nun aber die Lampe um ein gewisses Stück zu weit nach rückwärts, so richtet sich die Strahlenspitze direkt gegen den Film und letzterer wird dann, wie von einer Stichflamme getroffen, im Augenblick entzündet.

Die Maßregeln, durch welche eine Entzündung des Filmbandes durch die Strahlen verhütet wird, habe ich weiter oben eingehend besprochen und ich will sie hier nur kurz zusammenfassen. Zunächst wurde die Anweisung gegeben: man soll die Zentrierung des Lichtes vornehmen, bevor der Film in das Werk eingespannt ist. Während des Einsetzens ist der Film ferner durch eine vorgeschobene Metallscheibe, durch ein Mattglas oder ein feines Drahtnetz gegen die Wirkung der Strahlen zu schützen, und zwar ist die Scheibe erst wegzunehmen in dem Augenblick, wo das Werk in Gang gesetzt wird. Diese Einrichtung wird womöglich ergänzt durch einen selbsttätigen Feuerschutz, wie er oben beschrieben wurde. Doch muß derselbe natürlich funktionsfähig gehalten werden; denn wenn er aussetzt und bei Ruhestellung des Apparates das Strahlenbündel nicht absperrt, so kann eine solche Sicherheitseinrichtung besonders gefährlich werden, weil sich der Vorführer darauf verläßt und in dieser Hinsicht jede weitere Vorsicht für unnötig hält.

Man findet zuweilen bei Apparaten eine Arretiervorrichtung, mit der man die selbsttätige Feuerschutzscheibe geöffnet feststellen kann, damit man zum Einstellen Licht hat. Diese Vorrichtung ist zu verwerfen; denn es tritt dann leicht die Gefahr ein, daß der Vorführer die Arretierung nicht löst und so den Feuerschutz außer Tätigkeit läßt. Praktisch ist, wie oben erwähnt, an

Stelle der undurchsichtigen Klappe ein feines Drahtnetz, das Licht durchläßt und doch schützend wirkt.

In Amerika ist vielfach eine Feuerschutzvorrichtung in Gebrauch, die aus einer zwischen Laterne und Mechanismus angebrachten Klappe besteht. Sie schließt normalerweise den Strahlengang ab und muß vermittels eines Tritthebels hochgehoben werden, wenn man projizieren will. Der Vorführer ist daher gezwungen, während des Betriebes seinen Fuß auf dem Tritt zu halten; bei einer Gefahr verheißenden Störung ist er dann in der Lage, rasch und ohne jeden Handgriff die Stahlen abzuschließen und den Film in dieser Hinsicht gegen Entzündung zu bewahren.

Ein Schutz wird fernerhin durch einen Kühltrog erzielt. Es ist aber zu beachten, daß er seine Wirksamkeit einbüßt, wenn die Kühlflüssigkeit heiß geworden ist. Letztere muß also erforderlichenfalls rechtzeitig erneuert werden. Überhaupt muß auch hier der Vorführer mit der Funktion des Kühltroges bekannt sein; daß man dies nicht immer ohne weiteres voraussetzen kann, habe ich in einem Falle gesehen: der Kühltrog stand ungefüllt an seiner Stelle und hinderte zur Verwunderung des Vorführers die Strahlen nicht, den Film zu entzünden.

Ein Schutz des Filmbandes gegen die intensive Hitze der Strahlen ist, wie gesagt, insbesondere beim Stillstande des Film erforderlich; solange er in Bewegung ist und glatt durch den Apparat läuft, hat man in dieser Hinsicht nichts zu befürchten. Doch darf sich der Vorführer deshalb nicht in Sicherheit wiegen und seine Aufmerksamkeit während der Projektion nur dem Lichtbilde oder gar einem Schauerroman zuwenden. Denn dabei kann er unter Umständen schlechte Erfahrungen machen. Wenn nämlich der vorgeführte Film einen starken Riß oder eine schlechte Klebstelle hat, was ja allerdings nicht vorkommen sollte, so kann leicht der Fall eintreten, daß der Film an dieser Stelle unten im Bewegungsmechanismus durchreißt. Während der Vorführer dann noch ahnungslos weiter dreht oder den Motor weiter laufen läßt, bleibt das obere Stück des zerrissenen Filmbandes in der Türe hängen, und wenn nun keine Sicherheitsvorrichtung vorhanden ist und der Vorführer nicht rechtzeitig eingreift, so gewinnen die Strahlen Zeit, den Film zu entzünden. Damit der Film während der Vorführung in der Türe stockt und so zu einer Entzündung Anlaß gibt, ist es übrigens nicht nötig, daß der Film völlig zerreißt; dies wird auch eintreten, wenn die Perforation derart beschädigt ist und ausreißt, daß der Transportmechanismus das Band nicht mehr mitnimmt. Auf diese Weise soll mancher Brand entstanden sein; ein Vorführer in Glasgow hat dabei, als er den in Brand gesetzten Film retten wollte, sein Leben eingebüßt.

Es ist noch ein Moment zu beachten. Wenn der Film in der Türe stockt, sei es, daß er unten zerrissen ist oder daß er infolge ausgerissener Perforation nicht mehr transportiert wird, und wenn dann das Werk auch nur noch kurze Zeit läuft, so transportiert die Vorschubtrommel oben weiter, und da der Film in der Türe festsitzt, so wird der Bausch zwischen Trommel und Türe immer größer. Er bildet sich zu einer großen Schleife aus, die, rückwärts schlagend, in Gefahr kommt, auf die Laterne geworfen und dort in Brand gesetzt zu werden.

Man hat auch gegen diese durch Stockung des Filmbandes entstehende Feuersgefahr Sicherheitsvorrichtungen ausgedacht. Eine derselben geht von der eben besprochenen Vergrößerung des Bausches aus. Es werden da zwei dicht hintereinander befindliche gebogene Metallplatten derart angebracht, daß sie den Bausch umschließen; die innere, dem Film zugekehrte Platte ist leicht federnd beweglich angeordnet, so daß sie einem schwachen Druck nachgibt. Wenn jetzt eine Stockung des Filmbandes eintritt und der Bausch infolgedessen vergrößert wird, so drückt er die innere Platte gegen die äußere und bringt sie in Berührung. Nun sind beide Platten an eine besondere elektrische Stromleitung angeschlossen und in dieser befindet sich ein Elektromagnet, der, in Tätigkeit gesetzt, einen Ausschalter der Lichtleitung öffnet und damit die Bogenlampe außer Betrieb setzt. Diese Stromleitung ist normalerweise geöffnet; sowie aber die beiden Platten in Kontakt kommen, wird der Strom geschlossen und die Lampe wird dann durch die angedeutete Anordnung ausgeschaltet, so daß jede Gefahr von dieser Seite her beseitigt ist. Zweckmäßigerweise wird gleichzeitig selbsttätig eine Glühlampe eingeschaltet, damit der Vorführer Licht hat und sofort für Abhilfe sorgen kann.

Bei einer andern Vorrichtung dieser Art wird ebenfalls der elektrische Strom zu Hilfe genommen, um bei eintretender Gefahr die Bogenlampe außer Tätigkeit zu setzen. Die Stromleitung wird hier zu einer Trommel geführt, worüber der Film läuft, und zu einer darauf drückenden Metallrolle. Beide Teile sind gegeneinander isoliert und werden ferner durch den Film voneinander getrennt, so daß normalerweise der Strom offen steht. Wenn nun aber der Film reißt und das abgerissene Ende forttransportiert wird, während das andere Stück weiter oben im Werk hängen bleibt, so kommt die Druckrolle mit der Trommel in Kontakt, der Strom wird geschlossen und durch die vorher beschriebene Anordnung das Licht selbsttätig ausgeschaltet. Zur Erhöhung der Sicherheit können zwei solcher Kontaktvorrichtungen, eine oben und eine unten im Apparat, angebracht werden; es ist aber zu bemerken, daß diese Einrichtung nur in Tätigkeit tritt, wenn das Filmband ganz zerreißt, nicht aber bei Filmstockungen, die durch Ausreißen der Perforation herbeigeführt werden.

Rein mechanisch, ohne Anwendung von Elektrizität, arbeitet das folgende Verfahren, welches von der Beobachtung ausgeht, daß der Film zwischen unterer Transporttrommel und Aufrollvorrichtung stramm gespannt wird.

An dieser Stelle läßt man gegen den Film eine Rolle laufen, die mittels eines Hebels eine Klappe öffnet und dadurch den Strahlengang freigibt. Sobald nun der Film reißt, senkt sich die Rolle, die Klappe schließt und sperrt die Strahlen ab, so daß das eventuell in der Türöffnung hängende Ende gegen Entzündung bewahrt ist. Eine in Amerika vielfach übliche Schutzvorrichtung besteht darin, daß das Gehäuse des Apparates oben mit einem Drahtgitter umschlossen wird, welches sich in hinreichendem Abstände vom Gehäuse befindet und den Film vor der Berührung mit den heißen Metallteilen bewahrt.

Es ist nun die Frage zu erörtern: wie steht es mit der Gefahr der Ausbreitung des Feuers, wenn das Filmbildchen in der Türe durch die Strahlen entzündet ist? — Einen gewissen Schutz gegen eine rasche Fortpflanzung des Brandes bietet die Türe selbst, die den Film nach allen Seiten, insbesondere nach oben und unten, umschließt. Ich habe in dieser Hinsicht mit verschiedenen Apparaten eine Reihe von Versuchen angestellt, wobei Filmstücke eingesetzt und in der Türöffnung zur Entzündung gebracht wurden. Es zeigte sich dabei folgendes. Bei Apparaten, wo die Filmführung der Türe oberhalb und unterhalb der Öffnung einen Kanal bildet, der hinreichend enge und hoch ist, brannte die Flamme regelmäßig aus, und zwar beschränkte sich das Feuer auf das freiliegende Filmbildchen. Das Ersticken der Flamme erklärt sich dadurch, daß die hochziehenden Brandgase den Kanal füllen und der Flamme dort die zum Weiterbrennen erforderliche Luft rauben.

Wenn der Film hingegen in der Türe keine solch enge, kanalartige Führung findet, so brennt er, wie die Versuche zeigten, nach oben weiter und setzt dann das oberhalb der Türe befindliche Filmstück in Feuer. In der Türe selbst, oberhalb der Öffnung, läßt der Film dabei Asche zurück, während der fest eingeklemmte Perforationsrand unversehrt bleibt. Nach unten pflanzte sich der Brand in keinem Falle fort; die Flamme brannte vielmehr im unteren Teile der Türe regelmäßig aus.

Bei der Fortpflanzung des Feuers, das durch Einwirkung der Strahlen an der beleuchteten Stelle des Filmbandes entstanden ist, spielt noch ein weiteres Moment eine große Rolle. Die Flamme schlägt nämlich, wenn sie vor der Türe einen freien Raum findet, durch die Türöffnung vorne in die Höhe und bringt das freiliegende Filmteil oberhalb der Türe augenblicklich zur Entzündung. Ist die Türöffnung aber nach vorne durch ein Rohrstück, welches das Objektiv trägt, abgeschlossen (vergl. z. B. Fig. 36), so kann die Flamme nicht hochschlagen und man ist in dieser Hinsicht jeder Gefahr enthoben. Bei Apparaten, wo sich das Objektiv an einer besonderen Trägervorrichtung befindet und der Raum zwischen Türe und Objektiv frei liegt, ist daher eine besondere Sicherheitsvorrichtung am Platze; ich habe als solche ein Schutzblech angegeben, das, oben an der Türe angebracht, der hochziehenden Flamme Halt gebietet.

Man darf schließlich nicht außer acht lassen, daß die Strahlen, welche auf die Metallteile der Türe fallen, eine Erhitzung derselben herbeiführen, und daß dadurch sowohl die Entzündung des Filmbandes als auch die Verbreitung des Feuers eine gewisse Förderung erfährt. Es wird daher jetzt vielfach hinter der Türe eine Platte angebracht, welche diese überflüssigen Strahlen auffängt. Die Platte besitzt einen der Türöffnung entsprechenden Ausschnitt und wird mit Asbest bekleidet; sie kommt in einigen Abstand von der Türe, damit eine kühlende Luftschicht dazwischen bleibt.

Es ist noch zu erwähnen, daß sich die verschiedenen Films nicht gleich verhalten: der eine zündet schneller als der andere; namentlich ausgetrocknete Films brennen heftiger und die Gefahr der Entstehung und Weiterverbreitung des Feuers ist daher bei ihnen größer.

Ich habe im Vorstehenden den Weg angegeben, wie man sich gegen die Fortpflanzung des Feuers, wenn solches durch die Wirkung der Strahlen angerichtet ist, sichern kann. Aber ich möchte ganz entschieden davor warnen, sich auf die beschriebenen Vorrichtungen blindlings zu verlassen. Gewiß mag hundertmal oder noch öfter das Feuer in der Türe ausbrennen, gewiß mag die Aussicht, daß dies auch in späteren Fällen geschieht, durchaus berechtigt sein, aber die absolute Gewißheit, daß nicht auch einmal das Gegenteil eintreten kann, daß nicht also der Brand nach oben weiter zieht, hat man damit noch keineswegs.

Wie soll sich nun der Vorführer verhalten, wenn er durch Unvorsichtigkeit das Unglück hat, daß die Strahlen den Film zur Entzündung bringen? Er kann in solchem Falle keinen schlimmeren Fehler machen, als daß er voreilig die Türe des Mechanismus öffnet; denn dadurch wird der Film freigelegt und das Band steht augenblicklich lichterloh in Flammen. Ferner muß er sich merken, daß durch Blasen das Feuer nur angefacht, aber nicht gelöscht wird. Am besten ist es, die Brandstelle scharf zu beobachten: brennt die Flamme, wie erwartet, in der Türöffnung aus, so ist es gut; sollte das Feuer aber nach oben weiterglimmen, so schneide oder reiße man den Film oberhalb und dann sicherheitshalber auch unterhalb der Türe ab und bringe die abgeschnittenen Teile in Sicherheit. Das in der Türe sitzende Stück kann alsdann ohne weitere Gefahr ausbrennen. Wenn der Film allerdings in der Türe keine hinreichend enge Führung hat, wenn also ein Weiterflammen nach oben zu befürchten oder gar sicher zu erwarten ist, so muß der Vorführer sofort eingreifen. Er muß dann sein Augenmerk darauf richten, rasch den Film oben durchzureißen und in Sicherheit zu bringen, wenn er dazu überhaupt noch Zeit findet.

Um ein Übergreifen eines solchen Feuers auf die Filmspule selbst zu verhüten, werden sogenannte feuersichere Trommeln verwandt, wie sie weiter oben beschrieben und abgebildet wurden. Das sind vollständig verschließbare Büchsen, worin die Filmspule untergebracht wird und aus welchen das Filmband durch eine Spaltöffnung austritt. Bei Brand soll sich hier das Feuer selbst ersticken. Durch die gleiche Einrichtung wird die Filmspule unten auf der Aufrollvorrichtung geschützt.

Es ist noch eine selbsttätige Löschvorrichtung zu erwähnen, die darin besteht, daß durch das Feuer eine Schnur durchgebrannt wird, welche ein mit Wasser gefülltes Gefäß im Gleichgewicht hielt, das nun umkippt und einen Wassersturz über den Film sendet.

Soviel über die Gefahr der Entzündung durch die Strahlen der Laterne! Wie steht es nun mit weiteren Gefahren? — Es liegt auf der Hand, daß das feuergefährliche Material der Films allerhand Gelegenheit zu einem Brande bietet, wenn es der Vorführer an der nötigen Bedachtsamkeit und Vorsicht fehlen läßt. Er braucht nur ein glimmendes Streichholz oder glühende Zigarrenasche auf einen Film zu werfen, oder die Zigarre selbst damit in Berührung zu bringen, was ja durch die Dunkelheit bei der Vorführung begünstigt wird; es genügt auch eine unvorsichtige Hantierung mit einem Licht oder mit dem Filmbande, um ein Feuer herbeizuführen. Welcherlei Fälle da sonst noch möglich sind, das auszudenken und aufzuführen wird überflüssig sein. Wichtig aber ist die Frage: Wie kann hier Unglück vermieden werden? — Nun, am sichersten dadurch, daß man, soweit es geht, vorbeugt. Vor allem sollte in der Nähe des Apparates und der Films nicht geraucht werden; die zur Vorführung bereitliegenden sowie die gezeigten Films sollten in Blechbüchsen verschlossen aufbewahrt sein und nicht frei umher liegen. Wenn der Apparat keine Aufrollvorrichtung hat, lasse man die Films nicht lose auf die Erde laufen, sondern in einen Behälter, am besten aus feuersicherm Material, der durch einen mit Spalt versehenen Deckel verschlossen ist.

Ferner werde auch dem Widerstand der elektrischen Lichteinrichtung ein derartiger Platz angewiesen, daß der Film niemals damit in Berührung kommen kann.

Frei umherliegendes Filmmaterial gibt nicht nur einem unvorsichtigen Vorführer leicht Anlaß zur Brandstiftung, sondern ist auch sehr gefährlich für die Ausbreitung eines im Apparate entstandenen Feuers. Die Hauptsache dürfte aber wohl sein, daß der Vorführer in jeder Hinsicht mit dem Apparate und dessen Handhabung vertraut ist, daß er über die Feuergefährlichkeit der Films gut unterrichtet und daß er erprobt zuverlässig ist.

Für öffentliche kinematographische Vorführungen haben die Behörden Vorschriften erlassen, welche darauf hinzielen, die Entstehung von Bränden möglichst zu verhüten, das Feuer, wenn es einmal ausbrechen sollte, auf seinen Herd zu beschränken und das Publikum in allen Fällen gegen Gefährdung zu sichern. Diese Polizeibestimmungen weichen bei den verschiedenen Bezirken im einzelnen teilweise voneinander ab, laufen aber im großen auf dasselbe hinaus. Vor allem verlangen sie, daß der Kinematograph in einem besonderen, vom Zuschauerraum getrennten Raum untergebracht wird, über dessen feuersichere Ausstattung hier und da noch besondere Anweisungen gegeben sind. Als Apparatraum dient meistens ein Eisenblech- oder Asbesthäuschen. Brennbare Stoffe aller Art müssen aus diesem Raum ferngehalten werden, er darf nicht mit offenem Licht erleuchtet werden, und darin zu rauchen ist verboten. Die Films sollen in feuersicherem Behälter untergebracht sein. Für die Bekämpfung eines Brandes sind genügende Mengen von Wasser und Sand sowie eine Flammdecke zum sofortigen Gebrauch bereit zu halten.

Was den Apparat selbst anbetrifft, so lauten die Sicherheitsvorschriften im wesentlichen dahin, daß er eine Blendscheibe besitzt, die den Film bei Ruhestellung gegen die Strahlen schützt, und daß die Spulen, welche zum Ab- und Aufwickeln des Filmbandes dienen, sich in feuersicheren Büchsen (Trommeln) befinden; an einigen Stellen wird auch die Benutzung einer Kühlküvette zur Pflicht gemacht. Die Bedienung des Apparates soll nur durch sachkundige Leute geschehen, und zwar bestimmen verschiedene Bezirke, daß während der Vorführung eine zweite Person zur Hilfeleistung zur Hand sei.

Ich habe hier die Feuersgefahr bei kinematographischen Vorführungen eingehend behandelt, und zwar absichtlich. Eine so ausführliche Darlegung erschien mir deshalb besonders wichtig, weil in dieser Hinsicht viel Ungewißheit herrscht — man findet Übertreibungen auf der einen und Sorglosigkeit auf der ändern Seite. In aller Interesse ist es zu wünschen, daß sowohl eine übertriebene Angst vor dem Kinematograph einer ruhigen und sachlichen Beurteilung Platz macht, als daß namentlich auch die genaue Kenntnis der Gefahren allenthalben die genügende Vorsicht im Betriebe herbeiführt.

Allerdings werden sich Kinematographen-Unfälle nicht ganz ausrotten lassen. Es wird damit gerade gehen wie mit vielen ändern Sachen: hier passiert das Unglück einem Neuling, der unerfahren und nicht unterrichtet ist, dort einem sorglos gewordenen Praktiker, der, weil es immer gut ging, vertraut, daß es ohne Zutun so weiter laufen müsse; auch wird es immer wieder einen fahrlässigen Vorführer geben, der sich über die Vorschriften hinwegsetzt und sich z. B. nichts daraus macht, beim Apparat zu rauchen und die Filmbüchsen als Aschenbecher zu benutzen. — Aber es kann doch vieles geschehen, die Zahl der Unfälle zu beschränken: durch Auswahl geeigneten Personals, durch genaue Unterweisung und durch strenge Einhaltung der Sicherheitsmaßregeln.

Noch eins! Die besonderen Gefahren, welche den kinematographischen Vorführungen anhaften, sind, wie wir gesehen haben, dem leicht entzündlichen Filmmaterial, dem Zelluloid, zuzuschreiben. Welch gewaltigen Fortschritt die Einführung eines unverbrennlichen oder doch schwer brennbaren Filmmaterials bedeuten würde, ist leicht einzusehen. Die Schwierigkeiten, welche die Herstellung eines solchen Film bereitet, sind außerordentlich; viele Versuche sind gescheitert. Es steht aber zu erwarten, daß das unter dem Namen »Cellit« bekannte Material in nicht zu ferner Zeit erfolgreich zur Verwendung gelangt.

Vorführung und Programm.

Auch bei der Vorführung halte man an dem Prinzip fest, dem Publikum den Aufenthalt möglichst angenehm zu machen. Wer in dieser Hinsicht gleichgültig ist, wer da meint, es geschehe genug, wenn jeder Zuschauer seinen Sitzplatz habe und dann die Bilder heruntergerasselt sehe, der mag leicht mancherlei Anlaß zur Unzufriedenheit bieten, und wenn er das Auge offen hält, so wird er beobachten, daß er damit seinem Unternehmen am meisten schadet. Es heißt auch hier, mit Überlegung an die Sache heranzugehen.

In erster Linie muß der Vorführer den Apparat sowohl wie die Lichteinrichtung durch und durch kennen und mit deren Bedienung völlig vertraut sein. Es genügt nicht, daß er die Einrichtung einmal tadellos vorführt: er muß auch über fehlerhafte Erscheinungen Bescheid wissen, damit er solche zu vermeiden versteht, und muß in der Lage sein, bei irgendwelcher Störung, ohne den Kopf zu verlieren, sofort Abhilfe zu schaffen. Alle Vorbereitungen, wie Einrichten des Apparates, Zentrieren der Lichtquelle und Scharfeinstellen des Objektivs, sollten vorher erledigt werden, und wenn etwas noch nach Erscheinen des Publikums zu geschehen hat, so besorge man es möglichst unbemerkbar. Daß man die Zuschauer vor Nebenlicht bewahren und mit dem Geräusch des Apparates möglichst verschonen muß, sowie daß die Sitzplätze zweckmäßig anzuordnen sind, habe ich oben schon gesagt.

Vor allem lasse man das Publikum nicht im Dunklen sitzen, wenn kein Bild auf der Projektionswand steht; man sorge vielmehr für ausreichende Beleuchtung vor und nach der Vorführung, und zwar muß der Raum hell gemacht werden, sowie der Apparat aufhört zu spielen. Ferner richte man es so ein, daß die Zuschauer niemals die weiße Wand zu sehen bekommen. Man vermeide es auch möglichst, den Beginn der Vorstellung zu verschieben; denn, müssen die Leute über die angesetzte Zeit hinaus warten, so werden sie ungeduldig und unzufrieden. Kurz und gut: man strebe darnach, alles so gut zu gestalten, daß die Zuschauer nichts auszusetzen haben; wenn man dies im Auge hält, findet sich der richtige Weg von selbst und man wird gut dabei fahren.

Wie eben schon gesagt, muß man es unbedingt vermeiden, die Zuschauer die weiße Wand sehen zu lassen. Wenn die Films aneinander geklebt werden, wie dies meist üblich ist, so klebe man stets ein kurzes Stück schwarzen Film dazwischen. Spannt man die Films einzeln ein, so muß der Vorführer aufpassen, daß er im rechten Augenblick den Verschluß schließt, denn wenn er das Ende des Film hindurchdreht, so kommt der weiß beleuchtete Schirm zum Vorschein und das Publikum wird plötzlich durch den grellen Schein geblendet. Darunter leidet der Eindruck auch des besten Bildes. Der Schluß eines jeden Bildes läßt sich übrigens leicht dadurch kenntlich machen, daß man ein Stück schwarzen Film anklebt.

Nun das Programm! — Ich denke hierbei an eigentliche kinematographische Vorführungen, wie solche z. B. in den zahlreichen Kinematographen-Theatern veranstaltet werden. Wenn man sich da zunächst umsieht, was auf dem Gebiete der Filmfabrikation geleistet wird, so muß man geradezu staunen; Phantasie und Unternehmungsgeist überbieten sich, immer Neues und Originelles zu schaffen. Die Auswahl an Sujets ist ganz enorm; leider aber findet sich manches Stück darunter, dessen Vorführung lieber unterbliebe. Jeder Leiter eines Kinematographien-Unternehmens tut gut daran, sein Programm rein zu halten von solchen Bildern, die verrohend wirken und die Sensationslust der Menge züchten; er halte fest an dem Grundsatz, nur Darstellungen zu geben, welche Belehrung und Unterhaltung im edlen Sinne bieten.

Für die Zusammenstellung des Programms läßt sich natürlich kein allgemein gültiges Schema geben. Bei der Auswahl der Bilder muß man sich zunächst nach dem Publikum richten. In einer Industriestadt z. B., wo man hauptsächlich mit Fabrikarbeitern zu rechnen hat, wird man andere Zusammenstellungen wählen, wie in einem Landstädtchen oder in einem Militärplatz; und für Kinder hinwieder wird man ein anderes Programm machen als für Erwachsene. In dieser Hinsicht mag es vielleicht schwer sein, von vorneherein das Richtige zu treffen: Es gilt daher beobachten, welcherlei Bilder am besten gefallen.

Ist man hierüber im klaren, so heißt es nun, Sujets auszusuchen, welche zusammen passen, und diese dann in geeignete Reihenfolge zu bringen. Da muß der Leiter des Unternehmens zeigen, was ihm an Erfahrung, Geschick und Geschmack eigen ist; er nehme diese Arbeit nicht zu leicht, denn der Erfolg hängt doch in erster Linie von seiner Darbietung ab. Die Bilder mögen an sich noch so schön sein, werden sie wahllos bunt durcheinander gezeigt, so kann ihre Wirkung zerstört werden; der Gesamteindruck der Vorführung wird dann keinesfalls befriedigend ausfallen.

In der Aufeinanderfolge der Darstellungen sind harte Gegensätze zu vermeiden; es wäre z. B. verfehlt, auf einen »Film zum Totlachen« eine grausige Tragödie zu bringen. Das Programm soll in allen Teilen abgestimmt und harmonisch sein; diese Forderung ist hier ebenso berechtigt wie bei einem Konzert, wo man nicht nur schöne Musik zu hören wünscht, sondern auch eine geschmackvolle Zusammenstellung auserlesener Stücke verlangt. Ein erfahrener Unternehmer wird nicht das Beste zuerst bringen; er wird vielmehr für eine gewisse Steigerung sorgen, um dadurch das Publikum in

Spannung zu halten. Auf keinen Fall darf die Vorführung auf die Dauer ermüdend wirken, was z. B. eintreten kann, wenn man des Guten zuviel tut. Das Einlegen von Pausen ist unbedingt erforderlich. In den Kinematographen-Theatern wickelt sich das Programm in der Regel in einer bis anderthalb Stunde ab, und zwar wird es in drei Abteilungen gebracht, zwischen denen Pausen von etwa 10 Minuten liegen.

Es ist üblich, jedes Bild durch einen Titel anzuzeigen; diesen Brauch halte man unbedingt bei. Besteht ein Film aus mehreren Abteilungen, so empfiehlt es sich, den Übergang zu jeder neuen Szene ebenfalls durch eine »Überschrift« zu kennzeichnen. Gelegentlich wird es möglich sein, das Programm unter einem bestimmten Motto herauszugeben, und wenn das geschickt gemacht wird, so gewinnt die Vorführung dadurch unbedingt an Interesse. Natürlich muß dabei Eintönigkeit vermieden werden. Welche Abwechslung läßt sich z. B. schaffen in einem Programm mit dem Motto: Reise um die Erde in so und so vielen Szenen oder Bildern! Da kann man Landschaften, Panoramas, Straßenszenen, Seestücke, Darstellungen aus dem Volksleben, Jagd- und Tierbilder, und wer weiß was sonst noch, vereinen, auch geeignete humoristische Films lassen sich darin unterbringen. Es ist kein schlechter Gedanke, zwischendurch einige »stehende Lichtbilder« zu zeigen, welche auf das gemeinsame Thema Bezug haben. Das Programm erfährt dadurch eine treffliche Ergänzung; gleichzeitig wird so der Zuschauer davor bewahrt, durch die ewige Bewegung auf der Wand, der das Auge rastlos folgen soll, zu ermüden. Es gibt eine Art Erholungspause.

Daß man durch Einschalten von »Nebelbildern« das Programm noch prächtiger ausgestalten kann, darauf möchte ich hier immerhin aufmerksam machen. Der Nebelbilderapparat besteht bekanntlich aus zwei oder drei Projektionslaternen, die unter einem Winkel über- oder nebeneinander so aufgestellt sind, daß ihre Lichtkreise auf der Wand sich decken, und aus einem Dissolver, d. h. einer Vorrichtung, welche die Bilder ineinander übergehen, oder, wie man sagt, »verschwinden« läßt. Die beigegebene Abbildung (Fig. 110) zeigt z. B. einen aus drei übereinander stehenden Laternen gebauten Apparat, deren untere mit Kinematograph versehen ist und lebende Lichtbilder wirft, während die beiden oberen zur Darstellung von Nebelbildern sowie auch einfachen stehenden Lichtbildern dienen. Man kann die Einrichtung auch so treffen, daß für beide Zwecke besondere Apparate benutzt werden, daß man also eine Laterne mit Kinematograph für sich aufstellt und daneben eine Doppellaterne.

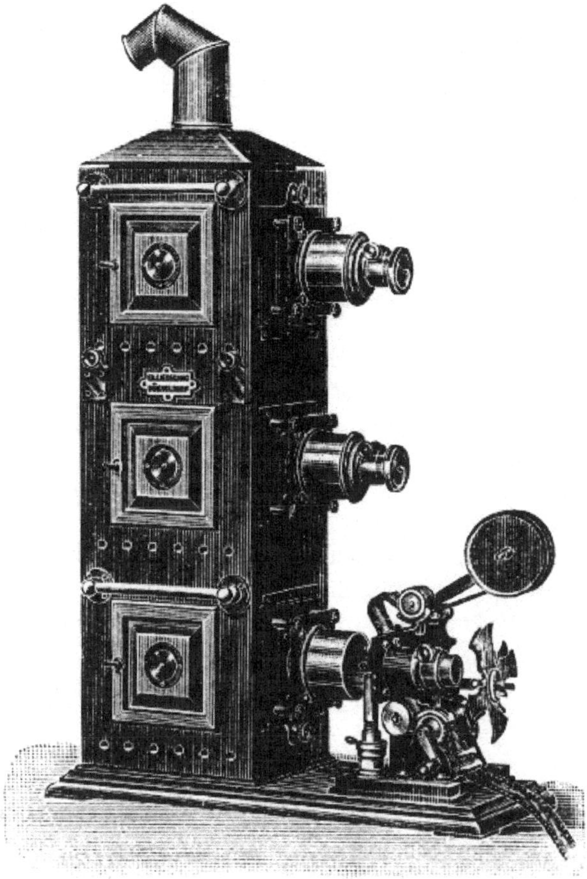

Fig. 110.

Mit dem Nebelbilderapparat wird man an geeigneter Stelle das eine oder andere Effektstück einschalten. Es heißt aber: sorgsam Auswahl treffen und nicht zu viel bringen. Am besten kommen diese Effekte zur Wirkung, wenn die ganze Vorführung nach einem bestimmten Motiv zusammengestellt ist. So würde man in dem oben angedeuteten Programm »Reise um die Erde« z. B., nachdem der Kinematograph in lebendigem Bilde die Ausfahrt des Ozeandampfers gezeigt hat, ein Effektbild »Sonnenuntergang auf dem Meere« bringen. Dazu projiziert zunächst die erste Laterne ein prächtig koloriertes Bild eines Sonnenunterganges, wie er sich uns vom Schiff aus auf dem unendlichen Ozean darbietet. Alsdann setzt man in die zweite Laterne dasselbe Bild, jedoch als Mondschein koloriert, und dreht den Dissolver; das Purpur des Sonnenuntergangs geht nun allmählich in Blau über, und während die erste Laterne langsam außer Tätigkeit tritt, gewinnt das dunkle Blau immer stärker an Kraft, Mondschein schimmert auf den Wellen. Ein derartiger Effekt, so einfach er sich erzielen läßt, ist von unbeschreiblicher Wirkung; das Publikum wird um so mehr Gefallen daran finden, als das Auge die Ruhe eines solchen Bildes zwischen den kinematographischen Darstellungen recht wohltuend empfindet.

Wenn ich es eben als zweckmäßig empfahl, stehende Lichtbilder bei der Kinematographien-Vorführung zu Gaste gehen zu lassen, so möchte ich jetzt darauf hinweisen, daß umgekehrt der Kinematograph eine prächtige Ergänzung zu einer Darbietung von einfachen Lichtbildern wie auch von Nebelbildern bildet und daß er namentlich bei Projektionsvorträgen vorzügliche Dienste leisten kann. Denn das stehende Lichtbild kann doch, was Anschaulichkeit betrifft, an die kinematographische Darstellung nicht heran. Wer noch nie am Meere war, erhält wohl vom Lichtbilde einen Begriff von der unendlichen Wasserfläche, aber erst der Kinematograph zeigt ihm — gleich der Wirklichkeit — wie die mächtigen Wogen dahin gehen oder wie sie brandend und schäumend gegen die Küste schlagen, zeigt ihm, wie ein Ozeandampfer hinausfährt oder ein Kriegsschiff manövriert. Das Lichtbild greift eben nur einen einzelnen Moment aus dem Leben heraus, während der Kinematograph eine ganze Episode wiedergibt und uns geradezu in die Wirklichkeit versetzt. Daher sollte dieser Apparat, wo es angeht, zur Erhöhung der Anschaulichkeit bei Lichtbildervorträgen herangezogen werden; er kann da in vielen Fällen von großem Nutzen sein.

Namentlich in Spezialitäten-Theatern, wo der Kinematograph sich als Schlußnummer eingebürgert hat, ist es üblich, die Vorführung der lebenden Bilder mit Musik zu begleiten. Wer in solchen Fällen das Programm aufzustellen hat, hüte sich davor, in Geschmacklosigkeiten zu verfallen und Musikstücke zu wählen, die zu den Films nicht passen. Denn unter einer ungeeigneten Begleitung muß der Eindruck leiden, wenn er nicht gar ein schlechter wird; dann lieber keine Musik!

Es ist wiederholt darauf hingewiesen worden, daß den »lebenden Lichtbildern« eigentlich etwas fehlt, um wirklich »lebendig« zu wirken; und gewiß, wenn da auf der Wand in wundervoller und naturgetreuer Darstellung ein mächtiger Wasserfall herunter »braust« oder wenn die wilden Wogen des sturmgepeitschten Meeres gegen die Küste »donnern« — was sagen denn unsere Ohren ob dieser geräuschlosen Darstellung! Je natürlicher und packender das Bild ist, je tiefer wir uns in die Situation hineindenken, desto mehr vermissen wir den Laut; jeden Augenblick vermeint unser Ohr das Brausen oder Donnern müßte losbrechen und ist gewissermaßen enttäuscht über die atemlose Stille. Nicht nur aus der Natur, sondern auch vom Theater her sind wir gewohnt, gleichzeitig zu sehen und zu hören. Ja, die Bühne bringt das, was der Kinematographien-Vorführung fehlt: die Nachahmung des Naturlautes; dort können wir also lernen. Wer etwas in die Geheimnisse der Bühnentechnik eindringt, wird finden, daß verhältnismäßig einfache Mittel genügen, um ausgezeichnete Wirkungen hervorzurufen. Natürlich muß man sich auch hier vor Übertreibungen hüten; es heißt sorglich abwägen, wann solche Mittel überhaupt angebracht sind, und dann ängstlich beachten, daß sie im richtigen Augenblick einsetzen.

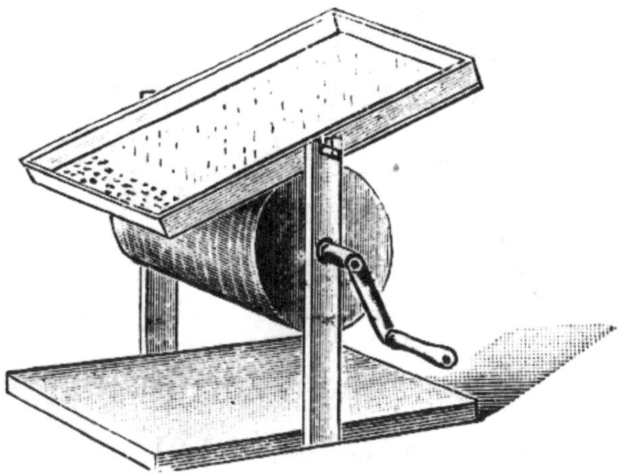

Fig. 111.

Um demjenigen, der sich für diesen Gegenstand interessiert, einen Begriff zu geben, will ich die eine oder andere Vorrichtung kurz beschreiben. Die beistehende Abbildung (Fig. 111) zunächst stellt eine Maschine dar, mit der man das Brausen des Wassers nachahmen kann. Sie besteht aus einem einfachen hölzernen Gestell, welches eine Trommel trägt; diese Trommel ist mit grobem Glaspapier überspannt und läßt sich mittels einer Kurbel drehen. Oben ist schaukelartig, rechts und links durch Stifte gehalten, ein langer, flacher Kasten aus Weißblech aufgesetzt, in welchen eine Reihe Nägel eingeschlagen ist; diese gehen durch das Metall in einen zweiten darunter angebrachten hölzernen Boden. Auf den Holzboden ist grobes Glaspapier aufgespannt, welches mit dem Glaspapier der Trommel in Berührung kommt. Wenn man nun mit der linken Hand den Kasten in schräger Stellung festhält und mit der rechten die Kurbel dreht, so gibt es ein Geräusch, das sich wie das unaufhörliche Rauschen eines Wasserfalles anhört. Um das Rauschen und Brechen der Wogen an einer steinigen Küste nachzuahmen, bringt man in den Kasten eine Anzahl kleiner Steinchen und dicker Schrotkugeln; ferner braucht man dazu ein langes Stück Blech. Im Augenblick, wo die Welle sich bricht, läßt man das Blech durch einen Druck von beiden Seiten her sich durchbiegen, sodaß es hin- und herschwingt, wie dies die punktierten Linien in Fig. 112 andeuten; unmittelbar darauf gibt man der Kurbel eine rasche Drehung, um das Vorschießen des Wassers auf den

Strand wiederzugeben, und neigt dann den schräg stehenden Kasten nach der ändern Seite, so daß die Steinchen und Körner herüber rutschen und rollen, wobei sie immer gegen die eingeschlagenen Nägel stoßen. Hierdurch wird das Zurückziehen des Wassers und das Nachrollen der Steine trefflich imitiert. Mit derartigen Vorrichtungen kann man vielerlei Kombinationen machen; natürlich muß die Wirkung gehörig studiert und in Verbindung mit dem Bilde ausprobiert werden.

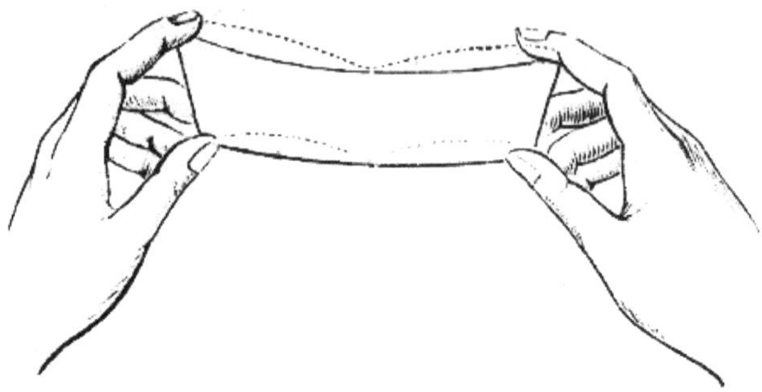

Fig. 112.

Das Rollen des Donners läßt sich sehr gut wiedergeben mit Hilfe eines großen Eisenblechs, das etwa ein Meter oder noch mehr lang und breit ist; man stellt es mit einer Kante auf den Boden und drückt von oben derart darauf, daß es hin und her schwingt, wie es bei dem oben benutzten Blech (Fig. 112) geschah. Wind und Sturm werden mit Hilfe einer Trommel zur Darstellung gebracht, die mit einer Art Schaufeln wie ein Dampferrad versehen und drehbar angeordnet ist. Oben über die Trommel ist möglichst stramm ein Stück schwerer grober Seide oder auch Segeltuch gespannt, das bei rascher Umdrehung der Trommel das gewünschte Geräusch gibt. Bei einer ändern Ausführung sind auf der Trommel an Stelle der Schaufeln scharfkantige Leisten angebracht und um die Trommel ist eine Reihe von starken Schnüren gespannt, die unten am Gestell der Maschine befestigt werden. Bei raschem Drehen reiben die Kanten über die Schnüre und bringen das Geräusch hervor. Zur Not läßt sich das Heulen des Windes auch in der Weise nachahmen, daß man einen kräftigen Gartenschlauch um den Kopf schwingt. Das Prasseln des Regens wiederzugeben, dazu wird man bei kinematographischen Vorführungen wohl selten in die Lage kommen. Immerhin sei hier beschrieben, wie man sich helfen kann. Es wird ein Stück Packpapier auf einen großen Reif geklebt und eine Handvoll Körner darauf gebracht. Wenn man den Reif nun rundum schwenkend von einer Seite zur andern neigt, rollen die Körner auf dem Papier herum und rauschen dabei wie der Regen. Damit ein solcher Effekt zur Geltung kommt, darf das Geräusch des Kinematograph allerdings nicht vorherrschend sein. Bei der jetzt üblichen Anordnung der Kinematographen-Theater, wo der Apparat in einem isolierten Vorführungsraum steht, ist letzteres nicht zu befürchten.

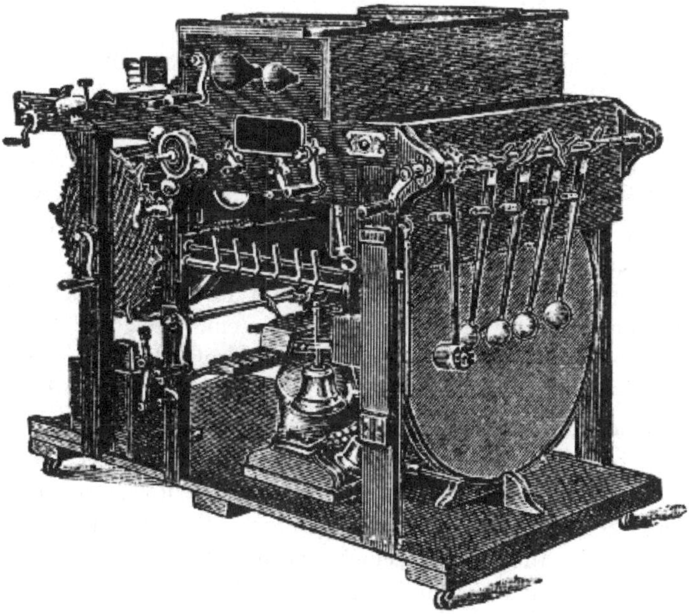

Fig. 113. Geräuschmaschine.

Zur Nachahmung der verschiedenen Geräusche hat man auch Apparate konstruiert, die gewissermaßen in komprimierter Form alle möglichen Vorrichtungen dieser Art umfassen. Eine solche Geräuschmaschine ist in Fig. 113 dargestellt. Damit läßt sich nun alles wiedergeben, was man wünscht: Donnern und Kanonen, Pferdegetrampel, Automobilgerappel, Trommelschlag, Flöten, Glockenschlag und Signal, Wasserfall und Regen, Zerbrechen von Glas, Kindergeschrei, Hundegebell usw.

Verbindung von Kinematograph und Sprechmaschine.

Eine weit natürlichere Wiedergabe, und zwar mit viel größerem Spielraum bietet uns der Phonograph; er beschränkt sich nicht auf die Laute der Natur, sondern bringt auch Musik, Rede und Gesang. Die Bemühungen, Kinematograph und Sprechmaschine zu verbinden, haben schon recht hübsche Resultate gezeitigt. Beide Apparate müssen natürlich exakt zu rechter Zeit einsetzen und genau taktmäßig laufen, wenn man nicht ein wirres Durcheinander bekommen will. Diese Forderung zu erfüllen, erscheint an sich einfach: man braucht nur die Räderwerke von Kinematograph und Sprechmaschine durch eine geeignete Übersetzung »zwangläufig« miteinander zu verbinden, dann muß der eine genau mit dem anderen gehen, er kann nicht vorstreben oder zurückbleiben. Indessen bietet die praktische Ausführung insofern zunächst eine Schwierigkeit, als man die Sprechmaschine, um die richtige Wirkung zu erzielen, beim Projektionsschirm, also weit vom Kinematograph entfernt, aufstellen muß. Besondere Schwierigkeiten aber liegen in folgender Bedingung: die Sprechmaschine muß mit einer bestimmten, gleich bleibenden Geschwindigkeit laufen, damit der Ton die richtige Höhe erhält, und darin ist die Maschine sehr empfindlich — jede Abweichung bringt einen Mißton. Nun ist der Kinematograph ein unruhiger Bruder; er läuft nicht so gleichmäßig: da kommt z. B. einmal eine Klebstelle im Filmband, die momentan eine geringe Verzögerung der Geschwindigkeit herbeiführt. In diesem Augenblick schreit die Sprechmaschine, welche, da sie fest mit dem Kinematograph gekuppelt ist, nun ebenfalls etwas langsamer läuft; der Ton geht dabei herunter, um dann aber sofort wieder in die Höhe zu schnellen. Um diesen Übelstand zu vermeiden, läßt man die Sprechmaschine, so wie sie soll, ruhig für sich laufen und reguliert nun nach ihrem Gang mittels einer Anzeigevorrichtung die Geschwindigkeit des Kinematograph-Mechanismus. Man muß ferner auch noch mit der Möglichkeit rechnen, daß einmal die Nadel der Sprechmaschine entgleist und in eine benachbarte Schallfurche überspringt. In solchem Falle ist ein entsprechendes Beidrehen des Kinematographen erforderlich, damit Bild und Ton wieder in Einklang kommen. Der Vorrichtungen, die zur Kontrolle des Gleichlaufes dienen und die man »Synchronismen« nennt, gibt es verschiedene.

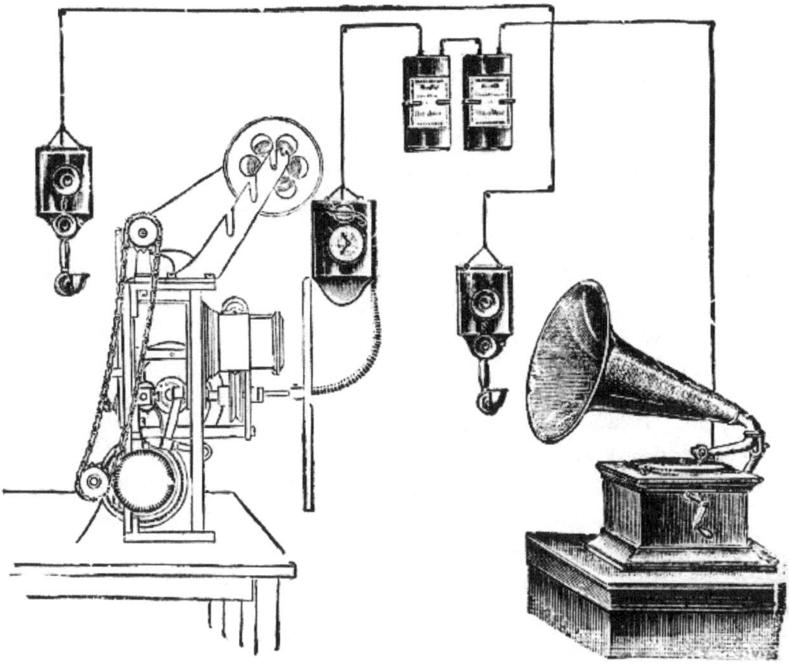

Fig. 114.

Eine einfache Anordnung zu diesem Zwecke ist in Fig. 114 dargestellt. Das Werk der Sprechmaschine, die mittels eines Uhrwerkes oder eines Elektromotoren angetrieben wird, betreibt gleichzeitig einen kleinen Kollektor: es ist das eine Trommel, die auf ihrem Umfange mehrere Kontakte besitzt. Darauf schleift eine Feder, von der eine Stromleitung zu einer elektrischen Uhr führt. Wenn nun die Sprechmaschine läuft, so erhält die elektrische Uhr bei jeder Kontaktberührung, die die Feder auf dem Kollektor macht, einen Stromstoß; der in der Uhr angeordnete Elektromagnet stößt dann mit seinem Anker das Steigrad weiter und mit diesem dreht sich der Uhrzeiger jeweils um ein kleines Stückchen vorwärts. Auf diese Weise wird also der Uhrzeiger durch die Sprechmaschine in Betrieb gesetzt, und zwar hängt die Geschwindigkeit, mit der er sich bewegt, von der Umdrehungsgeschwindigkeit der Sprechplatte oder -walze ab. Nun besitzt die Uhr noch einen zweiten Zeiger. Dieser wird durch Zahnradübersetzung vermittels einer biegsamen Welle angetrieben, die an einer der rasch laufenden Achsen des Kinematograph-Mechanismus angebracht ist. Wenn man den Kinematograph-Mechanismus dreht, so läuft dieser Zeiger rund. Die gesamte Anordnung ist nun derart getroffen, daß Kinematograph und Sprechmaschine richtig zusammen laufen, wenn sich die beiden Uhrzeiger mit gleicher Geschwindigkeit drehen. Der Vorführer braucht also beim Betriebe nur die Uhr zu beobachten und seinen Mechanismus derart zu drehen, daß die Uhrzeiger sich stets decken. Bleibt einer der Zeiger zurück oder strebt er vor, so muß der Vorführer entsprechend rascher oder langsamer drehen. Erfolgt der Antrieb des Kinematographien mit Motor, so muß der Vorführer je nach der Verschiebung der Zeiger den Regulierwiderstand des Motors entsprechend verstellen, damit dessen Geschwindigkeit geregelt wird. Zum Betriebe der Uhr genügt eine Batterie von zwei Trockenelementen. In diesen Stromkreis werden zur Verständigung zwischen Vorführer und dem Mann, der die Sprechplatte auflegt, Telephone mit Anrufklingeln eingeschaltet. Die Auslösung der Sprechmaschine kann durch den Vorführer von seinem Stande aus bewirkt werden; es ist eine derartige Fernauslösung praktisch, weil dann ein gleichzeitiges Einsetzen beider Apparate leichter zu erzielen ist.

Man hat die Uhr auch in der Weise abgeändert, daß nur ein einziger Zeiger zur Verwendung kommt, der mittels Differentialgetriebes gleichzeitig vom Kinematograph-Mechanismus und durch Vermittlung der elektrischen Übertragung von seiten der Sprechmaschine angetrieben wird. Hier muß bei Gleichlauf der Zeiger stillstehen. Schlägt er nach rechts oder links aus, so weiß der Vorführer, daß der Kinematograph zu rasch oder zu langsam läuft, und er muß dann entsprechend korrigieren.

Eine andere Anordnung benutzt statt der Uhr drei Glühlampen von verschiedenen Farben, die am Kinematograph-Mechanismus oder dicht daneben angebracht sind. Bei richtigem Laufe beider Apparate brennt die mittlere Lampe, die weiß sein mag; läuft der Kinematograph vor oder bleibt er zurück, so brennt die rote oder grüne Lampe rechts bezw. links. Ein gänzlich anderes Prinzip verfolgt ein System, bei dem in der Ecke der Projektionswand ein rotierendes optisches Signal erscheint, das durch das Werk der Sprechmaschine in Tätigkeit gesetzt wird und das der Vorführer von seinem Stande aus verfolgen muß, um danach den Lauf seines Apparates zu regeln.

Man hat auch Vorrichtungen ersonnen, die den Gleichlauf selbsttätig kontrollieren. Eine solche kann z. B. mit der elektrischen Uhr, die einen normalerweise ruhig stehenden Zeiger besitzt, verbunden werden. Wenn der Kinematograph, der durch einen Motor angetrieben wird, zu langsam läuft, so schlägt der Zeiger nach links aus; dabei berührt er nun einen Kontakt, der durch Schließen eines Stromkreises bewirkt, daß der Regulierwiderstand des Motors entsprechend verändert wird und daß letzterer einen rascheren Lauf annimmt. Ist die Geschwindigkeit des Mechanismus zu groß, so schlägt der Zeiger nach rechts aus und berührt dabei einen zweiten Kontakt, der in umgekehrter Weise auf den Regulierwiderstand einwirkt und eine Verlangsamung des Motors herbeiführt.

In der Regel kommt bei der Darstellung des »Tonbildes« — so nennt man diese Vorführungen — das Grammophon zur Verwendung, das mit Schallplatten arbeitet, im Gegensatz zum Phonograph, bei dem Walzen benutzt werden. Die Aufnahmen von Bild und Ton werden nicht gleichzeitig, sondern getrennt vorgenommen, und zwar erfolgt die eine an Hand der anderen; in der Regel wird zuerst die Tonaufnahme gemacht und darnach die kinematographische.

Fehlerhafte Erscheinungen beim Arbeiten mit dem Kinematograph.

Zunächst möchte ich auch hier davon abraten, sofort, wenn der Apparat beschafft ist, Vorstellungen zu geben, wie dies vielfach oder gar meistens geschieht; man nehme sich soviel Zeit, als nötig ist, die Konstruktion und deren Handhabung in allen Teilen gründlich kennen zu lernen. Wenn dabei Mißerfolge eintreten, so prüfe man ruhig und sachlich. Dabei mögen die folgenden Ausführungen als Anhalt dienen. Fehlerhafte Erscheinungen bei der Darstellung des Lichtes habe ich hier nicht mit aufgenommen, da solche in der Beschreibung der Lichteinrichtungen schon berücksichtigt wurden.

Zerspringen der Kondensorlinsen wird vielfach hervorgerufen durch zu rasche Erhitzung derselben bei der Inbetriebsetzung, wie auch durch plötzliche Abkühlung nach der Vorführung. Man wärme die Linsen langsam an, indem man die brennende Lampe erst nach und nach dem Kondensor nähert, und schütze sie andrerseits auch nach der Vorführung, wenn man die Lampe ausgelöscht hat, gegen kalten Luftzug. Die Linsen sollen ferner nicht zu fest in der Fassung sitzen, sondern Spiel haben für die Ausdehnung, die mit der Erwärmung erfolgt. Beim Arbeiten mit Kalklicht ist darauf zu achten, daß man das Kalkstück rechtzeitig dreht; die Stichflamme frißt nämlich ein Loch darein und dieses kann bei unglücklicher Stellung wie ein Reflektor die Flamme direkt gegen die Linse werfen, worauf letztere unfehlbar platzen wird. Auch ein Sprung im Kalkstück kann eine solche Reflexion gegen den Kondensor bewirken. Beim elektrischen Bogenlicht gefährdet der Flammbogen, namentlich bei hoher Stromstärke, die Linse erfahrungsgemäß dann, wenn man ihn zu groß werden läßt. Es gilt das besonders für solche Fälle, wo man mit höherer Spannung, z. B. 220 Volt, arbeitet; bei niedriger Spannung kann man den Lichtbogen nicht so groß werden lassen, da die Lampe dann auslöscht. Man stelle auf jeden Fall die Kohlen zeitig nach; dies sollte man schon tun, um das Licht gleichmäßig zu halten.

Beschlagen der Linsen. Dieser Fehler macht sich bei der Projektion durch einen Schleier über das Lichtbild bemerkbar. Er rührt davon her, daß die Kondensorlinsen kalt waren und bei der starken Erwärmung sich Wasserdampf darauf niedergeschlagen hat (gerade so wie die Brillengläser beschlagen, wenn man aus der Kälte ins warme Zimmer kommt). Man sorge von vorneherein für Vorwärmung der Linsen; dann tritt diese störende Erscheinung nicht auf. Hat man ersteres versäumt, so muß man den Niederschlag durch einen weichen Lappen abreiben. Die Linsen müssen ferner Ventilation haben; wenn diese ausreichend ist, so zieht der Wasserdampf ab.

Schatten im Bildfeld. Die Fehler, welche eine falsche Zentrierung der Lampe hervorruft, sind auf Seite 193 besprochen und durch eine Abbildung (Fig. 99) veranschaulicht. Gelingt es nicht, nach der dort gegebenen Anweisung ein gleichmäßig weißes Bildfeld zu erzielen, so ist die optische Anordnung nicht richtig. Der Kinematograph-Mechanismus muß alsdann in einen näheren oder größeren Abstand vom Kondensor gebracht werden, oder aber die Brennweite des Kondensors paßt nicht zu derjenigen des Objektives und es muß eine entsprechend andere Linsenzusammenstellung für den Kondensor genommen werden. Unter Umständen kann auch eine geeignete Hilfskondensierungslinse, die gegen die Türe des Apparates kommt, abhelfen.

Gelbrote Ecken oben oder unten im Bildfeld zeigen sich zuweilen bei Apparaten, welche für das Filmbild einen verstellbaren Rahmen besitzen, und zwar tritt der Fehler bei Verstellung des Rahmens dann auf, wenn dieser aus dem Beleuchtungsfeld gebracht wird. Man muß dann die Lichtquelle nachzentrieren. Um diese Erscheinung zu vermeiden, zentriere man von vorneherein derart, daß das Bildfeld bei jeder Einstellung des Rahmens gleichmäßig weiß bleibt.

Teilweise Unschärfe des Bildes. Zunächst prüfe man nach, ob die Linsen des Objektives richtig zusammengesetzt sind, wie es die Abbildung auf Seite 90 angibt. Bei Objektiven mit Auswechselfassung ist ferner zu beachten, daß der Linsentubus richtig eingesetzt wird: die beiden durch einen Ring getrennten Linsen müssen dem Kondensor zugekehrt sein, während die verkittete Linse nach vorne zeigen soll. Bei falscher Zusammensetzung des Objektivs bekommt man entweder nur die Mitte des Bildes scharf oder nur die Randpartien.

Ferner ist folgendes zu beachten. Hat man einen Apparat, bei dem die Einrichtung des Filmbildes durch Verstellen der Rahmenöffnung nach oben und unten geschieht, während dabei das Objektiv nicht mit bewegt wird, und ist letzteres für kurze Distanz bestimmt, so vermeide man es möglichst, den Rahmen weit aus der Mittelstellung zu entfernen. Bei den kurzbrennweitigen Objektiven ist nämlich die scharfe Zone entsprechend klein, und durch Verstellen des Rahmens kommt man hier leicht in Gefahr, das Bild über diese Zone herauszubringen, wodurch dann der obere oder untere Rand desselben unscharf wird. Man trachte also bei derartigen Einrichtungen darnach, den Film von vorneherein so einzuspannen, daß nachher keine Korrektur oder höchstens eine geringe notwendig ist.

Objektive kurzer Brennweite, die zur kinematographischen Projektion auf kurze Entfernung benutzt werden und die hauptsächlich beim »Durchwerfen« des Bildes zur Verwendung gelangen, neigen überhaupt dazu, das ganze Bildfeld nicht gleichmäßig scharf wiederzugeben. Wer in bezug auf die Schärfe hohe Ansprüche stellt — und solche sollte man im Interesse der Darbietung stellen — muß sich ein teureres Instrument beschaffen.

Eine teilweise Unschärfe des Lichtbildes — Mitte scharf und Ränder unscharf oder umgekehrt — kann auch dadurch hervorgerufen werden, daß der Film außerhalb der Türe nicht absolut flach liegt, sondern sich dort krümmt. Der Film neigt dazu, sich krumm zu ziehen, und er kann dieser Neigung folgen, wenn die Klemmvorrichtung der Türe ihn nicht genügend hält. Ein solches Hohllaufen des Filmbandes wird begünstigt durch einen zu breiten Ausschnitt (Fenster). Es ist da in dieser oder jener Weise Abhilfe zu schaffen. Auch mag es vorkommen, daß infolge sehr langer Benutzung die Aufschlagflächen (Schienen) der Türe abschleißen und in der Mitte hohl werden. Alsdann wird das Bild immer nur oben und unten scharf erscheinen oder nur in der Mitte. In solchem Falle muß der Apparat instand gesetzt werden.

Unschärfe auf einer Seite des Lichtbildes, rechts oder links, tritt auf, wenn der Apparat schräg gegen die Projektionswand gerichtet ist. Er sollte möglichst senkrecht gegen die Mitte des Schirmes zeigen. Der gleiche Fehler wird durch unzentrische Anordnung des Objektives bewirkt.

Völlig verschwommene Bilder. Die Ursache ist vielleicht darin zu suchen, daß der Abstand des Objektives zum Film nicht richtig ist, ein Fehler, der namentlich bei Beschaffung eines neuen Objektives häufig gemacht wird. Um sich zu vergewissern, schraube man das Objektiv ab, halte es dem Fenster gegenüber so gegen die Wand, daß ein scharfes Bild der Fenstersprossen auf einem an die Wand gehefteten Blatt weißen Papieres erscheint, und messe dann den Abstand des Objektives zum Papier: in diesen Abstand muß das Objektiv vom Film gebracht werden. Bei Objektiven, die für kurze Entfernungen bestimmt sind, ist dieser Abstand klein, und da kann es bei manchen Kinematograph-Mechanismen vorkommen, daß die Konstruktion überhaupt nicht gestattet, das Instrument hinreichend nahe an den Film heranzubringen.

Eine Unklarheit des Bildes kann ferner dadurch herbeigeführt werden, daß der Apparat beim Betrieb vibriert; das Lichtbild zittert dann und erscheint dem Auge verschwommen. Um solches festzustellen, prüfe man die Schärfe bei stehendem Bild; ist diese gut, während das Bild beim Betriebe unklar wird, so muß man für bessere Stabilität des Mechanismus sorgen; insbesondere richte man seine Aufmerksamkeit auf die Blende und kontrolliere, ob diese nicht schlägt und den Apparat erschüttert.

Schließlich ist noch daran zu erinnern, daß auch falsche Blendenstellung eine Verschwommenheit des Bildes verschulden kann. Schlägt nämlich die Blende stets in dem Augenblicke vor, wo der Film ruht, und gibt sie das Licht frei zu der Zeit, wo sich der Film in Bewegung befindet, so gibt es auf der Wand ein verwaschenes Wirrwarr und es ist niemals möglich, so ein klares Bild zu erhalten. Wie die Blende genau eingestellt werden muß, darüber ist weiter oben ausführlich berichtet.

Flimmern des Bildes. Wodurch das Flimmern hervorgerufen wird, diese Frage habe ich eingangs ausführlich behandelt, desgleichen habe ich dargetan, was zur Vermeidung bezw. Abschwächung dieser unangenehmen Erscheinung geschehen kann. Hier sei nur kurz auf die verschiedenen Punkte hingewiesen. An dem Flimmern ist der stete Wechsel von Hell und Dunkel schuld, der nicht zu vermeiden ist, da der Übergang von einem Bild zum ändern durch eine Blendescheibe verdeckt werden muß. Die Stärke des Flimmerns hängt ab von der Größe der Blende und diese wieder von der Konstruktion des Bewegungs-Mechanismus.

Von Einfluß auf die Stärke des Flimmerns ist ferner die Form der Blende; durch Benutzung einer geeigneteren Blende, insbesondere einer solchen mit einem oder zwei »zwischenschlagenden« Flügeln, kann man unter Umständen in erheblichem Maße Abhilfe schaffen. Zu beachten ist weiterhin, daß Bilder mit großen weißen Flächen stärker flimmern als durchweg gedeckte Szenen.

Von Wichtigkeit ist es, meine oben gegebene Regel einzuhalten: nämlich dem Film nur soviel Licht zu geben, als zur Erzielung klarer Bilder nötig ist; denn jedes Zuviel an Licht fördert das Flimmern ganz bedeutend. Ein weiteres Hilfsmittel, das Flimmern zu dämpfen, besteht in Anwendung von Farbscheiben sowie im Färben oder Kolorieren der Films.

Flickern des Bildes. Das »Flickern« rührt her von vielen Flecken und Kratzen im Film, die wie toll hin und her springen, namentlich in den hellen Stellen des Bildes. Gegen diesen Fehler, der mit dem Flimmern oft verwechselt wird, kann auch der beste Apparat nicht helfen. Man kann sich vor dieser unangenehmen Erscheinung nur bewahren durch Verwendung reiner Films, die man schont und gut pflegt.

Regnen und Ziehen des Bildes. Streifen im Bilde, die von oben nach unten gehen, sind die Folgen durchgehender Kratzen und Schrammen im Film. Zieht das ganze Bild auf der Wand, so ist anzunehmen, daß die Blende fehlt oder nicht richtig steht.

Falsche Einstellung der Verschlußblende. Für ein gutes Funktionieren des Apparates ist es unbedingt erforderlich, daß die Blende richtig eingestellt ist. Der Blendflügel muß in dem Augenblick das Objektiv verdeckt haben, wo der Film sich zu bewegen beginnt, und er muß das Objektiv wieder öffnen, sobald der Film die Ruhestellung angenommen hat. Ist die Blende falsch eingestellt, so wird je nach dem Grade der falschen Einstellung der Wechselvorgang ganz oder teilweise sichtbar gemacht, während das ruhigstehende Filmbild zeitweise verdeckt wird. Infolgedessen verliert das Lichtbild an Plastik und erscheint unter Umständen völlig verschwommen. Ein Fehlen der Blende macht sich durch Mangel an Plastik und durch ein »Ziehen« oder »Regnen« bemerkbar. Man muß, falls eine solche Erscheinung auftritt, die Stellung der Blende kontrollieren, und zwar geschieht dies folgendermaßen. Nachdem ein Film eingespannt ist, dreht man das Werk ganz langsam, am besten am Schwungrade, und beobachtet den Augenblick, wo der Film in der Türe anfängt sich zu bewegen. In diesem Moment muß die Blende das Objektiv gerade verschließen. Alsdann dreht man weiter und beobachtet den Moment, in dem der Film wieder in Ruhe kommt, und kontrolliert, ob die Blende jetzt beginnt, das Objektiv zu öffnen. Hat die Verschlußblende zwei oder mehrere verschieden große Flügel, so dient zum Abdecken der größte.

Vibrieren oder Tanzen des Bildes. Man muß da zweierlei unterscheiden: Erstens ein Auf- und Abgehen des ganzen Lichtbildes auf dem Projektionsschirme und zweitens ein Vibrieren der Bildkonturen allein, wobei das Bildfeld selbst stehen bleibt. Das Auf- und Abschwanken des ganzen Bildfeldes, wie man es zuweilen bei kinematographischen Vorführungen mehr oder minder stark wahrnehmen kann, hat seinen Grund darin, daß es dem Apparat an einer genügend festen Aufstellung fehlt. Entweder ist dann der Tisch oder der Gegenstand, worauf sonst der Kinematograph steht, wackelig oder der Mechanismus ist nicht fest auf seiner Unterlage montiert; auch kann die Befestigung des Objektives unzureichend sein. Man muß bedenken, daß sich bei der starken Vergrößerung auch die geringste Erschütterung des Apparates bemerkbar macht. Nehmen wir nur ein Beispiel: das Lichtbild sei 2 $^1/_2$ Meter breit, die Vergrößerung mithin 100 fach; es wird sich dann auch der Fehler des Vibrierens verhundertfachen, und ein Vibrieren des Objektivs um $^1/_2$ Millimeter wird also z. B. ein Schwanken des Lichtbildes um 5 Zentimeter zur Folge haben. Man kann dabei in der Regel beobachten, daß das Auf- und Abwogen des Lichtbildes in regelmäßigen Perioden vor sich geht und mit der Bewegung des Armes beim Drehen der Kurbel zusammenfällt. Abhilfe ist leicht dadurch zu schaffen, daß man dem Apparat die erforderliche Stabilität gibt.

Wir kommen nun zu der ändern Erscheinung, dem Tanzen des Bildes innerhalb des Bildfeldes, dessen Umrahmung dabei auf dem Schirm unbeweglich bleibt. Für diesen Fehler gibt es verschiedene Ursachen, und zwar kann er zunächst im Film selbst zu suchen sein. Wenn nämlich bei der Aufnahme das Stativ nicht absolut fest war und der Apparat, sei es auch nur im geringen Maße, wackelte, so muß natürlich auch die Wiedergabe mit dem Projektionsapparat »verwackelt« herauskommen. Ferner kann ein Vibrieren des Lichtbildes entstehen, wenn die Perforation durch Überanstrengung »ausgeleiert« ist; denn in diesem Falle wird das Filmband nicht mehr mit der erforderlichen Genauigkeit transportiert. Ob nun der Film aus dem einen oder ändern Grunde an dem Vibrieren schuld ist, ergibt sich leicht aus weiteren Beobachtungen, wobei man darauf achtet, ob das Bild bei anderen Films ruhig steht. Zeigen aber sämtliche Films ein gleiches Vibrieren, so ist anzunehmen, daß die Ursache der Erscheinung wo anders liegt, und zwar muß sie dann im Apparate zu suchen sein. Da gilt es in erster Linie, die Türe auf ihre Wirkungsweise zu prüfen. Wie oben ausgeführt wurde, ist es Aufgabe der Türe, den Film in der Projektionsstellung festzuhalten und durch Einklemmen zu verhindern, daß er bei der ruckweisen Vorwärtsbewegung ein Stückchen zu weit fliegt. Wenn nun aber die Federpressung in der Türe nicht stark genug ist und der Film dort zu viel »Spiel« hat, so wird ein Auf- und Abtanzen des Bildes die unausbleibliche Folge sein. Man wird mithin, um festzustellen, ob hier der Fehler liegt, den Film in der Türe kräftiger einklemmen, was vielfach dadurch geschehen kann, daß man mit der linken Hand die Türe fester andrückt.

Wo hat man nun weiter zu forschen, wenn hierdurch keine Abhilfe geschaffen wird? Ohne Zweifel im Bewegungs-Mechanismus. Es liegt auf der Hand, daß nur bei äußerst präzisem Arbeiten dieses Mechanismus ein ruhiges Stehen des Bildes möglich ist und daß jede Ungenauigkeit Störungen hervorrufen muß. Ungenauer Gang des Werkes kann begründet sein in fehlerhafter Ausführung oder in der Ausleierung des einen oder anderen Teiles. Worauf es bei den verschiedenen Systemen ankommt, ist oben in der Beschreibung der Konstruktionen bereits ausgeführt. Bei Schläger-Apparaten z. B. hängt das tadellose Funktionieren ab von der Transporttrommel, der Schlägerscheibe und dem sicheren Ineinandergreifen der diese beiden Teile verbindenden Zahnräder; beim Malteserkreuz-System von der Zahntrommel mit dem Kreuz und der darein arbeitenden Eingriffscheibe. Wichtig ist dabei die feste Lagerung der Achsen und die Vermeidung »toten Ganges«.

Springen des Bildes. Man sieht zuweilen, daß das Bild plötzlich »springt«, d. h. einige Zwischenszenen überschlägt. Diese Erscheinung läßt sich leicht erklären: es ist aus dem Film ein Stück mit mehreren Bildern, die beschädigt waren, ausgeschnitten; man wird dann dort eine Klebestelle finden. Allerdings können die Bilder auch schon im Aufnahmefilm (Negativ) entfernt worden sein; in diesem Falle ist am Positivfilm, wenn man ihn durch die Hand zieht, ohne weiteres nichts davon zu bemerken.

Ein Springen des Filmbandes um den Teil eines Bildes, wobei sich also das Filmbild aus der Türöffnung verschiebt, findet statt, wenn der Film falsch verklebt ist. Man muß den Film dann zerschneiden und richtig zusammenkleben. Wie dies zu geschehen hat, darüber wurde oben eingehend berichtet.

Überhastete oder zu langsame Bewegungen im Lichtbilde. Solche Erscheinungen rühren einfach daher, daß der Mechanismus zu schnell bezw. zu langsam gedreht wird. Der Vorführer muß das Lichtbild im Auge halten und die Geschwindigkeit des Drehens so bemessen, daß die Bewegungen möglichst natürlich wiedergegeben werden. Wohl ist zur Erreichung eines Effektes gelegentlich eine Verlangsamung oder Beschleunigung zulässig. Vielfach wird der Apparat zu rasch gedreht.

Rückwärtslaufende oder schleifende Räder. Bei Szenen mit sich bewegenden Fahrzeugen beobachtet man häufig, daß die Räder zu stehen, zu schleifen oder gar rückwärts zu laufen scheinen, während das Gefährt vorwärts geht. Das ist eine optische Täuschung, die im Prinzip des Kinematographen begründet ist. Insbesondere das Stehen der Räder ist leicht zu erklären. Die kinematographischen Aufnahmen werden in gewissen Zeitintervallen gemacht; wenn nun während dieser Zwischenzeiten das Rad sich jeweils soviel weiterbewegt, daß immer eine Speiche gerade an die Stelle der folgenden gekommen ist, so ist für das Auge keine Verschiebung der Speichen wahrzunehmen, weil eine Speiche aussieht wie die andere. Anders würde es sein, wenn eine der Speichen eine von den andern abweichende Form besäße; da würde das Auge sehen, daß diese Speiche sich weiterdreht. Der Vorführer kann dagegen nichts tun; denn die Erscheinung ist bei der Aufnahme festgelegt und »sitzt« also im Film.

Fehlerhafte Transportierung des Filmbandes. Der Film wird zeitweise von der Transporttrommel nicht mitgenommen. In solchem Falle sind die Zähne der Trommel zu klein oder abgeschlissen oder die Druckrollen sitzen nicht richtig auf. Gefördert wird dieser Übelstand durch Unregelmäßigkeiten im Film, wie schlechte Klebstellen, starke Knicke und Beschädigungen der Perforation; auch eine vom Maße der Zahntrommel abweichende Perforation kann mit dazu beitragen.

Schieflaufen des Filmbandes auf der Transporttrommel. Dieser Fehler zeigt sich eher oben auf der Vortransporttrommel als auf der Trommel des Bewegungsmechanismus. Er wird hervorgerufen durch einseitiges Andrücken oder schiefes Aufsitzen der Druckrollen und wird gefördert durch zu kleine oder abgeschlissene Zähne und durch abweichende Perforation. Man prüfe ferner, ob der Film auch in gerader Richtung von der Spule auf die Trommel läuft und nicht etwa schief zugeführt wird.

Schlechtes Funktionieren der Aufrollvorrichtung. Die Spule, worauf der Film aufgewickelt wird, läuft nicht gehörig mit. Das gibt eine unangenehme Störung, die beseitigt werden muß. Geschieht der Antrieb der Aufrollvorrichtung durch einen Gummi- oder Drahtspiralzug, so wird man finden, daß dieser nicht genügend »durchzieht« und auf dem Rade schleift. Das Gummi oder die Spirale muß also entsprechend strammer gespannt werden, eventuell schneidet man aus der Spirale ein Stück heraus und fügt die Enden wieder zusammen. Eine Spirale aus dünnem Draht faßt meist besser als eine solche aus dickem Draht; sie darf nicht geölt werden, weil sie dann leichter über die Räder gleitet.

Bei manchen Apparaten wird die Aufrollvorrichtung durch eine Kette oder vermittels Zahnradübersetzung angetrieben, und das Mitnehmen der Spule geschieht mit Hilfe von Friktionsscheiben. Dabei muß die Reibung zwischen diesen Scheiben hinreichend stark sein, damit die zum strammen Aufwickeln des Filmbandes erforderliche Kraft, die übrigens mit größer werdender Rolle zunimmt, überwunden wird. Ist die Reibung nicht genügend, was besonders dann eintritt, wenn die Reibungsflächen des dazu verwandten Leders oder sonstigen Materials sich geglättet haben, so läuft die Spule nicht ordentlich mit. Man muß dann für Aufrauhung der Flächen und eventuell Anspannung der Feder, welche die Scheiben gegeneinander drückt, Sorge tragen. Wird indessen die Spule von der Aufrollvorrichtung zu kräftig vorwärts bewegt, so kann dadurch anfangs ein Zerreißen des Filmbandes herbeigeführt werden.

Zerreißen des Filmbandes oder Ausreißen der Perforation. Dies wird durch eine Stockung des Film verursacht; der Film sitzt an irgend einer Stelle fest, unten zerrt aber der Bewegungs-Mechanismus ihn vorwärts und die Transporttrommel wühlt nun mit ihren Zähnen in der Perforation, diese ausreißend. Unter Umständen wird der Film dabei ganz durchgerissen, was namentlich dann leicht der Fall ist, wenn an der Stelle schon ein Einriß vorhanden war.

Wann wird nun eine solche Hemmung des Filmbandes eintreten? In erster Linie wird sie erfahrungsgemäß dadurch veranlaßt, daß man beim Einspannen vergessen hat, zwischen Vortransporttrommel und Türe eine hinreichend große Schlaufe zu bilden. Ferner kann dies eintreten, wenn die Filmspule oben sich auf der Achse klemmt, so daß das Band dem Zuge nicht mehr folgen kann. Eine weitere Ursache für solche Beschädigungen ist unter Umständen darin zu finden, daß der Film streckenweise etwas zu breit ist, und sich nun in der Türe festklemmt, und schließlich auch darin, daß der Film mit einer eingerissenen Stelle oder einer schlechten Klebstelle beim

Vorschub oder in der Türe hängen bleibt. Auch zu kräftiges Anziehen der Aufrollvorrichtung kann, wie erwähnt, zum Zerreißen des Filmbandes führen.

Einrisse an der Perforation. Solche mögen dadurch entstehen, daß die Perforation des Filmbandes etwas abweicht vom Maße der Zahntrommel; der Abstand der Löcher ist dann weiter oder enger als der Abstand der Zähne, und der Film wird daher auf der Trommel gezerrt oder gebeult. Schlecht aufpassende Perforation macht sich meist durch ein Knistern bemerkbar.

Wenn die Ursache für die Beschädigung der Perforation anderwärtig zu suchen ist, so muß man den Apparat in seinen einzelnen Teilen genau daraufhin kontrollieren, an welcher Stelle der Film derartige Zerrungen erleidet, die zu Einrissen führen können, und prüfen, ob und wie dort Abhilfe zu schaffen ist. Es ist dabei zu berücksichtigen, daß auch in dem besten Apparat das Filmmaterial bei sehr häufigem Gebrauche schließlich der Abnutzung unterworfen ist und daß trockene, spröde Films schneller verschleißen als gute, geschmeidige Films.

Kratzen auf dem Film. Wenn sich auf dem Film Längskratzen zeigen, die nirgends anders als im Apparat entstanden sein können, so muß man unbedingt für Abhilfe sorgen, wenn man sich nicht sein ganzes Filmmaterial verderben will. Da muß irgend eine Stelle im Mechanismus sein, an der das Filmband sich reibt; insbesondere beachte man, ob die von der Vorschubtrommel gebildete Schlaufe sich gegen die Türe stößt. Noch ein Punkt ist anzuführen. Der Film hat zuweilen verbeulte Stellen; solche entstehen unter dem Eindrucke starker Hitze und können dadurch hervorgerufen werden, daß das Band einmal sehr langsam durch den Apparat gedreht wurde, oder gar zeitweilig stehen blieb, wodurch dann die intensiven Strahlen auf den Film zu wirken vermochten. Diese durchgebogenen Stellen werden naturgemäß dazu neigen, sich gegen die tieferliegende Bahn der Filmführung zu drücken und es wird dort leicht infolge der Reibung die Schicht beschädigt. Dies wird um so eher geschehen, wenn die Gleitschienen oder Federn, worauf das Band in der Türe mit seinem perforierten Rand läuft, abgenutzt und dünner geworden sind.

Schmutzansätze auf den Trommeln, Rollen und in der Türe geben natürlich leicht zu Kratzen Anlaß; deshalb ist Sauberhalten des Apparates durchaus erforderlich, wenn dieser Fehler vermieden werden soll.

Man soll nicht unbeachtet lassen, daß beim Aufwickeln und Umspulen leicht dadurch Kratzen entstehen können, daß der Film über den Tisch oder sonst einen Gegenstand schleift. Es ist ferner Brauch, den Film fest aufzuspulen, indem man die Hand auf die Rolle legt und damit eine Bremsung ausübt. Was wird nun geschehen, wenn sich Schmutzteilchen auf dem Film befinden? Sie werden ohne Zweifel festgepreßt oder gar in den Film hineingequetscht; denn der Druck, den die eine Lage auf die andere ausübt, ist ein ganz gewaltiger. Daß dadurch Beschädigungen entstehen können, dürfte leicht erklärlich sein. Aus diesem Grunde sollte man die Rollen nicht zu fest aufspulen und nicht versäumen, das Band zu reinigen, indem man es leicht durch ein Leder oder einen Benzinlappen laufen läßt; ein nachher darumgelegtes Gummiband hält die Rolle zusammen. Der Lappen muß sauber sein, denn körniger Schmutz darin wird den Film verkratzen.

Kratzen auf der Schichtseite des Film machen sich im Lichtbilde durch weiße Längsstreifen unangenehm bemerkbar; solche auf der Zelluloidseite kommen weniger stark zur Geltung.

Ansammeln von Staub auf dem Filmband. Solches wird dadurch befördert, daß man den Film, um ihn zu reinigen, durch ein Leder laufen läßt; das Filmmaterial wird dadurch elektrisch gemacht und zieht infolgedessen Staub an. Es empfiehlt sich daher, mit dem Leder eine ganz geringe Reibung auszuüben. Besonders haftet aber Staub auf dem Film, wenn dieser durch Öl verschmiert wird, wie es infolge zu starker Schmierung und unsauberer Haltung des Apparates häufig vorkommt.

Abspringen der Schicht. Dieser Fehler zeigt sich meist nur bei alten und abgenutzten Films, und namentlich dann, wenn sie schlecht behandelt worden sind. Beobachtet man das Abspringen der Schicht bei neuem Film, so wird die Ursache im Film selbst liegen; die Emulsion haftet nicht genügend auf der Zelluloid-Unterlage. Man sucht diese fehlerhaften Stellen auf und schneidet sie heraus.

Spröde und Brüchigwerden der Films. Dies ist eine Folge schlechter Behandlung und tritt insbesondere ein, wenn der Film in einem trockenen und warmen Raume aufbewahrt wird. Wie man verfährt, um das Material geschmeidig zu halten, ist in dem Abschnitt über Behandlung des Filmbandes ausgeführt.

Fehlerhafte Erscheinungen bei endlosen Films. Schlechtes Transportieren kann hier hervorgerufen werden durch Knicke oder Falten im Film, die man vorher in der oben beschriebenen Weise entfernen muß. Wenn der Film zerreißt oder die Perforation einreißt, so mag daran zu strammes Spannen schuld sein. Es ist zu beachten, daß die Perforation der endlosen Films häufig von der normalen Perforation etwas abweicht und nicht genau auf die Transporttrommel paßt. In solchen Fällen muß die Zahntrommel gegen eine andere ausgewechselt oder passend gemacht werden, da sonst der Film, sei es bald oder auf die Dauer, leidet. Zu Kratzen wird bei endlosen Films leicht dadurch Anlaß gegeben, daß man sie schlecht einspannt und über irgend einen Apparatteil schleifen läßt.

Entzündung des Filmbandes. Die Ursachen hierfür sind in dem Abschnitt über Feuersgefahr eingehend behandelt.

Die Herstellung kinematographischer Aufnahmen.

Der Aufnahme-Apparat.

Zur Herstellung kinematographischer Aufnahmen dient ein photographischer Apparat, der mit einer Film-Transportvorrichtung versehen ist. Der unbelichtete Film wickelt sich von einer Spule ab und wird nach der Belichtung aufgerollt. Transport-Mechanismus und Filmspulen sind lichtdicht in der Kamera untergebracht; in der Vorderwand derselben befindet sich das Objektiv und hinter letzterem bewegt sich die Verschlußblende. Die Weiterbewegung des Filmbandes geht ruckweise vor sich; während jeden Stillstandes gibt die Blende das Objektiv frei und es findet eine Belichtung statt.

Es liegt nahe, einen und denselben Bewegungs-Mechanismus für Aufnahme und Projektion zu verwenden, und dies geschieht auch zuweilen. Eine solche Kombination ist für die Zwecke des Amateur-Photographen im allgemeinen wohl dienlich; wenn aber, wie für berufsmäßige Arbeiten, eine hohe Leistung verlangt wird, so sind getrennte Apparate, die beide für ihre besondere Aufgabe ausgebildet sind, unbedingt vorzuziehen.

Worauf kommt es nun beim Aufnahme-Apparat an? — Der Mechanismus soll das Band ruckweise derart vorwärts bewegen, daß bei ruhigem Drehen 15 bis 20 Bilder in der Sekunde hergestellt werden. Dabei muß der Transport ein absolut exakter sein; denn wird der Film einmal um »eine Idee« zu wenig und das nächste Mal zu weit vorwärtsgezogen, so muß diese Ungenauigkeit bei der Projektion unbedingt ein Vibrieren des Lichtbildes zur Folge haben. Das Abrollen und selbsttätige Aufwickeln des Bandes soll glatt und ohne Störung von statten gehen; ferner soll der Film auf dem ganzen Wege keinerlei Beschädigung ausgesetzt sein. Wichtig ist es schließlich, daß sich der Apparat den Aufnahmeverhältnissen, insbesondere der wechselnden Beleuchtung und der Geschwindigkeit des Objektes in möglichst weiten Grenzen anpassen läßt.

Ein Punkt ist von großem Belang: es braucht keine Rücksicht auf das Flimmern genommen zu werden. Daher gilt es hier keineswegs, wie beim Wiedergabe-Apparat, das »Tempo« möglichst rasch zu gestalten, d. h. die Zeit der Weiterbewegung im Verhältnis zur Ruhepause möglichst kurz zu machen; man kann den Transport vielmehr »ohne Überstürzung« vor sich gehen lassen und gewinnt dadurch den Vorteil, daß der Mechanismus mit größerer Ruhe und Sicherheit arbeitet. Der Aufnahme-Apparat hat es außerdem nur mit funkelnagelneuen Films zu tun; es wird nicht von ihm verlangt, daß er auch abgenutzte und womöglich zum Teil eingerissene Filmbänder transportiert.

Kinematographische Aufnahmen lassen sich nur bei guter Beleuchtung herstellen, da ja die Einzelbelichtungen äußerst schnell erfolgen. Damit man nun aber nicht bloß auf kräftigen Sonnenschein angewiesen ist, muß der Apparat mit einem sehr lichtstarken Objektiv versehen werden, das möglichst weiten Spielraum bietet. Außerdem wird scharfe Auszeichnung auch bei voller Öffnung verlangt. Die zur Projektion meist verwandten Instrumente Petzvalscher Konstruktion reichen hier, wenn es sich um gute Leistungen handelt, nicht aus; es sind dazu anastigmatisch korrigierte Objektive erforderlich.

Wenn so die Anpassung an die Lichtverhältnisse durch Verwendung eines geeigneten Objektives geschieht, so fällt der Verschlußblende die Aufgabe zu, sich der Geschwindigkeit des aufzunehmenden Gegenstandes anzuschmiegen. In erster Linie hat die Blende den Wechselvorgang des Filmbandes völlig zu verdecken; sie muß dazu völlig undurchsichtig sein, und man läßt sie in der Regel in Flügelform hinter dem Objektiv rotieren, derart, daß kein »falsches Licht« auf den Film gelangen kann. Eine gewöhnliche Flügelblende würde nun, vorausgesetzt, daß man stets dieselbe Anzahl Bilder in der Sekunde aufnimmt, immer gleiche Belichtungen geben, z. B. von $^1/_{30}$ bis $^1/_{40}$ Sekunde. Eine solche Exposition wird aber für sehr rasch bewegte Gegenstände nicht kurz genug sein, um diese scharf wiederzugeben. Der Amateurphotograph, welcher springende Pferde, vorbeisausende Automobile und dergl. photographiert hat, weiß das. Aus diesem Grunde muß sich die Verschlußöffnung entsprechend verkleinern lassen; man fertigt dazu die Blende in der Regel aus zwei Segmentteilen, die gegeneinander verstellbar sind.

Zur Vervollständigung der Kamera gehört insbesondere ein Sucher, welcher die Aufnahmeszene zeigt. Namentlich für rasches Arbeiten ist es gut, wenn der Sucher nicht zu klein ist. Die für Berufsleute bestimmten Apparate haben noch verschiedene Einrichtungen, wie ein Zählwerk, welches angibt, wieviel Meter Film belichtet sind, und eine Markiervorrichtung zur Bezeichnung der Stelle, wo die Aufnahme zu Ende ist. Die Films werden in der Regel mit Hilfe von Kassetten eingesetzt, die nach erfolgter Aufnahme bei Tageslicht ausgewechselt werden können.

Bei den Aufnahmeapparaten wird zur Vorwärtsbewegung meist der Greifer oder auch das Malteserkreuz benutzt, seltener der Schläger. Das Greifersystem, welches für das Werk des Vorführungsapparates weniger beliebt ist, muß hier als besonders geeignet bezeichnet werden. Gut ausgeführt, garantiert es einen genauen Transport des Filmbandes um jeweils dieselbe Strecke. Der Vorschub des Filmbandes von der Spule zur Belichtungsstelle und der Transport von dort zur Aufwickelspule geschieht zuweilen mit Hilfe einer einzigen Trommel, wie es die Abbildung Fig. 115 zeigt. Der Film läuft zuerst oben über die Trommel und wird nachher von dem unteren Teil derselben transportiert. Zwischen Trommel und Türe muß das Band sowohl oben wie unten eine hinreichend große Schlaufe bilden.

Fig. 115.

Die in Fig. 115 dargestellte Kamera, die einfacherer Art ist, faßt Filmrollen bis zu etwa 35 Meter Länge, welche mittels Kassetten bei Tageslicht eingesetzt und ausgewechselt werden können. Der ruckweise Transport des Bandes geschieht durch einen Greifer. Als Objektiv ist ein festeingestelltes Collinear f:6,3 vorgesehen. Um einen Anhalt bezüglich Abmessungen und Gewicht eines solchen Apparates zu bieten, sei mitgeteilt, daß dieses Modell 23 $^1/_2$ × 12 × 23 $^1/_2$ cm groß ist und etwa 2 $^1/_2$ kg wiegt.

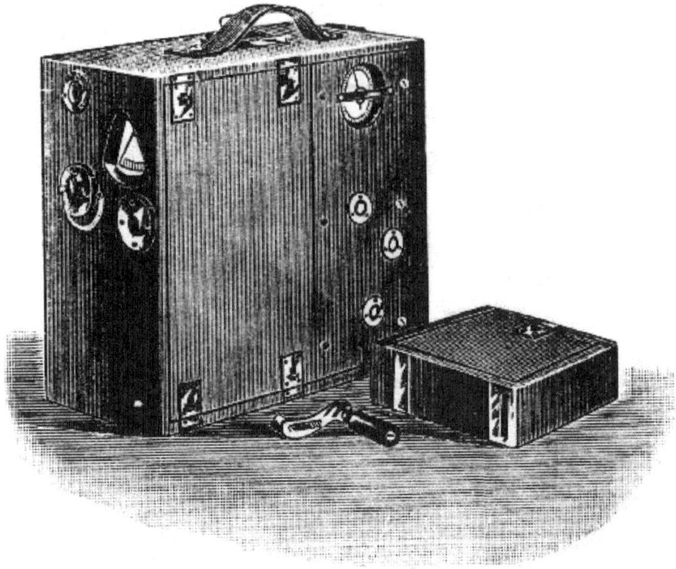

Fig. 116.

Die für größere Filmrollen bis zu 50 oder bis zu 100 und mehr Meter Länge verwendbaren Apparate, wie ein solcher in Fig. 116-118 abgebildet ist, werden in der Regel mit den oben erwähnten Einrichtungen versehen, die für den Fachmann eine große Annehmlichkeit bilden. So hat dieses Modell ein Zählwerk zur Feststellung der Länge des belichteten Film sowie eine Markiervorrichtung, welche die Schlußstelle der einzelnen Aufnahmen kennzeichnet; ferner ist ein Geschwindigkeits-Anzeiger daran angebracht, an welchem der Photograph kontrollieren kann, ob er die Kurbel mit der richtigen Schnelligkeit dreht. Außer einem Sucher besitzt der Apparat noch eine Vorrichtung zur Kontrollierung der Bildschärfe; man kann nämlich von rückwärts her durch eine Art Kanal, der mitten durch die Kamera läuft, vor der Aufnahme die scharfe Einstellung des Objektivs prüfen, wozu man in die Türe ein Stück matten Zelluloids oder Pauspapier einsetzt, worauf das Bild sichtbar wird. Dieser durch den Apparat laufende Einstellkanal (vgl. Fig. 117) hat vorne ein verschiebbares Teil, das sich, wenn die Türe zum Einlegen des Filmbandes geöffnet werden muß, nach rückwärts schieben läßt; nach erfolgtem Einspannen wird er wieder dicht gegen die Türe angeschoben. Das an der Rückseite des Apparates austretende Ende des Rohres läßt sich zum bequemeren Anbringen des Auges ein Stück herausziehen. Zum Verschluß dieser Rohröffnung dient eine Büchse, die während der Aufnahme aufgesteckt sein muß, weil sonst der Film von rückwärts Licht empfängt und die Bilder dadurch verschleiert werden.

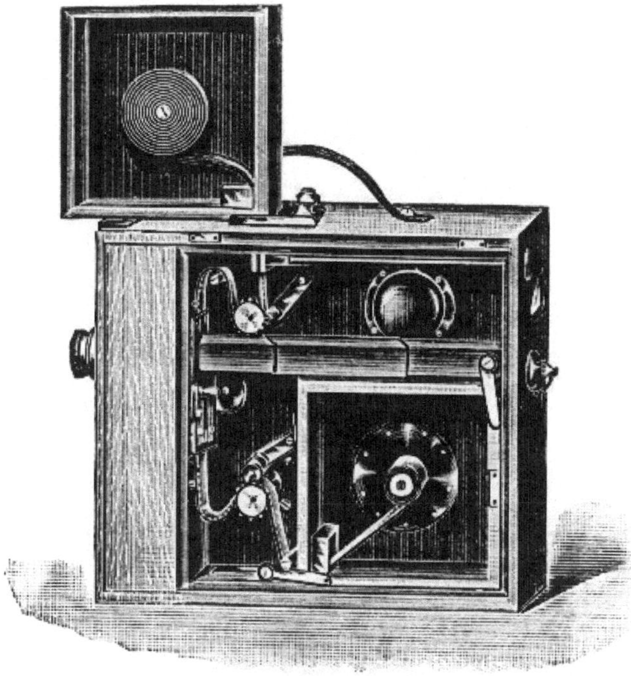

Fig. 117.

Der erwählte Linsensucher ist in die Vorderwand des Apparates eingesetzt, während gegenüber in der Rückwand eine Schauöffnung angebracht ist, welche gestattet, von rückwärts her durch die Kamera hindurch das Sucherbild zu betrachten und es während der Aufnahme bequem im Auge zu halten. Für den Vorschub des Filmbandes von der Kassette zur Türe und für den Transport desselben von der Türe zur unteren Kassette sind, wie die Fig. 117 zeigt, zwei getrennte Zahntrommeln vorgesehen. Die Verschlußblende, in der Abbildung nicht ersichtlich, besteht aus zwei gegeneinander verschiebbaren Scheiben, die eine Verstellung der Verschlußöffnung innerhalb weiter Grenzen gestatten.

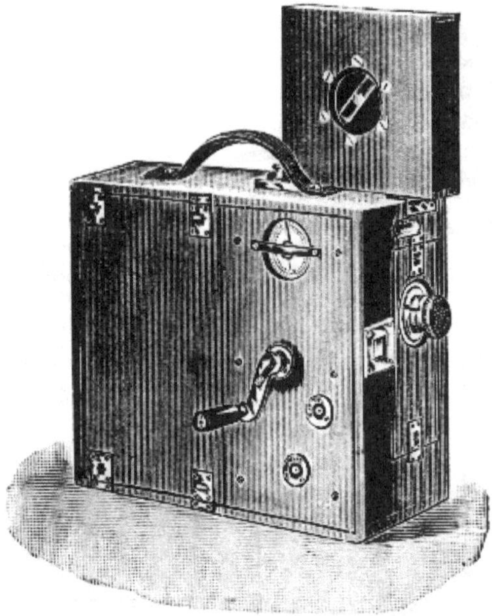

Fig. 118.

Die Kurbel (Fig. 118) läßt sich bei diesem Apparat an drei Stellen ansetzen: die erste Stellung gibt 8 Belichtungen auf eine Umdrehung, so daß man bei zwei Umdrehungen in der Sekunde, die sich bequem ausführen lassen, die normale Zahl von 16 Bildern erhält. Die zweite Stellung gibt 4 Bilder auf eine Umdrehung und die dritte 1 Bild auf jede Umdrehung. Diese letztere Stellung kommt zur Anwendung in solchen Fällen, wo die einzelnen Belichtungen in gewissen Zeitabständen erfolgen müssen, wie z. B. bei der Aufnahme einer wachsenden Pflanze.

Die Objektive, welche zu kinematographischen Aufnahmen benutzt werden, haben in der Regel eine Brennweite von 75 mm. Kürzere oder längere Brennweiten braucht man zu speziellen Zwecken. Objektive von sehr kurzer Brennweite sind möglichst zu vermeiden, da diese ein nahes Herangehen an die Szene bedingen und infolgedessen bei solchen Weitwinkelaufnahmen häßliche perspektivische Uebertreibungen entstehen: die in der Nähe befindlichen Personen werden unnatürlich groß und weiter entfernte zu klein.

Die Verwendung lichtstarker anastigmatischer Objektive ist unbedingt anzuraten, und zwar nimmt man am besten ein derartiges Instrument mit einem recht großen Öffnungsverhältnis von beispielsweise F:5,4, F:4,5 oder F:3,5, damit man in der Lage ist, auch bei einer verhältnismäßig weniger günstigen Beleuchtung noch erfolgreich zu arbeiten. Wer für alle Fälle gerüstet sein will, versieht sich mit mehreren Objektiven verschiedener Brennweite.

Fig. 119.

Es sei hier in Fig. 119 noch ein weiterer, auch zu fachmännischen Arbeiten bestimmter Apparat vorgeführt, welcher dadurch charakteristisch ist, daß die beiden Kassetten mit den Filmrollen außen an der Kamera angebracht werden. Der Bewegungs-Mechanismus ist ebenfalls nach dem Greifer-System gebaut, das zu Aufnahmeapparaten überhaupt bevorzugt wird. Die Führung des Filmbandes vor und hinter der Türe geschieht wie beim ersten Apparat mittels einer einzigen Trommel. Das Modell hat Zählwerk und einen großen Sucher. — Zu erwähnen ist noch eine Konstruktion, bei welcher zwei Films gleichzeitig exponiert werden können; die Verwendung eines solchen »Doppelapparates« wird nur in speziellen Fällen, beispielsweise für sehr wertvolle Aufnahmen, in Betracht kommen.

Fig. 120.

Man hat auch Miniaturapparate gebaut, bei denen Films von kleineren Abmessungen zur Anwendung kommen und deren Transportmechanismus gleichzeitig zur Projektion dient. Die Breite der Films ist hier meistens 15 mm (gegenüber 35 mm Breite der normalen Films) und die Perforation besteht aus einer einzigen Reihe schlitzförmiger Löcher, die sich in der Mitte des Bandes auf der Trennungslinie der einzelnen Bildchen befinden, wie es die beistehende Abbildung (Fig. 120) zeigt. Es liegt auf der Hand, daß sich diese kleinen Films nicht für größere Vorführungen eignen; solche Apparate sind vielmehr nur für die Zwecke der Amateurphotographen und zu Darstellungen in kleineren Kreisen bestimmt.

Und da haben sie ihre Berechtigung. Denn das Arbeiten mit Films der normalen Größe ist für Liebhaberzwecke doch eine recht kostspielige Sache;

die Miniatur-Kameras mit ihren kleineren Films machen das Kinematographieren bedeutend billiger und ermöglichen dies Vergnügen auch einem Amateur, der nicht gerade ein Krösus ist.

Die beistehende Abbildung (Fig. 121) zeigt einen derartigen für kleine Films bestimmten Apparat. Es sei bemerkt, daß bei diesen kleinen Kameras der Mechanismus auch für die Projektion verwendbar gemacht wird.

Fig. 121.

Das Stativ.

Das Stativ des Aufnahme-Apparates muß, wie bereits erwähnt, besonders kräftig und stabil gebaut sein, damit auch die geringsten Erschütterungen vermieden werden. Für Draußenarbeiten benutzt man in der Regel die zusammenlegbare 3 teilige Form, wie sie bei gewöhnlichen photographischen Kameras üblich ist. In speziellen Fällen ist die Verwendung eines massiven, niedrigen, ebenfalls dreibeinigen Eisenstativs zweckmäßig.

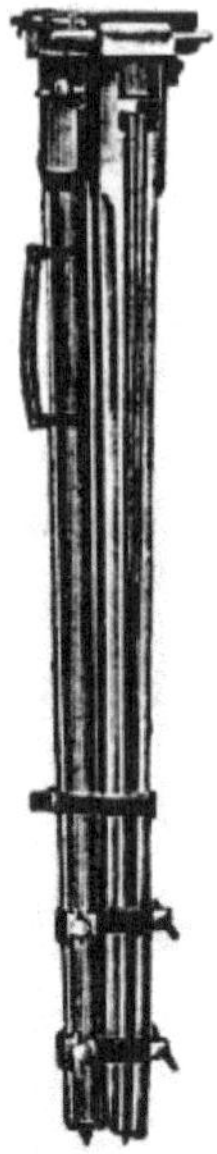

Fig. 122.

Zuweilen kommt es vor, daß der Photograph mit der Kamera dem Aufnahme-Objekt folgen muß. Um hier ein gleichmäßiges Nachfolgen zu ermöglichen, hat man Stative mit drehbarer Kopfplatte konstruiert, welch letztere sich durch eine Kurbel bewegen läßt (Fig. 123). Es ist allerdings keine leichte Sache, die Kurbeln des Apparates und des Stativs gleichzeitig zu drehen: wer das erfolgreich machen will, muß eine ziemliche Übung haben. Sicherer ist es, den Apparat durch einen Gehilfen drehen lassen und selbst die Kurbel am Stativkopf zu handhaben. Die seitlichen Bewegungen während der Aufnahme dürfen nur ganz langsam ausgeführt werden, da man bei rascher Verschiebung leicht unscharfe Bilder bekommt.

Das hier abgebildete Stativ ist, wie die Fig. 122 zeigt, für den Transport zusammenlegbar; die Kurbel kann man abnehmen und sowohl rechts wie links aufsetzen. Zweckmäßig ist es, wenn sich die an der Kurbelachse sitzende endlose Schraube durch einen Griff ausschalten läßt, sodaß man in der Lage ist, die nunmehr freigegebene Platte mit der darauf geschraubten Kamera rasch nach beiden Seiten zu drehen. Eine solche Vorrichtung kommt namentlich in Fällen sehr zu statten, wo es gilt, recht schleunigst einzustellen. Fig. 127 weiter unten zeigt das aufgestellte Stativ mit aufgeschraubter Kamera.

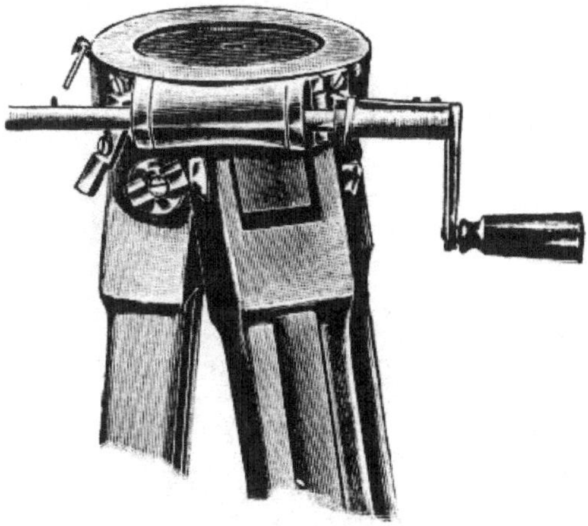

Fig. 123.

Die folgende Abbildung (Fig. 124) stellt eine auf das Stativ schraubbare Neigevorrichtung dar, die ebenfalls mittels Kurbel betrieben wird. Sie gestattet, den Apparat in jede beliebige Neigung zu bringen und auch bei hoher Aufstellung einem sich nähernden Objekt zu folgen.

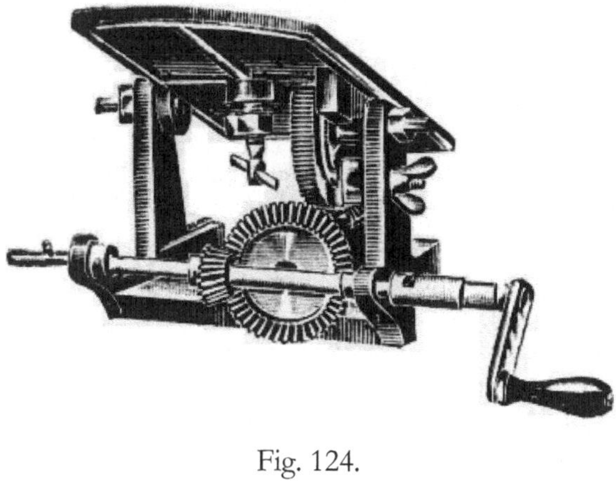

Fig. 124.

Aufnahme-Film, Perforier-Maschine und Messvorrichtung.

Über den Film selbst ist noch einiges zu sagen. Der Film besteht, wie bereits früher erwähnt wurde, aus einem Zelluloidband; dieses ist zur Benutzung im Aufnahme-Apparat mit einer lichtempfindlichen Schicht, die aus einer Bromsilber-Gelatine-Emulsion besteht, überzogen. Die Schichtseite ist matt und daher bei Dunkelkammerlicht leicht zu erkennen; wenn man das Einbringen in die Kassette in einem völlig dunkeln Raum vornimmt, prüfe man beide Seiten mit der angefeuchteten Fingerspitze: die Zelluloidseite fühlt sich glatt an, während die Schicht klebrig ist. Man kann den lichtempfindlichen Film fertig perforiert im Handel bekommen. Wer aber sehr viel davon verarbeitet, für den mag es sich unter Umständen lohnen, die Perforierung des Bandes selbst auszuführen.

Fig. 125. Perforiermaschine.

Die hierzu dienenden Perforiermaschinen arbeiten entweder kontinuierlich, indem die Zähne einer Trommel, über welche der Film läuft, als Stanzmesser ausgebildet sind, oder intermittierend; bei letzterer Anordnung werden durch eine Stanze beiderseitig immer ein, zwei, vier oder noch mehr Löcher auf einmal ausgeschlagen, der Film dann um ein entsprechendes Stück weiter geschoben, worauf wieder die Stanze in Tätigkeit tritt usw. Die Abbildung Fig. 125 zeigt eine Maschine der ersteren Art. Die Stanzmesser, welche aus gehärtetem Stahl gearbeitet sind, müssen gut scharf gehalten werden. Die intermittierend funktionierenden Stanzmaschinen arbeiten bedeutend exakter als die rotierenden, und mit Rücksicht darauf, daß die Perforation so genau wie möglich sein muß, werden jetzt wohl nur noch die ersteren zur Anwendung gebracht.

Wer das Perforieren lichtempfindlicher Films ausübt, muß in Betracht ziehen, daß durch starke Reibung des Bandes sowie durch rasches und straffes Aufrollen elektrische Entladungen entstehen können, insbesondere bei trockener Witterung. Es empfiehlt sich aus diesem Grunde, die Arbeiten vorsichtig und in einem nicht zu trocknen Raume vorzunehmen. Diese Entladungen machen sich erst beim Entwickeln bemerkbar, und zwar durch Verästelungen in der Bildschicht.

Fig. 126. Zählwerk.

Bei dieser Gelegenheit sei noch einer Vorrichtung gedacht, die für denjenigen, welcher viel mit Films zu tun hat, keineswegs ein Luxusgegenstand ist: der Meßmaschine. Sie besteht aus einem Zählwerk, welches mit einer Zahntrommel in Verbindung steht und anzeigt, wieviel Meter Film über die Trommel gelaufen sind. Ein solcher Zähler kann zweckmäßigerweise an der Film-Umrollvorrichtung angebracht werden, wie es Fig. 126 veranschaulicht; auch die Perforiermaschinen werden meist damit versehen.

Ohne ein solches Zählwerk kann man die Länge des Film auch in folgender Weise annähernd bestimmen. Man läßt den Film durch den Kinematograph laufen und stellt fest, wie viele Bilder bei einer Umdrehung der Kurbel transportiert werden; das sind häufig acht. Jedes Bildchen ist nun ungefähr 19 mm hoch — genau gehen 53 Bilder auf ein Meter, sodaß eine Umdrehung der 8-Bilder-Trommel 15 cm (genau 15,1 cm) Film fortschafft. Bei 100 Umdrehungen hat man also 15 Meter.

Die Handhabung des Aufnahme-Apparates.

Die Handhabung des Aufnahme-Apparates, insbesondere das Einsetzen des Filmbandes, muß nach spezieller Anweisung geschehen, die sich nach der Konstruktion der Kamera richtet. Ich kann mich daher im großen und ganzen auf die Mitteilung dessen beschränken, was im allgemeinen beim Arbeiten mit der kinematographischen Kamera zu beachten ist. Doch will ich nicht versäumen, auch Einzelheiten anzuführen, die beim Gebrauch des einen oder anderen Modells von Wichtigkeit sind.

Der Negativfilm wird in der Dunkelkammer bei »sicherem« rotem Licht in die Kassette eingebracht, indem man ihn je nach der Art der Kassette entweder direkt auf die Spule aufsetzt oder durch den Schlitz in dieselbe einführt und darin aufrollt. Man muß dabei beachten, daß die Schichtseite des Film nachher beim Einspannen in die Kamera dem Objektiv zugekehrt sein soll; als Anhalt mag dienen, daß sich beim aufgerollten Film, wie man ihn kauft, die Schichtseite nach innen befindet. Damit man für das Einspannen durch den Mechanismus nichts vom Negativfilm zu opfern braucht, tut man gut, vornean ein entsprechend langes Stück Blankfilm oder gebrauchten Film anzukleben; dieses sollte so bemessen sein, daß man dem Werk zur Prüfung noch einige Umdrehungen geben kann, ehe der lichtempfindliche Film in die Türe gekommen ist. Ein Meter genügt.

Die geladene Kassette, aus deren Schlitz das Ende des angeklebten Filmstückes heraushängt, wird in der Dunkelkammer sorgsam geschlossen. Das Einsetzen der Kassette in oder an die Kamera sowie das Einspannen des Film geschieht dann bei Tageslicht. Man kann wie beim gewöhnlichen photographischen Apparat mehrere Kassetten zum Auswechseln haben, die man sämtlich in der Dunkelkammer ladet und mit auf die Tour nimmt; eine Kassette muß man zum Aufrollen der belichteten Films leer halten. Nachdem ein Film ganz exponiert ist, dient die dadurch leer gewordene Kassette zum Aufrollen des zweiten Films usw. Das durch den Schlitz heraushängende Filmende, das man, um es besser durchstecken zu können, vorher mit der Schere an den Ecken abgeschrägt hat, knickt man ein paarmal ein, damit es nicht in die Kassette zurückgleitet.

Beim Einspannen muß man, wie schon gesagt, darauf achten, daß die Schichtseite des Film dem Objektiv zugekehrt ist. Man überzeuge sich ferner zuvor, ob alle Metallteile, mit denen das Band in Berührung kommt, blank und sauber sind, ob das Sammetstück, wenn sich ein solches in der Türführung befindet, frei von Staub ist und keine herabhängenden Fransen hat, und ob die Federn in der Türe sanft und gleichmäßig aufdrücken. Unter keinen Umständen vergesse man den Film oberhalb und unterhalb der Türe einen Bausch bilden zu lassen; doch mache man die Schlaufe auch nicht zu groß, weil dann der Film Gefahr laufen kann, gegen die Kamerawand zu stoßen.

Es wird dann die zweite leere Kassette in bezw. an die Kamera gesetzt, und zwar derart, daß die Spule derselben von der Aufrollvorrichtung gut mitgenommen wird. Durch den Schlitz führt man das Ende des Film ein und befestigt es auf der Spule. Dazu wird der Film nicht einfach hinter die Feder der Spule gesteckt, denn so würde er beim Anziehen nicht halten. Vielmehr knickt man das Ende des Film zurück und klemmt das zurückgeknickte Stück unter die Feder. Man muß nun noch der Kurbel eine oder zwei Umdrehungen geben, um sich davon zu überzeugen, ob das Band auch richtig und glatt transportiert wird, ob die Schlaufenbildung gut ist und ob das Aufrollen ordnungsgemäß vonstatten geht. Es ist übrigens auch darauf zu achten, daß die Kurbel an der richtigen Stelle eingesetzt wird; die Kameras haben nämlich in der Regel zwei oder drei Einsatzstellen, deren eine für

Aufnahmen in größeren Zeitintervallen dient, indem dabei jede volle Umdrehung nur ein einziges Bild belichtet.

Die Scharfeinstellung des Objektivs läßt sich dadurch kontrollieren, daß man den Film aus der Türe zur Seite biegt und ein Stück mattes Zelluloid oder Pauspapier einsetzt, das als Visierscheibe dient; darauf läßt sich die Schärfe des Bildes gut beurteilen. Soll dies für eine zweite Aufnahme auf dasselbe Filmband geschehen, so geht dabei natürlich das freiliegende Stück Negativfilm verloren, da es beim Öffnen der Kamera Licht empfängt. Den Negativfilm selbst kann man nur dann als Ersatz für die Visierscheibe benutzen, wenn die Beleuchtung sehr kräftig ist; denn bei schwächerem Licht erscheint das Bild nicht hell genug.

Bei Apparaten, welche einen quer durch die Kamera laufenden Einstellkanal besitzen, darf man nicht vergessen, das viereckige Rohrstück, das zum Öffnen der Türe zurückgeschoben wird, wieder vorzuschieben, sodaß es vorne dicht aufsitzt, und ferner auf das offene Rohrende in der Rückwand die Büchse aufzustecken. Wenn das nicht geschieht, gelangt falsches Licht auf den Film und man bekommt verschleierte Aufnahmen. Der Apparat selbst muß sorgsam geschlossen werden. Den Zähler stellt man vor Beginn der Aufnahmen auf Null.

Macht man zwei oder mehrere Aufnahmen auf einen und denselben Film, so bezeichne man das Ende jeder Aufnahme durch Einstiche mit einer Nadel; manche Apparate sind dazu, wie bereits oben erwähnt, mit einer Markiervorrichtung versehen. Die durchbrochenen Stellen sind auch im Dunkeln durch Fühlen leicht zu finden; dort wird das Band durchgeschnitten, damit man jede Aufnahme einzeln entwickeln kann.

Wie bei der Handkamera bedient man sich auch hier des Suchers, um den Apparat gegen die aufzunehmende Szene zu richten. Bei der Handkamera ist die Arbeit allerdings einfacher, indem die Aufnahme in einem Moment gemacht ist, während sich beim Kinematograph die Reihenaufnahme naturgemäß über eine gewisse Zeit hin erstreckt, innerhalb der man ständig mit Hilfe des Suchers kontrollieren muß, ob die Szene auch auf dem Bild bleibt. Nötigenfalls folgt man mit der Kamera nach. Wie aber schon bei Besprechung des Stativs erwähnt wurde, dürfen Bewegungen des Apparates während der Aufnahme, ob sie nun in seitlicher Richtung oder nach oben oder unten geschehen, nur langsam vorgenommen werden, da rasche Verschiebungen Unschärfe im Bilde herbeiführen. Es mag ferner nochmals darauf hingewiesen werden, daß das gleichzeitige Arbeiten an den Kurbeln des Apparates und des drehbaren Stativkopfes für eine einzige Person eine Aufgabe ist, die viele Übung verlangt.

Der Anfänger tut gut, das Einsetzen und Durchdrehen des Filmbandes mit einem Blankfilm oder gebrauchten Film einzuüben, bevor er daran geht, ein unbelichtetes Band einzuspannen und Aufnahmen zu machen. Auch das Einhalten eines gleichmäßigen Tempos beim Drehen will geübt sein; in der Regel ist der Mechanismus so beschaffen, daß zwei Umdrehungen in der Sekunde die richtige Geschwindigkeit geben. Am besten schraubt man bei den Übungen den Apparat auf das Stativ und versucht gleichzeitig, wie man die Kamera halten muß, um Vibrationen zu vermeiden; denn die geringsten Erschütterungen bei der Aufnahme machen sich in der Projektion durch Tanzen des Lichtbildes unangenehm bemerkbar. Es gehört dazu vor allem ein kräftiges und stabil gebautes Stativ; der Apparat muß fest darauf geschraubt sein und das Stativ sicher auf dem Boden stehen. Man tut gut, mit der linken Hand fest auf den oberen Teil des Statives zu drücken, während man mit der rechten Hand dreht. Dabei achte der Photograph ja darauf, daß nicht durch einen Arm das Objektiv verdeckt wird. Die Abbildung (Fig. 127) zeigt den Apparat auf Stativ, fertig zum Gebrauch.

Fig. 127.

Noch ein Punkt ist zu beachten. Anfänger neigen leicht dazu, unregelmäßig zu drehen, derart, daß sie jedesmal im Augenblick, wo die Kurbel am tiefsten steht, einen Moment stoppen. Diese unbeabsichtigten Ruhepausen haben zur Folge, daß bei jeder Tiefstellung der Kurbel eine längere Belichtung stattfindet, und wenn beispielsweise die Trommel bei jeder Umdrehung 8 Bilder transportiert, so wird jedes achte Bild stärker belichtet. Diese Bilder kommen im Negativfilm dunkler heraus als die andern, und im Positivfilm, welcher danach kopiert wird, entsprechend schwächer.

Eine Kontrolle der Blendscheibe auf ihre genaue Einstellung hin ist unter keinen Umständen zu versäumen, und zwar sollte man eine solche öfters vornehmen. Die Verschlußblende muß so arbeiten, daß sie das Objektiv genau zu der Zeit verdeckt, während welcher der Film vorwärts bewegt wird. Hat sich die Blende »versetzt« und gibt sie das Objektiv im Moment der Weiterbewegung frei, um die Linse in der Ruhepause zu verdecken, so wird auf den in Bewegung befindlichen Film belichtet, wobei natürlich nichts anderes als ein verdorbener Film herauskommt. Ein solcher Fehler ist um so verhängnisvoller, wenn es sich, wie das schon vorgekommen ist, um eine wichtige Aufnahme handelt, die nicht wiederholt werden kann.

Fehlresultate gibt es bei der Aufnahme zuweilen dadurch, daß die Linsen des Objektives beschlagen sind. Die Bilder werden dann flau und verschwommen; es fehlen Kraft und Details. Das Beschlagen geschieht hier aus gleicher Ursache wie bei Brillengläsern und ist namentlich zu befürchten bei warmem, dunstigem Wetter, wenn die Linsen kühler sind als die Luft. Man muß den Niederschlag durch sanftes Abreiben entfernen. Abgesehen hiervon ist auch ein regelmäßiges Reinigen der Linsen von Staub erforderlich, was am besten mit einem feinen Pinsel geschieht.

Alles in allem: vor übereilter Benutzung des Apparates ist dringend zu warnen; denn sie bringt Verdruß und kostet Films, und Films kosten Geld.

Das Werk muß gut instand gehalten werden; vor Gebrauch ist aller Staub daraus zu entfernen. Namentlich die Sammetdichtungen der Kassetten müssen mit einem Pinsel regelmäßig von Staub gereinigt werden; ausgefranste Kanten sind durch Entfernung der Kanten wieder glatt zu richten. Wenn nötig, ist der Sammet durch eine neue Einlage zu ersetzen. Das gleiche gilt von dem Sammetstück, das man bei den Aufnahme-Apparaten zuweilen in der Türführung findet. Alle Metallteile, mit denen der Film in Berührung kommt, halte man durchaus sauber. Auch versäume man nicht, die Lager von Zeit zu Zeit zu ölen, ohne aber dabei den Mechanismus zu verschmieren. Der Spiralzug, der die Aufrollvorrichtung bedient, darf nicht geölt werden.

Der Photograph tut ferner gut, eine Werkzeugtasche mit sich zu führen, um in unvorhergesehenen Fällen gerüstet zu sein; er sollte bei sich haben Flachzange, Schraubenzieher, Hammer, Bohrer, diverse Reibahlen, Feilen und Schrauben, Ölkännchen, Bürste und Pinsel, ferner einige Ersatzteile, wie Spiralzug, Sammeteinsätze für die Kassetten u. dergl.

Die Aufnahme.

Wenn die Handgriffe gut einstudiert sind und klappen, kann man zur Herstellung von Aufnahmen schreiten. Aber auch hier heißt es: Halt — keine Überstürzung! Es ist hier mancherlei zu bedenken, mancherlei zu beachten, wenn die Aufnahme zufriedenstellend ausfallen soll.

In erster Linie arbeite man nur bei gutem Licht; Aufnahmen bei schlechter Beleuchtung bringen nur Verlust an Film und Verdrießlichkeit. Wie weit man da gehen darf, unter welchen Umständen die Aufnahme Erfolg verspricht, und wann keine Aussicht mehr auf gut exponierte Bilder besteht, das hängt nicht nur von der Stärke der Beleuchtung ab, sondern auch von den zu photographierenden Gegenständen und von der Lichtstärke des Objektives. Die praktische Erfahrung gibt da den besten Fingerzeig. Man beachte, daß an der See das Licht infolge des Reflexes im Wasser ungleich heller ist als im Binnenlande. Der Anfänger tut gut, mit Aufnahmen bei möglichst günstigem Licht zu beginnen.

Aufnahmen gegen die Sonne sind zu vermeiden; auch ist es als unvorteilhaft anzusehen, wenn die Sonne direkt im Rücken des Photographen steht. Man richte es wenn möglich so ein, daß der Gegenstand oder die Szene schräg von vorne beschienen wird.

Nun kommt die Geschwindigkeit des Objektes! Ein vorbeisausendes Automobil muß beispielsweise wesentlich kürzer belichtet werden, als eine Prozession. Um die kürzere Exposition zu erzielen, wird die Verschlußöffnung entsprechend kleiner gestellt. Man kann auch durch rascheres Drehen kürzere Belichtungen herbeiführen; aber es ist zu berücksichtigen, daß dann der Film schneller zu Ende ist und daß er auch bei der Projektion rascher durchgedreht werden muß, um ein lebenswahres Bild zu geben. Man wird daher die normale Umdrehungszahl nach Möglichkeit einhalten und nur im Notfalle zu größerer Geschwindigkeit, etwa 18 bis 20 Bilder in der Sekunde, übergehen.

Bei Beurteilung der Geschwindigkeit ist noch folgendes zu berücksichtigen. Es macht einen Unterschied, ob das sich bewegende Objekt in der Nähe oder ob es in größerer Entfernung ist, ferner ob die Bewegung in der Richtung zur Kamera vor sich geht oder quer zu ihr stattfindet. Der Photograph muß die relative Geschwindigkeit des Objektes taxieren; es kommt für ihn darauf an, wie rasch die Bewegung im Bilde selbst verläuft, und darnach muß er die Verschlußblende einstellen. Ein Automobil z. B., welches sich in sehr großer Entfernung vom Apparate befindet, wird, auch wenn es mit großer Geschwindigkeit fährt, sich im Bilde nur langsam verschieben, und diese Verschiebung wird noch geringer sein, wenn die Bewegung in der Richtung zur Kamera erfolgt.

Man könnte nun sagen: wenn die Verwendung einer größeren Verschlußöffnung bei der Aufnahme rasch bewegter Objekte unscharfe Bilder zu bringen droht, so wäre es am einfachsten, stets mit ganz kleiner Verschlußöffnung zu arbeiten. — Allerdings würden dann Fehler in dieser Hinsicht ausgeschlossen, aber man legte sich damit in anderer Richtung eine große Beschränkung auf. Man muß nämlich bedenken, daß die rasche Belichtung entsprechend kräftige Beleuchtung bedingt: das immerwährende Arbeiten mit kleiner Verschlußöffnung würde daher das Photographieren bei weniger gutem Lichte völlig ausschließen. Solange man mit schöner Beleuchtung und langsam bewegter Szene zu tun hat, gibt es keine Schwierigkeiten; solche treten erst auf, wenn es gilt, bei weniger günstigem Licht Objekte in relativ schneller Bewegung aufzunehmen. Da heißt es, die Verschlußöffnung hinreichend klein stellen, damit der Gegenstand scharf wird, aber andererseits sie nicht so klein machen, daß zu viel Licht abgeschnitten und die Bilder unterbelichtet werden.

Die Belichtungszeit, die man bei dieser oder jener Verschlußöffnung erhält, läßt sich leicht berechnen. Wenn die Öffnung z. B. ein Viertel des Kreises einnimmt und wenn man ferner die Kurbel mit normaler Geschwindigkeit dreht — 16 Bilder auf die Sekunde — so beträgt die Belichtung jedes Bildes $^1/_4 \times {}^1/_{16} = {}^1/_{64}$ Sekunde; macht die Verschlußöffnung $^1/_8$ Kreis aus, so bekommen wir Belichtungen von $^1/_{128}$ Sekunde. Zweckmäßig wird dazu die Verschlußscheibe mit einer Teilung versehen, welche die Größe der Öffnung in Bruchteilen einer Kreisfläche angibt.

Aber noch einen Punkt hat der Photograph in Betracht zu ziehen. Das Objektiv ist mit einer Abblendevorrichtung versehen, welche dazu dient, bei Aufnahmen mit großer »Tiefe« dem Bilde in allen Teilen die erforderliche Schärfe zu geben. Das Objektiv gibt wohl Gegenstände, die sich in verschieden weitem Abstand vom Apparat befinden, gleichzeitig scharf wieder, aber nur innerhalb gewisser Grenzen; hat man sehr nahen Vordergrund und gleichzeitig Ferne auf dem Bild, so muß man in der Regel »abblenden«, um beides scharf zu bekommen; dies ist namentlich dann erforderlich, wenn das Objektiv eine große »Öffnung« hat und sehr lichtstark ist. Abblenden bedeutet aber gleichzeitig: Licht abschneiden; also muß man auch in dieser Hinsicht vorsichtig zu Werke gehen.

Das Abblenden steht in direkter Beziehung zur Einstellung des Objektives. Kameras mit weniger lichtstarken Objektiven haben vielfach eine feste Einstellung. Sonst ist eine Vorrichtung mit Zahntrieb oder Archimedestrieb vorhanden, welche mit Hilfe einer Skala gestattet, die Linse auf eine bestimmte Entfernung scharf einzustellen. Bei manchen Apparaten kann man die Scharfeinstellung durch Beobachtung des Bildes auf einem eingesetzten Stück matten Zelluloid oder Pauspapier kontrollieren. Auf welche Entfernung muß das Objektiv nun aber eingestellt werden, wenn man beispielsweise sehr nahen Vordergrund und Ferne gleichzeitig auf das Bild bekommt? — Da ist durch Berechnung herausgefunden worden, daß man sich am besten steht bei einer Einstellung auf die doppelte Entfernung des nächsten Gegenstandes. Wenn dieser also z. B. 3 Meter weit entfernt ist, sollte man das Objektiv auf 6 Meter einstellen. Bei solcher Einstellung kann man nämlich mit möglichst großer Öffnung und mithin bester Lichtausnutzung arbeiten; stellt man näher oder weiter ein, so muß man stets stärker abblenden und verliert damit Licht. Würde man in obigem Falle z. B. auf die Ferne einstellen, so ergibt es sich, daß dann eine doppelt so starke Abblendung erforderlich wäre, um die gleiche Schärfe in allen Teilen des Bildes zu erzielen, und verdoppelte Abblendung bedeutet viermal weniger Licht. Die Entfernung des Vordergrundes wird man bei einiger Übung mit hinreichender Genauigkeit schätzen.

Wenn nun der Photograph alle diese Punkte beobachtet, wird er dann und wann »in die Brüche geraten«; er wird sich sagen: »Unter diesen Verhältnissen bekomme ich eine unterbelichtete Aufnahme; entweder muß ich die Verschlußöffnung oder aber die Objektivblende größer machen, um mehr Licht auf den Film zu bekommen«. — Im ersten Falle ist zu befürchten, daß das bewegte Objekt unscharf wird, im zweiten Falle wird ein Teil der unbewegten Szenerie mehr oder minder verschwommen. Welches von den beiden Übeln ist nun das geringere? Der Erfahrung nach das erstere; das Auge ist sehr empfindlich für unscharfe Wiedergabe des »feststehenden« Bildteiles, dagegen sieht es über Unschärfe bei einem sich rasch bewegenden Gegenstande eher hinweg. Allgemein gültige Regeln lassen sich hier natürlich nicht aufstellen; wenn das in Bewegung befindliche Objekt z. B. besondere Aufmerksamkeit verdient, so wird man gewiß auf eine scharfe Wiedergabe desselben nicht verzichten. Die Sachlage muß von Fall zu Fall beurteilt werden.

Kinematographische Aufnahmen werden dadurch komplizierter, daß leicht etwas Unvorhergesehenes eintreten kann. Bei einer Straßenszene mag z. B. plötzlich ein Automobil mit größter Geschwindigkeit heransausen, worauf der Verschluß nicht eingestellt ist, oder es mag ein Neugieriger bis dicht vor die Kamera laufen, wobei er dann durch seine unscharf und übergroß wiedergegebenen Gliedmaßen das Bild verunstaltet. Die Aufnahme einer Prozession oder eines festlichen Aufzuges mag dadurch verdorben werden, daß sich einer aus der drängenden Menge direkt vor den Apparat schiebt und nun seinen Buckel photographieren läßt; bei einer Regatta kann man das Unglück haben, daß im schönsten Augenblick ein Dampfer dazwischen fährt und die Aussicht versperrt. Die Films sind kostspielig und jede mißlungene

Aufnahme bedeutet daher einen unangenehmen Verlust. Daher ist besondere Mühe für die Vorbereitung, wie Wahl eines geeigneten Standpunktes, wohl angebracht. Bei Straßen-Aufnahmen tut der Photograph gut, einige Freunde oder Gehilfen zum Freihalten der »Schußlinie« mitzunehmen, welche die Passanten bitten, nicht gerade mit der Nase gegen den Apparat zu rennen; natürlich darf keiner von diesen Freunden auf das Bild kommen. Wenn möglich, richte man es so ein, daß die Figuren etc. nicht näher als einige Meter an die Kamera heran kommen.

Einstudierte Szenen bieten, wenn sie programmäßig sich abwickeln, bei der Aufnahme am wenigsten Schwierigkeiten, dagegen schaffen sie vorher viel Mühe und Arbeit. Die Bedingung für guten Erfolg ist hierbei: gut geschultes Personal, ein technisch und künstlerisch tüchtiger Regisseur und nicht zuletzt gute Ideen. Besonders beliebt sind Darstellungen humoristischer Art, aber auch Trauergeschichten und Dramen bieten vielfach dankbaren Stoff. Was sich da erreichen läßt, das zeigen zur Genüge die Vorführungen in den zahlreichen Kinematograph-Theatern, wo man manch geschmackvolles, leider aber auch viele geschmacklose Stücke zu sehen bekommt.

In den Aufnahme-Ateliers braucht man zur Unterstützung des Tageslichtes eine mehr oder minder große Zahl von Bogenlampen; wegen ihrer aktinischen Wirkung sind Quecksilberbogenlampen besonders geeignet.

Aufnahme-Vorrichtungen für besondere Zwecke.

Mancherlei Aufnahmen, insbesondere die gesamten Trickaufnahmen, verlangen besondere Vorrichtungen. Da gibt es z. B. ein Bild, worin ein Mann die Wände hinaufkriecht und an der Decke hinläuft. Hierzu werden auf den Boden des Ateliers abwechselnd Dekorationen gelegt, welche die Seitenwände und die Decke eines Zimmers darstellen; der Mann kriecht oder läuft darüber und wird vermittels des Apparates, der hoch über ihm montiert ist, von oben her photographiert. Viele Effekte werden durch Unterbrechung der Aufnahme erzielt. Wenn es z. B. gilt, eine Person zu verwandeln, so schließt der Photograph im festgesetzten Moment das Objektiv und hört auf zu kurbeln. Nun wird die Person durch eine andere ersetzt, die natürlich dieselbe Stellung einnehmen muß; der Photograph öffnet wieder das Objektiv und kurbelt weiter. In gleicher Weise macht man die Aufnahmen von Gegenständen, die selbsttätig sich bewegen; von Werkzeugen, die ohne Zutun arbeiten, von Streichhölzern, die aus der Dose wandern und sich zu Figuren gruppieren, von einem Tonklumpen, der sich zu einer Büste formt. Hierzu wird jedes Bildchen für sich belichtet und nach jeder Belichtung wird eine Pause gemacht, in der man den betreffenden Gegenstand entsprechend weiter rückt oder verändert. Das ist eine langwierige Arbeit; sie wird erleichtert durch eine elektrische Auslösung, mittels welcher man den Apparat zu jeder Belichtung durch einfachen Druck auf einen Kontaktknopf in Tätigkeit setzen kann.

Schwieriger ist es, Personen allmählich, gewissermaßen aus dem Nebel, erscheinen oder verschwinden zu lassen. Dazu muß das Objektiv mit einer Irisblende versehen sein und der Apparat muß eine Rücklaufvorrichtung besitzen, derart, daß beim Linksdrehen der Kurbel der Film zurückläuft. Der Photograph verfährt folgendermaßen. Wenn die Szene so weit fortgeschritten ist, daß die Figur in Erscheinung treten soll, so beginnt er die Irisblende allmählich zu schließen. Die Bilder empfangen der Reihe nach immer weniger Licht und werden schwächer und schwächer, bis das Objektiv ganz geschlossen ist und die Aufnahme unterbrochen wird. Die Figur, welche erscheinen soll, tritt nun an ihren Platz. Inzwischen dreht der Photograph die Kurbel rückwärts und läßt den Film bis zu jenem Punkt zurücklaufen, wo er anfing, die Blende zu schließen. Alsdann öffnet er wieder das Objektiv, kurbelt vorwärts und stellt dabei allmählich die anfangs geschlossene Irisblende offen, wodurch die Beleuchtung nach und nach zunimmt. Das betreffende Filmstück wird mithin zweimal übereinander belichtet, und zwar werden sich die Belichtungen, wenn der Photograph mit der Irisblende richtig verfährt, in jedem einzelnen Bilde zu einer richtigen Exposition ergänzen. Die Figur aber, die nur einmal dabei aufgenommen wurde, und zwar anfangs mit kleiner und dann mit größer werdender Irisblende, wird in der Reihenfolge der Bilder ganz allmählich immer kräftiger werdend in Erscheinung treten.

Bei wissenschaftlichen Aufnahmen hat man ebenfalls Einzelbelichtungen anzuwenden, wenn es gilt, Bewegungen, die in der Natur sehr langsam erfolgen, wie z. B. das Wachsen der Pflanzen, in beschleunigtem Masse wiederzugeben. Je nach dem Zeitumfange, den der Verlauf der Bewegung einnimmt, und der Zahl der anzufertigenden Bilder, macht man alle Minuten, Stunden oder Tage eine Aufnahme. Apparat und Objekt müssen dabei an Ort und Stelle bleiben und es muß für gleichbleibende Beleuchtung gesorgt werden. Die Exposition kann durch ein Weckerwerk, welches auf die oben erwähnte elektrische Auslösung arbeitet, automatisch erfolgen; wenn die Zeitabstände groß sind und die Lampe nicht ständig brennen soll, so mag das Werk gleichzeitig dazu dienen, die Lampe zu jeder Belichtung ein- und auszuschalten.

Die Ausführung mikroskopischer Aufnahmen mit Hilfe des Kinematographen erfordert zunächst Kenntnisse und praktische Erfahrung in der mikrophotographischen Technik. Das Mikroskop wird, wie sonst an die Kamera, so hier an den kinematographischen Aufnahmeapparat montiert, der je nach der Anordnung eine horizontale oder vertikale Stellung erhält. Schwierigkeiten bietet besonders die genügend kräftige Beleuchtung des lebenden Präparates, das unter der Hitze der Strahlen nicht leiden darf:

während man sonst nach Sekunden oder Minuten belichtet, müssen hier innerhalb einer Sekunde durchschnittlich 16 Aufnahmen gemacht werden. Die Verschlußscheibe, welche normalerweise zwischen Objektiv und Film läuft, ordnet man nach dem Vorgange von Marey zweckmäßigerweise zwischen Lichtquelle bezw. Kondensierungslinse und Präparat an. Während der Film sich weiterbewegt und die Blendscheibe wirkt, wird alsdann das Licht nicht nur vom Apparat, sondern auch vom Präparat abgesperrt, sodaß letzteres einer weniger starken Erhitzung ausgesetzt ist.

Die kinematographische Aufnahme sehr rascher Bewegungen, die eine wesentlich größere Zahl von Bildern — bis zu mehreren Tausend in der Sekunde, wie insbesondere bei fliegenden Geschossen — erfordern, läßt sich mit dem hier beschriebenen Apparat nicht ausführen. Man verwendet dazu Vorrichtungen mit kontinuierlich laufendem Filmband. Bei dem von Geheimrat Cranz konstruierten Apparat bewegt sich der Film mit einer Geschwindigkeit von 90 m in der Sekunde und es können 5000 Aufnahmen in der Sekunde gemacht werden. Die Belichtungen erfolgen mit Hilfe eines elektrischen Funkens.

Gänzlich anderer Art sind wiederum die Einrichtungen zur Herstellung kinematographischer Röntgenaufnahmen. Hier hat man in der Regel mit einem viel größeren Bildformat zu rechnen. Der Apparat von Dr. Rosenthal arbeitet mit Filmblättern, die einzeln in Kassetten sitzen und die dann durch einen Wechselmechanismus, ähnlich wie bei den Magazin-Handkameras, eines nach dem andern an die Belichtungsstelle gebracht werden. Die noch unbelichteten und bereits belichteten Films werden durch Bleiplatten gegen die Wirkung der Röntgenstrahlen geschützt. Die Zahl der Aufnahmen ist hier naturgemäß eine beschränktere; bei einer wohlgelungenen Serie, welche die Tätigkeit des Magens zeigt, wurden 12 Belichtungen innerhalb 20 Sekunden gemacht.

Hilfsmittel zur Entwicklung der Films.

Die Aufgabe, ein Filmband von vielen Metern Länge in einem Stück zu entwickeln, mag auf den ersten Blick selbst dem geübten Photographen beängstigend schwierig erscheinen. Es ist aber gar nicht so schlimm damit: man muß nur wissen, wie es gemacht wird. Vor allem gehört dazu eine Vorrichtung, auf welche der Film spiralenförmig aufgewickelt wird. Ohne jedes Hilfsmittel das lange Band in den Entwickler zu bringen, ist allerdings ein mehr oder minder gewagtes Beginnen.

Fig. 128.

Es sind verschiedenerlei Einrichtungen im Gebrauch. Vielfach benutzt man eine Trommel, worauf der Film spiralförmig gewickelt wird. Die erste Abbildung (Fig. 128) zeigt einen einfachen, aus lackiertem Holz gefertigten Zylinder, der mittels einer durchgehenden Achse beiderseitig von aufrecht stehenden Armen getragen wird; eine Kurbel dient dazu, ihn zu drehen. Die Trommel braucht nicht ganz geschlossen sein; man kann sie auch aus einzelnen Speichen zusammensetzen, doch bringe man die letzteren nicht zu nahe zusammen, damit das Innere sich gut reinigen läßt; denn die Möglichkeit einer gründlichen Reinigung ist sehr wichtig.

Die Trommel taucht mit ihrem unteren Teile in einen Trog, der mit Entwickler gefüllt wird; es dient dazu eine mit Metall (am besten Blei) ausgeschlagene Holzwanne, die man möglichst klein nimmt, damit man mit wenig Entwickler auskommt, wobei aber der Film nicht Gefahr laufen darf, sich an der Innenseite der Wanne zu reiben. Der Film wird, Schichtseite nach außen, spiralförmig auf die Trommel gewunden; Anfang und Ende befestigt man mittels eines Heftzweckes, der aber nicht verrostet sein sollte. Es ist zweckmäßig, wenn die Trommel mit Stiften versehen wird, welche die einzelnen Lagen des Films auseinanderhalten; denn der trocken aufgespannte Film dehnt sich beim Feuchtwerden aus und dadurch kommen sonst die locker gewordenen Lagen in Gefahr, sich übereinander zu schieben.

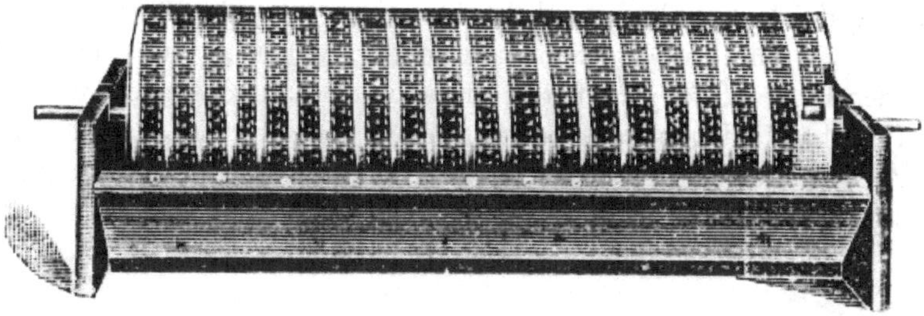

Fig. 129.

In Fig. 129 ist eine Trommel mit aufgespanntem Filmband dargestellt. Die Anordnung ist hier etwas anders als in der ersten Abbildung: die Trommel ist aus Metall gefertigt und mit ihrer Achse auf den Querwänden des Troges gelagert. Eine Trommel von 40 cm Durchmesser nimmt beispielsweise auf jede Umdrehung etwa 1,20 m Film; wenn sie 1 m lang ist und man für das Band einen Raum von 4 cm rechnet, was reichlich ist, so werden ungefähr 30 Meter Film darauf gehen.

Wo die Herstellung von Films in großem Maßstabe fabrikationsweise vorgenommen wird, verwendet man dem Bedürfnisse entsprechend auch viel größere Trommeln, z. B. solche von 1 Meter Durchmesser bei 1 $^{1}/_{2}$ bis 2 Meter Länge, die dann eine richtige »Seeschlange« von Film aufnehmen.

Als zweckmäßig wird die Verwendung von Glastrommeln oder Zylindern empfohlen; da sie sich sehr leicht reinigen lassen. Der Film wird auf dem Glaszylinder beiderseitig durch Klammern befestigt oder auf Korkstücke, die in entsprechende Öffnungen des Zylinders eingeklemmt sind, mittels Heftzwecken festgesteckt.

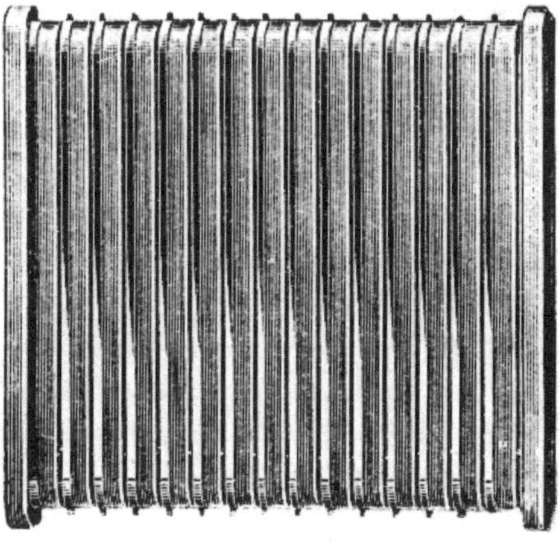

Fig. 130.

Während der Entwicklung wird die Trommel gleichmäßig gedreht, so daß alle Teile des Filmbandes gleichmäßig mit Flüssigkeit benetzt werden. Man kann den Film auf der gleichen Trommel in die anderen Bäder (Wasserbad und Fixierbad) bringen; es ist jedoch besser, ihn für jeden Prozeß auf eine andere Trommel, und zwar stets eine solche von größerem Durchmesser, umzurollen.

Innerhalb der Trommel kann man eine rote elektrische Glühlampe unterbringen, mit deren Hilfe sich (im transparenten Licht) das Fortschreiten der Entwicklung verfolgen läßt. Dazu muß die Trommel natürlich durchbrochen oder aus Glas sein.

An Stelle der Trommel wird sehr häufig ein Rahmen aus Holz oder Aluminium gebraucht, worauf man den Film in engen Windungen aufspannt. Damit sich die Ränder des Bandes nicht berühren oder gar aufeinander schieben, ist er oben und unten mit einer Reihe von Stiften versehen, welche die Windungen auseinander halten. Die Enden werden mittels Heftzwecken oder Klammern befestigt. Der mit Film bewickelte Rahmen wird in den Bädern geradeso wie eine Trockenplatte behandelt. Man nimmt den Entwicklungstrog so groß, daß der Film vollständig in die Flüssigkeit eintaucht, und wendet den Rahmen, um eine gleichmäßige Entwicklung zu erzielen, nochmals darin um. Die Filmfabriken verwenden vielfach hohe Tröge, worin die in Nuten eingeschobenen Rahmen hochstehen, und zwar eventuell zwei hintereinander. Zum bequemeren Aufwickeln des Films fertigt man einen Bock, worin sich der Rahmen einspannen und dann drehen läßt.

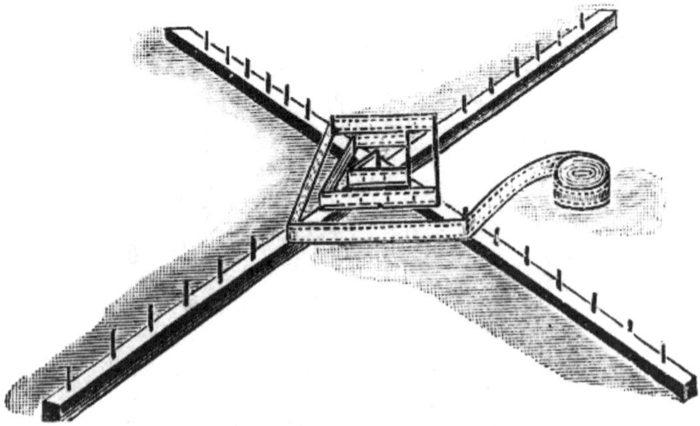

Fig. 131.

Während Fig. 130 einen solchen Rahmen zeigt, ist in der nächsten Abbildung (Fig. 131) eine dritte Anordnung veranschaulicht, die zur Entwicklung kleinerer Filmbänder ganz zweckmäßig ist. Sie besteht aus zwei zu einem Kreuz vereinigten Stäben, die mit einer Anzahl etwa 4 cm hohen Stiften versehen sind. Der Film wird mit einem Ende in der Mitte befestigt und dann, Schichtseite nach außen, um die Stifte geschlungen, so daß er eine »rechteckige Spirale« bildet; das letzte Ende wird an dem zunächst befindlichen Stifte befestigt. In der Regel ist das Gestell mit einem Griff versehen, woran man es bequem in die Schalen einsetzen kann.

Der Entwicklungstrog (Fig. 132) wird aus Holz gefertigt und mit einem Zink-, oder besser einem Bleieinsatz versehen, der mit einem geeigneten Lack ausgestrichen wird. Nicht minder brauchbar sind Tröge aus emailliertem Eisenblech.

Fig. 132.

Die Entwicklung des Film wird in einer Dunkelkammer bei rotem Licht vorgenommen; man sorge dafür, daß die Dunkelkammer dicht ist und nirgends Licht von außen zuläßt, sowie ferner, daß die Lampen nur spektral geprüftes, nicht aktinisches rotes Licht liefern. Das Dunkelzimmer und alle Geräte darin müssen recht sauber gehalten werden. Die Temperatur des Raumes sollte der normalen Zimmertemperatur entsprechen und gleichmäßig sein; bei Kälte arbeitet der Entwickler zu langsam, bei Wärme zu rasch.

Der Entwickler.

Jeder gute, langsam arbeitende Entwickler kann benutzt werden. Aber namentlich bei Anwendung der Trommel sind Entwickler zu vermeiden, die beim Oxydieren stark gefärbte Produkte geben und dadurch Farbschleier bewirken, da der Entwickler bei diesem Verfahren besonders stark mit der Luft in Berührung gebracht wird. Zu verwerfen ist daher insbesondere Pyrogall mit Ammoniak, eine Zusammensetzung, die in England für Trockenplatten vielfach im Gebrauch ist. Den Pyro-Soda-Entwickler kann man, wenn der Film auf einen Rahmen gespannt in das Bad gebracht wird, allenfalls zur Anwendung bringen. Ein langsames Arbeiten des Entwicklers ist notwendig, weil man sonst den Prozeß nicht in der Hand hat und auch leicht ungleichmäßige Entwicklung eintreten kann. Das Bild sollte in etwa 5

Minuten herauskommen und in 10 bis 15 Minuten ausentwickelt sein. Sehr beliebt ist der Hydrochinon-Metol-Entwickler, welcher den Vorteil bietet, daß man ihn wiederholt benutzen kann; hierfür sei folgendes Rezept angegeben, nach dem man sich die erforderliche Menge den Verhältniszahlen gemäß ansetzt.

Wasser	1 Liter
Metol	3 gr
Hydrochinon	3 gr
Schwefligsaures Natron	50 gr
Kohlensaures Natron	30 gr
Bromkali	1 gr

Von anderer Seite wird folgende Zusammensetzung empfohlen:

Wasser	2 Liter
Metol	3 gr
Sulfit (wasserfrei)	60 gr
Hydrochinon	5 gr
Pottasche	40 gr
Bromkali	2 gr

Dieser Entwickler arbeitet anfangs rasch, später langsamer. Wenn das Bad schon zuviel Brom enthält und die Negative zu hart werden, so setzt man frischen Entwickler zu, oder wenn es zu alt wird, ist es vollständig zu erneuern.

Ausgezeichnet ist auch folgendes, speziell für Films ausgearbeitetes Rezept des Edinol-Entwicklers:

Wasser	1 Liter
krist. Natriumsulfit)	200 gr
Edinol	5 gr
Hydrochinon	5 gr
Wasserfreie Soda	50 gr
Bromkali	2 gr

Das Entwickeln der Films.

Man tut gut, zuerst ein kleines Stück des Filmbandes abzuschneiden und zur Probe zu entwickeln, um zu kontrollieren, ob der Entwickler für die Aufnahme gut ist. Zeigt es sich dabei, daß der Film überbelichtet ist, so gibt man in entsprechendem Maße Bromkalium in Lösung 1: 10 zu; wenn der Film unterbelichtet ist, benutzt man den oben angegebenen Entwickler unverdünnt. In beiden Fällen ist es zweckmäßig, noch eine zweite Probe vorzunehmen. Umfaßt der Film mehrere verschiedene Aufnahmen, so schneide man ihn durch und entwickle jede Aufnahme für sich.

Ferner empfiehlt es sich, den Film vor dem Entwickeln in ein Wasserbad zu bringen und gehörig einzuweichen, weil er dann den Entwickler besser und vor allem gleichmäßig annimmt. Luftbläschen, die sich nach dem Bade auf dem Film zeigen sollten, sind mit einem breiten, weichen Pinsel zu entfernen.

Das Fortschreiten der Entwicklung läßt sich bei dem Lichte der Dunkelzimmerlampe zur Genüge beobachten; man setze den Film allerdings nicht zu viel und zu lange dem Lichte aus. Wenn die Entwicklung sich der Vollendung nähert, löst man ein Ende des Bandes ab, damit man es, gegen die Lampe gehalten, im durchfallenden Lichte betrachten kann. Man beachte, daß wie bei Trockenplatten das »Durchschlagen« des Bildes (die Sichtbarkeit von der Rückseite her) bei verschiedenen Fabrikaten oft sehr ungleich ist.

Fertigmachen des Negativs.

Der Entwicklung folgt eine gründliche Wasserspülung; es muß nicht nur die Schicht ausgewaschen, sondern auch alles, was sich vom Entwickler am Rahmen oder an der Trommel festgesetzt hat, entfernt werden. Dann wird der Film, aufgespannt wie er ist, in ein saures Fixierbad gebracht, wie man es im Handel fertig bekommt oder das man beispielsweise nach folgendem Rezept ansetzt:

Unterschwefligsaures Natron	200 gr
Wasser	800 gr

Nach der Auflösung kommt hinzu:

Wasser	60 gr
Natriumsulfit, chem. rein, krist.	6 gr
Essigsäure	18 gr
Pulverisiertes Alaun	6 gr

Nach etwa 10 bis 15 Minuten wird in der Regel das Bromsilber entfernt und die Fixierung beendet sein. Der Film muß dann über eine Stunde gehörig mit fließendem oder öfters erneuertem Wasser ausgewaschen werden, worauf man ihn auf 5 Minuten in ein Glyzerinbad bringt, das aus 1 Teil Glyzerin auf etwa 40 Teile Wasser besteht. Dieses Bad bewirkt, daß der Film geschmeidig bleibt. Man läßt ihn dann einige Minuten abträufeln und entfernt etwa sitzengebliebene Glyzerintropfen, die sonst beim Eintrocknen Ränder hinterlassen könnten.

Nun läßt man den Film trocknen, und zwar am besten in einem möglichst staubfreien, luftigen Raum. Ein kleiner elektrischer Ventilator kann dabei gute Dienste leisten.

Wo die Herstellung im großen betrieben wird, richtet man einen besonderen Trockenraum her, der mit filtrierter Luft ventiliert und in geeigneter Weise erwärmt wird; die Films sind auf Trommeln gespannt darin aufgehängt, wie es die Abbildung Fig. 133 zeigt. Auf einer Trommel trocknet das Band am schönsten auf; man hat es dann nachher hübsch glatt und kann es leicht aufrollen. Den Film zum Trocknen auf dem Rahmen und namentlich auf dem Stiftgestell zu belassen, ist mehr oder minder gefährlich; denn er schrumpft beim Trocknen etwas ein und möchte infolge der dadurch entstehenden Spannung Beschädigungen erleiden. Hat man keine Trommel zur Verfügung, so spannt man zwei Bindfaden in einigem Abstand nebeneinander und windet den Film darum. Vor dem Aufrollen putze man die Zelluloidseite mit einem weichen Lappen und überzeuge sich, ob der Film auch völlig trocken ist. Gleichzeitig prüfe man ihn auf Fehler und helfe erforderlichenfalls mit Retouche nach. Der Film wird mit der Schichtseite nach außen aufgerollt.

Fig. 133.

Die Anwendung eines Härtebades, wie Alaun oder Formalin, hat hier keinen Zweck, da die Gelatineschicht gegen Hitze weniger empfindlich ist als das Zelluloid. Verstärken erfolgt, wenn es nötig sein sollte, wie bei

Trockenplatten mit Sublimat und Nachbehandlung mit Ammoniak; Abschwächen mit rotem Blutlaugensalz und Fixiernatron. Man darf die Films nicht, um ein rascheres Trocknen zu erzielen, in Alkohol baden, da dieser durch Auslösen des Kampfers das Zelluloid verdirbt.

Fehlerhafte Erscheinungen.

Fehlerhafte Erscheinungen. Verschleierung des Negativs ist ein Zeichen dafür, daß falsches Licht an den Film gelangt ist; das kann beim Laden der Kassette, unter Umständen in der Kamera selbst, indem man beispielsweise bei dem in Fig. 117 abgebildeten Modell vergessen hat, das Einstellrohr rückwärts durch die Büchse zu schließen, oder beim Entwickeln selbst geschehen. Man untersuche die Dunkelkammer auf Lichtsicherheit, desgleichen prüfe man die rote Lampe. — Flaue, verschwommene Bilder können dadurch entstanden sein, daß die Linsen des Objektivs beschlagen waren. Über Fehler, die bei der Entwicklung auftreten sollten, unterrichtet man sich am besten in einem photographischen Lehrbuch.

Kratzen auf der Schichtseite zeigen sich, wenn das Sammetstück, welches sich in den Kassetten und ev. in der Türführung befindet, nicht völlig sauber gehalten ist. Kleine weiße Pünktchen werden verursacht durch anhaftende Staubteilchen, die den Entwickler von diesen Stellen fernhalten. Einreißen der Perforation ist die Folge, wenn man beim Einspannen in den Apparat die Bauschbildung unterläßt oder die Schlaufe zu klein macht.

Eine störende Erscheinung, die sich dann und wann zeigt, sind elektrische Entladungen. Sie machen sich beim Entwickeln in der Bildschicht bemerkbar durch Verästelungen von der Gestalt eines elektrischen Funkens und treten insbesondere bei trockenem Wetter auf. Den Anlaß dazu gibt starke Reibung am Sammet der Türe, was der Fall ist, wenn die Federn zu stark aufdrücken. Ferner können solche Entladungen entstehen durch zu straffes Auf- und Abrollen des Bandes von den Kassetten-Spulen, indem die Windungen dann stark gegeneinander reiben und zur Bildung von Elektrizität Anlaß geben. Es liegt schließlich noch die Möglichkeit vor, daß die Entladungen beim Perforieren des Film entstanden sind.

Der Kopier-Apparat und das Kopieren der Films.

Manche Aufnahme-Apparate, insbesondere die Miniatur-Kameras, sind zum Kopieren des Positivfilm nach dem Negativfilm eingerichtet. Der Vorgang ist in der Regel derart, daß die beiden Films auf Spulen oben an der Kamera angebracht werden, dann zusammen, Schicht gegen Schicht, durch den Bewegungs-Mechanismus laufen, worauf der belichtete Positivfilm auf eine dritte Spule aufgerollt wird, während man den Negativfilm unten frei austreten und in einen Behälter laufen läßt. Die Belichtung geschieht mit irgend einer künstlichen Lichtquelle, wie Petroleum-, Gasglühlicht oder elektrischem Glühlicht.

Die Benutzung des Aufnahme-Apparates zum Kopieren ist weniger zu empfehlen, wenn bei ihm die Weiterbewegung durch eine ruckweise, bewegte Zahntrommel geschieht, wie dies z. B. beim Malteserkreuz-System der Fall ist. Die Trommel muß hier nämlich die beiden aufeinander liegenden Films gleichzeitig transportieren, und da das obere Band einen weniger sichern Halt darauf haben wird wie das untere, so liegt die Gefahr vor, daß es sich zeitweise, wenn auch nur sehr wenig, verschiebt. Zur Erzielung eines genauen, gleichmäßigen Transportes, wie er von größter Wichtigkeit ist, eignet sich weit besser das Greifersystem, da der Greifer in die beiden aufeinander liegenden Perforationen gleich sicher einfaßt. Deshalb wird auch der Greifer gern zum Transport bei solchen Apparaten verwandt, die speziell nur für das Kopieren der Films gebaut sind. Kopierapparate, bei denen die Bänder kontinuierlich laufen, sind ebenfalls weniger zuverlässig.

Der Vorzug des Kopierapparates mit Greifer, wie ein solcher in Fig. 134 abgebildet ist, zeigt sich namentlich in Fällen, wo die Perforation des Positivfilm und des zu kopierenden Negativfilm nicht absolut identisch sind. Der Greifer schafft hier einen Ausgleich, während eine kontinuierliche Transportvorrichtung, bei der beide Films zusammen über Zahntrommeln laufen, Ungleichmäßigkeiten durch Verschiebungen der Films gegeneinander befürchten läßt. Wenn Positiv- und Negativfilm mit einer und derselben Maschine perforiert sind, so kann doch eine, wenn auch geringe Differenz dadurch entstehen, daß der Negativfilm in den Bädern, die er durchgemacht hat, etwas geschrumpft ist.

Fig. 134.

Der dargestellte Kopierapparat hat oben eine Kassette mit zwei übereinander befindlichen Spulen; der Negativfilm kommt auf die untere Spule, und zwar die Schichtseite nach außen, während der Positivfilm, Schicht nach innen, oben eingesetzt wird — natürlich in der Dunkelkammer bei rotem Licht. Alsdann zieht man beide Films durch den Schlitz, schließt die Kassette und legt die Bänder in die Transportvorrichtung; zur Kontrolle, ob der Greifer auch richtig faßt, gibt man der Kurbel ein paar Umdrehungen. Ein Triebknopf an der Seite des Apparates dient dazu, das Fenster so einzustellen, daß sich genau ein Bildchen des Negativs innerhalb desselben befindet. Die Films läßt man unten in einen Behälter laufen.

Das Kopieren geschieht am einfachsten in der Dunkelkammer; die zur Belichtung dienende Lampe muß dabei so abgedeckt sein, daß kein Licht auf den austretenden Positivfilm gelangt. Will man das Kopieren bei Tageslicht ausführen, so ist es erforderlich, den Auffang-Behälter für die Films lichtdicht an den Apparat anzusetzen. Da der Positivfilm in der Regel weniger empfindlich ist als das zur Aufnahme benutzte Filmband, können die Arbeiten damit meistens bei gelbem Licht vorgenommen werden.

Beim Kopieren gilt es in erster Linie, die richtige Geschwindigkeit zu finden, mit der man die Kurbel drehen muß, damit der Positivfilm nicht zu schwach und nicht zu stark belichtet wird. Angaben können da nicht helfen: man muß in jedem Falle zuerst mit einem kleinen Filmstück eine Probebelichtung vornehmen und die Probe, wenn nötig, wiederholen, bis man das Rechte getroffen hat. Dann kommt ein Zweites: gleichmäßiges Drehen. Ändert man nämlich die Geschwindigkeit, so ist ungleiche Belichtung unausbleiblich. Wenn man den Apparat mit der Hand betreiben will, so tut vorherige Übung gerade so not wie zur Aufnahme. Hat man viel zu kopieren, so empfiehlt sich ein Antrieb mit Elektromotor nebst Regulierwiderstand. Gestattet der Apparat, den Negativfilm während des Kopierens, von rückwärts her im Auge zu halten, so ist man unter Umständen in der Lage, Mängel, die in verschiedener Dichte einiger Partien bestehen, durch rascheres bezw. langsameres Belichten oder ev. durch Veränderung der Breite der Belichtungsöffnung oder durch Nähern bezw. Entfernen der Lampe auszugleichen.

Wenn ein Negativfilm aus mehreren verschieden dichten Teilen besteht, so kopiere man diese einzeln, um sie nachher getrennt zu entwickeln. Läßt man einen solchen Film in einem Stück durch den Kopierapparat und durch den Entwickler laufen, so wird man unmöglich ein in allen Teilen gutes Positiv erhalten.

Die Herstellung der Titel geschieht in folgender Weise. Man läßt eine geeignete Vorlage anfertigen durch Druck oder Zeichnung und macht darnach mittels der Aufnahmekamera ein einziges kleines Negativbildchen. Dieses wird im Kopierapparat an der Belichtungsstelle fest eingespannt, derart, daß der Positivfilm bei ruckweisem Durchlaufen dagegen zu liegen kommt. Dann kopiert man wie sonst.

Fertigmachen der Positivfilms.

Der Positivfilm wird in der gleichen Weise entwickelt, fixiert und getrocknet wie der Negativfilm. Es kann auch hier jeder gute Entwickler genommen werden; doch muß er recht klar arbeiten. Von Entwicklern, die dazu neigen, Farbschleier zu geben, wie Pyrogall, wird man unter allen Umständen absehen. Recht geeignet ist z. B. der oben angeführte Hydrochinon-Metol-Entwickler, dem man einen stärkeren Zusatz von Bromkali beigibt; empfohlen wird ferner der Rodinal-Entwickler in einer wässerigen Lösung 1: 20, die man wiederholt gebrauchen kann. Wenn man den hierzu ebenfalls recht guten Eisenoxalat-Entwickler anwendet, so vergesse man nicht, dem

Film direkt nach der Entwicklung ein Essigsäurebad zu geben. Positivfilms fallen leicht zu dicht aus; man achte besonders darauf, daß auch die Schattenpartien schön klar bleiben. Über das Auswaschen und Fixieren ist nichts Besonderes zu sagen; ein Abschwächen geschieht, wenn nötig, mit rotem Blutlaugensalz und Fixiernatron. Zum Schluß wird ebenfalls ein Glyzerinbad angewandt.

In manchen Fällen läßt sich der Film durch nachherige Behandlung in einem Tonbad bedeutend wirkungsvoller machen. Seestücke z. B. werden häufig sehr gehoben durch eine Blautonung. Ein Blaueisenbad gibt Blau, ein Urantonbad Braun und eine Mischung beider Grün, während Rot mittels eines Kupfertonbades erzielt wird. Die erforderlichen Substanzen werden von verschiedenen Firmen in Patronenform geliefert. Es seien jedoch hier einige erprobte Rezepte angegeben.

Für das Blaueisenbad setzt man zwei Vorratslösungen an:

Lösung I.

Abgekochtes Wasser	10 Liter
Zitronensaures Eisenoxyd-Ammon (grün)	100 gr

Lösung II.

Abgekochtes Wasser	10 Liter
Rotes Blutlaugensalz	100 gr

Zum Gebrauch mischt man 5 Teile Lösung I mit 1 Teil Eisessig und 5 Teilen Lösung II.

Man beläßt den Film je nach dem Ton, den man erzielen will, in dem Bade 1 bis 5 Minuten; der Ton geht in dieser Zeit von Schwarzblau zu einem klaren Blau über. Darauf wäscht man unter laufendem Wasser 10 bis 15 Minuten aus, bis das Wasser keine Spuren von Farbe mehr zeigt.

Urantonbad für braune Töne, wie man sie z. B. für Panorama-Aufnahmen und dergl. gern nimmt, setzt man folgendermaßen zusammen:

Vorratslösung I.

Abgekochtes Wasser	10 Liter
Salpetersaures Uran	100 gr

Vorratslösung II.

Abgekochtes Wasser 10 Liter

Rotes Blutlaugensalz	100 gr

Zum Gebrauch mischt man 5 Teile Lösung I mit 1 Teil Eisessig und 5 Teilen Lösung II. Bei diesem Bad muß man darauf achten, fleckige Tonung zu vermeiden, was bei einiger Übung leicht erreicht wird.

Ein Grüntonbad stellt man her, indem man Blaueisenbad und Urantonbad zu gleichen Teilen mischt oder auf 1 Teil des ersteren zwei Teile des letzteren gibt. Besser noch ist es, die Bäder nacheinander anzuwenden, den Film also zuerst blau zu tonen und darauf im Urantonbad zu behandeln. Zu langes Auswaschen ist zu vermeiden, weil sonst das Grün in Blau ausbleicht; dies geschieht übrigens auch, und zwar im Laufe mehrerer Tage, wenn der Film dem Licht ausgesetzt ist.

Das für rote Töne bestimmte Kupfertonbad erfordert drei Vorratslösungen, die man folgendermaßen zusammensetzt:

Lösung I.

Abgekochtes Wasser	10 Liter
Rotes Blutlaugensalz	500 gr

Lösung II.

Abgekochtes Wasser	10 Liter
Kupfervitriol	500 gr

Lösung III.

Abgekochtes Wasser	10 Liter
Pottasche	250 gr
Zitronensäure	250 gr

Zum Gebrauch gibt man auf 8 Teile der Lösung III 1 Teil Lösung II und dann 1 Teil Lösung I. Die Mischung muß in der angegebenen Reihenfolge geschehen; beim Zugießen rühre man um. Das Tonen dauert hier länger: 5 bis 30 Minuten; die Farbe geht dabei von Schwarzrot in ein reines Rot über. Die Verwendung des Bades verlangt große Aufmerksamkeit, da leicht Schleier entstehen; außerdem wird hierbei die Gelatine weich, man muß deshalb darauf achten, daß die Schicht sich nicht kräuselt oder verkratzt wird.

Ein großer Übelstand haftet diesen Tonbädern an: sie halten sich nur kurze Zeit, und zwar höchstens eine Stunde. Man tut daher gut, wenn man einen Ansatz macht, mehrere Films bereitzuhalten, und diese so rasch wie möglich zu behandeln, damit die Arbeit fertig ist, bevor sich das Bad zersetzt hat. Films, die man tonen will, müssen ganz reine Weißen haben und dürfen keinerlei Schleier zeigen; ferner muß, was überhaupt nötig ist, alles Fixiernatron durch gründliches Auswaschen entfernt sein.

Bei den oben beschriebenen Prozessen werden die dunklen Partien getont, während die Lichter weiß bleiben. Man kann nun recht hübsche Effekte auch durch Färben der ganzen Schicht bekommen, was mit Hilfe von wasserlöslichen Anilinfarben oder ähnlichen Farben geschieht. Das Färben nimmt man nach dem Auswaschen vor dem Trocknen vor; geschieht es später, so muß man die Schicht des Film zuvor durch ein Wasserbad aufweichen, damit die Farbe gut und gleichmäßig aufgenommen wird. Nach dem Färbebade spüle man den Überschuß an Farbe ab, damit nicht Ungleichmäßigkeiten oder z. B. durch Eintrocknen von Tropfen der Lösung Ränder entstehen.

Durch Tonen des Film in einem der oben besprochenen Bäder und nachherige Färbung kann man alle möglichen Kombinationen erzielen. Tont man den Film z. B. blau, wobei die Lichter weiß bleiben, und färbt ihn dann gelb, so werden die Lichter gelb, während die vorher blaue Farbe in Grün übergeht. Eine Behandlung in blauem Tonbad mit darauffolgender Rotfärbung gibt ein violettes Bild mit roten Lichtern; eine solche Zusammenstellung ist eventl. zur Darstellung von Nachteffekten gut zu brauchen.

Weiter oben habe ich darauf hingewiesen, daß sich bei harten kontrastreichen Films mit scharfen Lichtern das »Flimmern« stärker bemerkbar macht, als bei Bildern, deren Weißen etwas gedeckt sind. Ich machte gleichzeitig darauf aufmerksam, daß man durch Färben der Films in einfacher Weise Abhilfe schaffen kann. Namentlich bei Films, deren Bilder große weiße Flächen zeigen und die deshalb besonders zum Flimmern neigen, sollte man diese Methode häufiger anwenden. Für jedes Sujet wird sich leicht ein geeigneter Farbton finden lassen; natürlich muß man sich vor Übertreibungen hüten und sich in der Regel auf zarte Tönungen beschränken. Bei den Titeln wird das Färben in der Regel angewandt.

Das Gleiche kann man durch Kolorieren erreichen. Das Kolorieren der Films geschieht mit Hilfe von Anilinfarben, die man mittels eines feinen Marderpinsels aufträgt. Die Schicht muß dazu vorher mit Wasser aufgeweicht werden, damit sie die Farbe gut aufnimmt. Das Auftragen erfordert Geschick und Übung; der Anfänger bekommt leicht Farbränder und Kleckse. Ein feines Ausmalen aller Details ist bei Films meist nicht nötig; man bekommt eine gute, oft viel schönere Wirkung durch Auflage einiger Farbtöne. Durch viele, in Details gebrachte Farben, namentlich gegeneinander abstechende Farben, wird das Bild leicht »auseinander gerissen«; es ist wichtig beim Kolorieren, die Gesamtwirkung stets im Auge zu behalten und sich nicht zu sehr in Einzelheiten zu verlieren.

Noch auf eines sei dabei aufmerksam gemacht. Wenn man die Films bis in die Details ausmalt, so ist es erforderlich, die Konturen peinlichst genau einzuhalten. Geht man nämlich in einem Bild mit der Farbe bis an die Linie heran, während man in anderen Bildern darüber hinwegstreicht oder nicht ganz herankommt, so wird diese Linie infolge des schwankenden Farbenumrisses in der Projektion hin und her pendeln, was natürlich einen sehr schlechten Eindruck macht. Auch aus diesem Grunde ist es zweckmäßiger, die Farben nur in einigen Tönen aufzusetzen.

In den großen Fabriken geschieht das Kolorieren mit Hilfe sinnreicher Maschinen. Bei diesem maschinellen Verfahren muß man mehrere der Films, welche die betreffenden Aufnahmen darstellen, opfern. Aus diesen werden nämlich Schablonen hergestellt; für jede Farbe eine. Der Arbeiter schneidet dazu mit großem Geschick zunächst aus einem Film, Bild um Bild, alle die Stücke aus, die rot werden sollen. Dieser Schablonenfilm läuft nun mit dem zu kolorierenden Film, wobei sich die Bildteile beider genau decken, durch die Maschine und diese trägt mechanisch durch die ausgeschnittenen Stücke rote Farbe auf. Dann erhalten ein zweiter, dritter und wer weiß wie viele Films mit Hilfe derselben Schablone den gleichen »Aufdruck« in Rot. Inzwischen ist der zweite Schablonenfilm fertig geworden, bei dem alle blauen Stücke ausgeschnitten sind. Nun wird die ganze Reihe mit diesem »gedruckt«, worauf in gleicher Weise die übrigen Farben daran kommen. Diese Methode lohnt sich natürlich nur für einen Betrieb, der eine große Anzahl Films in kolorierter Ausführung absetzen kann.

Wenn der Film fertig und völlig trocken ist, muß man ihn einer genauen Prüfung auf etwaige Fehler unterziehen. Recht störend sind helle Flecken und Risse in der Schicht, namentlich wenn solche in einer Reihe aufeinanderfolgender Bilder auftreten. Das gibt ein »Blitzen und Blinkern«, wodurch das Auge irritiert und ermüdet wird. Man muß dann zusehen, wieweit sich durch Retusche Abhilfe schaffen läßt, oder, wenn es gar zu schlimm ist, eine neue Kopie herstellen.
